經營顧問叢書 ⑶⑷⑸

U0070547

推 銷 技 巧 實 務

吳明宏　　任賢旺/ 編著

憲業企管顧問有限公司　　發行

《推銷技巧實務》

序　言

　　美國有句諺語，做不了總統，那就去做銷售吧！銷售是一項偉大事業，是人生成功的起點，公司高階主管大都是由銷售部門出身，80%的富翁也都是從銷售這個行業做起的。

　　在這個供過於求的時代，銷售受到了前所未有的重視，誰能將最多的商品賣給客戶，誰就具有最大的優勢。在一個企業裏，沒有任何一個工作崗位像銷售人員這樣受到如此多的關注。有一句話：「作為一名銷售人員，你將擁有全公司最光榮、最神聖的一份職業。」其他的工作崗位都在消耗成本或費用，銷售工作崗位卻永遠在創造利潤，銷售員理應感到自豪。

　　作為銷售員，應該先從態度和技能兩方面進行修煉，阿基米德說：「給我一個支點，我就能撬起整個地球。」，對銷售員而言，就是要培養阿基米德所說的這種「銷售技巧」和「銷售心態」。

　　銷售技能是可以透過不斷地努力和訓練獲得的，著名的汽車銷售大師喬·吉拉德曾經每天不分晝夜地在鏡子面前練習微笑，目的是為了增強自己的親和力，更多成功的銷售員也都是通過不斷訓練和學習實現了自己的目標。

　　出色的銷售員，首先要由潛在客戶群中，找到目標客戶，並精准地找到客戶需求，有足夠的自信，把自己放到最優秀的銷售員的高度，用最誠懇的態度向顧客介紹最適合他的產品。

出色的銷售員並不是要死皮賴臉地纏著客戶，而是能夠和客戶進行有效的溝通，能夠把產品完美地展示給顧客，讓顧客瞭解產品的優點，要站在客戶的角度思考問題，弄清楚客戶心裏到底在思考些什麼，你需要滿足客戶的需求，處理客戶異議，達到銷售的目的；既要讓不同層次的客戶滿意，又要為公司贏得利潤。

美國著名推銷大師湯姆‧霍普金斯把客戶的異議比作金子：「一旦遇到異議，成功的推銷員會意識到，他已經到達金礦；當他開始聽到不同意見時。他就是在挖金子了；只有得不到任何反對意見時，他才真正感到擔憂，因為沒有任何異議的人一般不會考慮購買。」

事實的真相是，客戶提出異議和拒絕推銷是客戶的權利，都是客戶關心推銷的一種形式，是客戶對產品表示興趣的一種表現，對於客戶的異議或拒絕，我們不應該害怕‧而應該表示歡迎，將其作為促成銷售的一個機遇。

根據美國百科全書的統計，一個推銷員在每達成一筆交易時，平均要受到的異議為 179 次之多。由此可見，銷售過程中客戶對產品提出異議，是正常的現象。

很多時候，我們會聽到客戶對產品提出異議，也就是反對意見，這個時候銷售人員首先應該想到的是什麼呢？

當客戶對產品提出異議時，就是表明了客戶對產品有興趣，對產品的各方面進行關注，提出顧慮也是希望及時得到解決。問題的關鍵在於銷售員怎樣應付和消除客戶的各種異議和拒絕。本書提出異議的原因及其應對方法，為銷售員破解了客戶拒絕的謎團，告訴銷售員如何正視異議和拒絕，如何把拒絕的客戶變成忠誠的客戶，

全面幫助銷售員解決銷售工作中的問題。

　　本書在內容的安排順序上，根據銷售的流程，詳細闡述了銷售過程中的推銷準備、開發客戶、約見客戶、拜訪客戶、產品介紹、客戶異議、建議成交、售後服務……等各個環節，優秀銷售員與顧客在不同環節的工作重點，是銷售員全面學習的經典教材和必備錦囊。

　　本書編者為業界著名的銷售培訓專家，擁有豐富的實戰經驗，本書內容貫穿銷售的每一個階段，讀者可以在書中找到相應的指引內容，從而準確掌握每個銷售階段的要點，在即學即用中穩步提升。全書內容通俗易懂，架構齊全，為銷售員提供了更多可參考的戰術方法，可稱得上是一本銷售員工作寶典。

　　真心地祝福每位讀者都能夠從本書中獲益，在銷售路上創造輝煌的銷售傳奇！

2022 年 8 月

<編輯註>本公司出版實務的企管圖書，下列好書介紹：

經銷商管理實務

營業管理實務

《推銷技巧實務》

目　錄

第 9 章　售後工作 / 308

第 *1* 章

推 銷 概 論

　　理解推銷的含義、要素關係，瞭解推銷學在過程中的特點，從而把握現代推銷技術的內容、要點及其規律性，瞭解推銷的作用，掌握推銷的原則，瞭解作為一名合格的推銷員應具備的素質、職責、任務。

第一節　認識推銷員

　　你想做或者正在做推銷員嗎？所謂推銷，是指商品所有者為實現商品價值，主動地、積極地採用各種辦法，刺激、誘導、吸引買方購買其商品的一系列信息傳遞活動，幫助買方認識商品的存在、性能、特徵等情況，刺激、誘導買方的購買慾望，並通過商品貨幣關係，積極向商品購買者讓渡商品使用價值的一種贏利性的銷售活動。

　　自然理解，「推銷員」就是從事這種商品推銷活動的人，至少包

含下列觀念：

人們對於推銷作用的認識，是隨著經濟發展而逐步加深的。在產品供不應求的時候，幾乎沒有人認為推銷有什麼必要。但隨著社會生產力的發展，供過於求是常見的現象，因此，越來越多的產品出現供過於求的情況，推銷的重要性日益凸顯。

(1)推銷充分激發了人的積極性

推銷工作是極具挑戰性的工作，推銷員常常面對著新人、新事、新問題，而推銷員又大多是單獨行動，需要充分發揮人的主觀能動性才能克服面臨的挑戰。同時，推銷人員的收入一般直接與推銷成績掛鈎，因而充分挖掘了人的潛力。

(2)推銷工作是磨練人的意志與情操的最好方式之一

推銷員經常面對失敗，推銷失敗是家常便飯，這就要求推銷員具有良好的心理素質，正確面對挫折。所以，推銷工作能鍛鍊人的意志；同時推銷又是以滿足顧客的需求為核心，講究為顧客著想，這就要求推銷員具有為他人著想的工作態度；同時，推銷員擁有一定的權力，常常受到各種誘惑的考驗，只有經受起考驗才能獲得真正的成功。

(3)推銷工作幫助人們走向事業的成功

推銷員在推銷過程中瞭解市場、瞭解市場規律、瞭解商品交換過程中的眾生百態與人情世故、瞭解社會文化，所以，推銷生涯為許多人奠定了在市場經濟條件下，實現自身價值的基礎。同時，對推銷員來說，推銷業績就是能力與水準的最好體現，其結果主要取決於個人的努力，所受的限制相對於一般管理工作而言較小，發展的空間較大。因此，大量的企業家都出身於推銷員或業務部門，民營企業家大部份是推銷員出身。

⑷你就是企業

推銷員的價值應該是：我是我自己，但更是公司人；我追求進步與個人成就，但我更追求公司與客戶的更美好、更進步、更有成就，我的價值在別人的成功中得以實現；因為我的存在使得公司的事業更成功。

有老闆的心態，像老闆一樣思考，像老闆一樣行動。即使你所在的公司有龐雜的分支機構和幾千名職工，但對於顧客來講，公司就是你，因同他們直接接觸的是你。顧客把你的公司看作一個僅為滿足他要求的整體。結論一：不可以把問題推給另一部門；結論二：若顧客真的需要同公司的其他人談，那也不要把他推給一個你沒有事先通知過的同事，而且你要親自把你的同事介紹給顧客，同時應給顧客一句安心話：「若他還是不能令您滿意，請儘管再來找我。」

⑸推銷商品首先是推銷自己的人品

現代推銷強調的一個基本原則是：推銷，首先是推銷你自己。所謂推銷你自己，就是讓顧客喜歡你、信任你、尊重你、接受你，簡言之，就是要讓顧客對你抱有好感。

據美國紐約銷售聯誼會統計，1%的人之所以從你那裏購買，是因為他們喜歡你、信任你、尊重你。一旦顧客對你產生了喜歡、信賴之情，自然會喜歡、信賴和接受你的產品。向顧客推銷你的人品，就是推銷員要按照社會的道德規範和價值觀念行事，要表現出良好品德：熱情、勤奮、自信、毅力、同情心、善意、謙虛、自尊、自信、誠意、樂於助人、老少無欺。

推銷員的個人品質，會使顧客產生好惡等不同的心理反應，從而潛在地影響著交易的成敗。優秀的產品只有在具備優秀人品的推銷員手中，才能贏得長遠的市場。

第二節　你能做推銷員嗎

　　菲力浦‧科特勒在其名著《行銷管理》中引用過一項調查結果：27%的推銷人員創造了 52%的銷售額。影響推銷人員業績高低的因素很多，如市場潛力大小、企業對市場的資源投入、市場的成熟度、產品壽命週期、競爭對手等。但實踐證明，推銷人員才是決定銷售業績高低的關鍵，「銷售最重要的要素是人」。

　　現代銷售理論奠基人戈德曼博士：「把一個不合適的人放到銷售崗位上，一開始你就失敗了。」這就是說，不是所有的人都適合做銷售，也不是所有做銷售的人都能成功的。

　　那麼，影響推銷員成功的主要個人因素有那些呢？

1. 強烈的企圖心

　　也就是動機和對待工作的態度，對生活的嚮往與追求。

　　巴拉昂是法國一位年輕的媒體大亨，以推銷裝飾肖像畫起家，在不到十年的時間裏迅速躋身於法國 50 大富豪之列，1998年因前列腺癌在法國博比尼醫院去世。臨終前，他留下遺囑，把他 4.6 億法郎的股份捐獻給博比尼醫院用於前列腺癌的研究，另有 100 萬法郎作為獎金，獎給揭開窮人之謎的人。

　　巴拉昂逝世週年紀念日，律師和代理人按巴拉昂生前的交代在公證部門的監視下打開了那只保險箱，揭開了謎底：窮人最缺少的是野心，那種成為富人的野心。

　　這個「野心」就是動力性的因素，是企圖心，是對成功的渴望。有了渴望，才會形成奮鬥目標。如果某位推銷員當時選擇這個崗位，

是因為不瞭解或是無奈之舉，今天他的工作勢必做一天和尚撞一天鐘，隨時尋找另一個工作的機會；而如果推銷員雖然認同這份工作，卻對自己沒有目標規劃，也必定是隨機處理，有客戶就銷售，沒有反正也餓不死，得過且過。這類的業務人員稱為是動力不足的推銷員。而要成為成功的推銷員，就應當對自己的未來有規劃，對自己的工作有計劃有目標，因為在每個人的潛意識中都有一種如同導彈一般的自動導航系統的功能，一旦你設定了明確的目標，並制定實現目標的每一步計劃，你的潛意識將會不斷地促動你去為既定的目標而奮鬥。

2. 從熱愛自己的工作開始

要想把銷售工作做好，首先要熱愛自己的工作。熱愛自己的工作，是充分發揮個人影響力的一個基礎性因素。喬·吉拉德說：「無論從事什麼工作，首先要熱愛自己的職業。就算你是挖地溝的，如果你喜歡，關別人什麼事？」一個人如果對自己所從事的工作沒有足夠的熱情，那麼很難想像，他能把這份工作做好。「興趣是最好的老師」，其實在銷售方面，「熱愛是最好的老師」，它能讓你學會所有的銷售技巧。

只有熱愛自己的工作，你才能把工作做得更出色，客戶才更有理由相信你。如果你帶著一種消極的心態去與客戶接觸，那麼你就會把這種消極的情緒傳染給客戶，最終你將無法獲得客戶的訂單。

喬·吉拉德十分熱愛自己的工作，不僅他自己是這樣，他還告誡其他的銷售員也一定要熱愛自己的工作。有一次，他曾問一個神情沮喪的人是做什麼的，那個人說是推銷員。喬·吉拉德直接告訴對方：推銷員怎麼能是你這種狀態？如果你是醫生，那你的病人一定遭殃了。喬·吉拉德本人也經常被人問起過職業。聽到他的回答後，對方不屑一顧：你是賣汽車的？但喬·吉拉德並

不理會，他會理直氣壯地說：我就是一名推銷員，我熱愛我的工作。他認為，要想贏得更多的客戶，必須熱愛自己的工作。

剛做汽車銷售時，他只是公司 40 多名銷售員中的一位，而那裏的銷售員他有一半不認識，他們常常是來了又走，走了再招，流動很快。不過，他認為，一個人最好在一個職業上做下去。因為所有的工作都會有問題，但是，如果來回跳槽，情況會變得更糟。

喬‧吉拉德 35 歲以前曾經做過 40 多個工作，可最後仍然一事無成。他後來又去做建築生意，結果賠了本，幾乎一敗塗地。無路可走，他只好去賣汽車。

選擇了推銷汽車這一行之後，喬‧吉拉德愛上了這一行，由於他的口碑很好，許多人排長隊也要見到他，買他的汽車。他的銷售成績最後被載入吉尼斯世界紀錄。

喬‧吉拉德認為，所有人都應該相信：喬‧吉拉德能做到的，你們也能做到，我並不比你們好多少。而他之所以能做到，便是對工作投入專注與熱情。他說，太多選擇會分散精力，而這正是失敗的原因。人們常說，對工作要百分之百地付出。他卻不以為然：這是誰都可以做得到的。但要成功，就必須付出 120%，這才是成功的保證。

當然，喬‧吉拉德成功的因素是多方面的，但熱愛自己的工作無疑是最重要的成功因素之一。

3. 要有超強的自信心

作為一名推銷員，必須具有說服顧客的能力。而要說服別人，首先就必須說服自己。這就意味著你本人必須對所推銷的產品價值充滿信心。為此，每一項成功的推銷活動都必須建立在下述三個要素的基

礎上：推銷員一定要相信他所推銷的產品，推銷員必須相信他所代表的公司，推銷員必須相信自己。

這就是推銷大師海因茲·姆·戈德曼提出的所謂「吉姆」公式（即產品、公司、推銷員三角公式）。只有相信這三點才會產生積極性，而積極性又可以使推銷獲得成功。對所代表的公司缺乏信心是非常危險的；對所推銷的產品缺乏信心是十分有害的；而缺乏自信心則是最致命的。

推銷員應當相信他所推銷的產品是好產品，為此，推銷員可以通過與生產部門、計劃部門和使用產品的專家進行接觸，也可以通過參觀已使用本企業產品的顧客的公司，來進一步增強這種信心。

推銷員應該深入地瞭解自己的企業，瞭解企業的歷史、瞭解企業的文化、瞭解企業的主管等，只有這樣才能對所代表的企業充滿信心。

一名推銷員怎樣才能樹立自信心，堅信自己的推銷能力呢？一個人只有完全瞭解和熟悉自己的工作，而且這種認識是建立在成功經驗之上時，他才能相信自己。推銷員比別人更需要成功，因為他在使別人樹立信心之前，自己首先必須充滿信心。一個缺乏自信心的推銷員是不可能真正取得成功的，因此，推銷員應該注意不斷提高自信心。

4.具有良好的敬業精神

推銷工作的情況複雜多變，不可控因素多。對推銷員來說，每一位顧客、每一項推銷業務都意味著一次挑戰，既孕育著成功，也潛伏著失敗。沒有良好的敬業精神是幹不好推銷工作的。

據對企業的一項調查表明，大多數的企業都把敬業精神作為評價推銷員的首要條件。許多成功的推銷大師都認為，推銷成功最重要的因素是積極主動。一名優秀的推銷員必須將推銷工作當作一項事業來做，立志有所作為，要有過千山萬水、進千家萬戶、嘗千辛萬苦、講

千言萬語、想千方百計的精神，這樣才會促使自己不斷克服困難，努力達到一個比較理想的境界。大量成功地案例也證明，只有具有良好的敬業精神才能取得事業的成功。

5. 具有健康的體魄

推銷工作的艱苦性，決定了推銷員必須具有健康的身體，才能勝任推銷工作。身體健康包括生理健康與心理健康兩個方面。

推銷員的工作是與人打交道，優雅的風度有助於在顧客心目中建立良好的形象，取得顧客的信賴。在許多情況下，當你與顧客還沒講幾句話，顧客心理已在盤算，是打發你走人還是繼續與你談下去。推銷，首先是推銷自己，然後才是推銷產品。

6. 永遠心懷感恩

作為推銷員，你會接觸到各種各樣的經銷商，也會接觸到各種各樣的消費者。這個經銷商有這樣的愛好，那個消費者有那樣的需求。我們是為客戶提供服務的，滿足客戶需求的，這就要求學會包容，包容他人的不同喜好，包容別人的挑剔，甚至包容別人的過失。

同時，要心懷感恩。感恩已經成為一種普遍的社會道德。要知道，對顧客說再多的感謝也不過分。但遺憾的是「謝謝」「榮幸之至」或「請」這類的字眼在銷售的過程中已越來越少用了，請盡可能經常地使用這些詞，並把「謝謝」作為你與顧客交往中最常用的詞。請真誠地說出它，因為正是顧客，你才有了今天的這份使你很有成就感的工作。

7. 掌握推銷技術

推銷是一門藝術也是一種技術，而談判更是知識、技術、心理素質的一種綜合較量。因此，推銷員必須瞭解什麼是推銷、為什麼推銷、怎樣去推銷等知識，還要掌握推銷理論、推銷程序、推銷洽談、顧客

異議的處理、推銷成交、推銷服務、推銷管理等技術。

　　談判有技巧,任何一種談判均含有某種程度的合作與某種程度的衝突,優秀的談判者在於能適度地處理衝突。所謂成功的談判,就是在「目標、效率、人際關係」三者中做出了適當的取捨,盡可能使三者處於某種均衡的狀態。

　　綜上所述,推銷員應具有外交家的風度、學者的頭腦、運動員的體魄、藝術家的語言和服務員的熱忱。這是對推銷員素質的要求,也是推銷員進行自我開發的標準。

　　推銷員要和各種各樣的顧客打交道,需要寬廣的知識面。

　　這些知識至少包括:

　　⑴產品知識:從產品的材料採購、價格到產品的結構、性能及使用、維修和保養都要有所瞭解。

　　⑵市場知識:從市場需求的總趨勢到個別顧客的購買動機,從影響行業的環境因素到競爭機制和對手策略的變化等。

　　⑶社會知識:要瞭解國情,瞭解社會消費意識、消費水準,瞭解社情民風、宗教信仰、語言習慣、禮儀規範等。

　　⑷財務知識:要瞭解各種結算方式和結算工具。

　　⑸法律知識:要瞭解合約法、反不正當競爭法、產品品質法、消費者權益保護法、廣告法、商標法、專利法、票據法、價格法、稅法等一系列法規和民法、訴訟法等法律制度。

　　⑹企業知識:要瞭解企業的歷史、經營目標、經營策略、在同行中的地位、產品種類、設備狀況、服務項目、企業的定價原則、交貨方式、付款方式以及交通運輸條件等狀況。

第三節　推銷員的主要工作

　　企業競爭無疑是人力資源的競爭，優秀推銷員是企業的寶貴財富資源。誰的推銷員優秀，誰就有了在競爭中領先的一項重要資源。造就一支符合行業發展要求，具有良好專業素養與職場能力，能夠擔當起行業使命的優秀業務團隊是企業發展之急需。

　　推銷的主要手段是什麼？或，成功推銷的關鍵是什麼？現代推銷學認為，推銷員在推銷時的主要工作是：說服顧客，相信你所推銷的產品能滿足他的需求。

1. 推銷標準要強調需求滿足

　　推銷是一個過程，「雙贏」是推銷員所追求的最高目標。

　　現代推銷強調需求的滿足，這裏所講的需求既包括顧客的需求，也包括銷售者的需求，推銷活動的結果應該令各方面的需求都得到盡可能大的滿足，即各得其所。在某一個具體的推銷活動結束以後，推銷活動的各參與者之間，應保留著繼續合作的願望與行為。

2. 推銷必須遵循商品交換的原則與規律

　　推銷員通過交換的方式來滿足自己與顧客的需求，而這種交換必須遵循商品交換的基本原則。商品交換的基本原則是：平等互利、協商一致、等價有償。推銷員只能在平等、互利的基礎上讓顧客瞭解與認識產品，理解與承認產品的使用價值以及可得到的利益，從而讓顧客高高興興地購買產品。

3. 推銷的主要手段是說服

　　推銷過程是一個滿足雙方需求的過程，推銷活動雙方主體均從各

自的立場與利益出發：推銷方總是希望以最高的價格、盡可能小的風險把產品賣給顧客；而顧客卻希望以最低的價格、盡可能優惠的條件買到自己需要的產品，從而使推銷過程不可避免地存在著矛盾、衝突。而解決問題的方法只能是推銷員先拋開自己的立場，盡力尋找雙方利益的互惠點，然後通過說服的手段，使對方也拋開自己的立場，接受這個利益的互惠點。因此，推銷員必須研究與探討如何說服顧客。

4. 說服必須運用一定的技巧才可能成功

在市場激烈競爭的今天，在充滿錯綜複雜的關係與利益衝突中，說服顧客接受與購買自己的產品並不是一件容易的事。這就要求，一方面推銷員的說服必須有科學的依據，要記住，僅靠說理是很難讓人相信的，必須提供確實可靠的證據；另一方面推銷員又必須結合具體的時間、地點、對象及其特點靈活應變，才可能把客觀存在的需求變為推銷成功的可能。所以，說服本身就是科學與藝術的結合，推銷是科學性的說理與藝術性的感染力相統一的過程。

5. 說服必須使顧客相信，你所推銷的產品更能使顧客的需求得到滿足

目前市場上絕大部份的產品處於供過於求狀態，沒有產品處於供不應求狀態，同時新的、更好的產品層出不窮，造成競爭日益激烈。因此推銷員在推銷過程中，不僅要讓顧客認識到產品的價值與使用價值能滿足顧客的需要，而且必須通過說服使顧客相信：你所推銷的產品更能使顧客的需求得到滿足。顧客只有相信了推銷員的推銷，並在對產品的購買與消費過程中證實了推銷員的推銷，顧客才會真正認識到自己的需求被更好地滿足了，並由此認識了推銷員的誠意，才會與推銷員建立良好的人際關係，為下次推銷及保持長期的合作奠定了基礎。

第四節　推銷的內容

推銷是一個十分熟悉的名詞，推銷活動作為一種社會現象已經為人們所熟知，在市場激烈競爭的今天，行銷直接決定著企業的興衰存亡，而作為行銷的最前線——推銷，在企業管理中的地位越來越突出，企業往往依靠推銷員佔領和控制市場。

歸納分析，對推銷的定義作如下界定：所謂推銷就是在滿足企業（顧客）的需求和推銷員需求的基礎上，使顧客相信購買你的產品可以滿足他需求的整體活動過程。

推銷員向顧客推銷什麼？許多人會說：「當然是產品或勞務。」如果你是這樣認為的話，推銷成功的概率不會太高。那麼推銷員到底要向顧客推銷什麼呢？

1. 要推銷產品的使用價值

產品，是指能提供給市場，用於滿足人們某種慾望和需要的事物，包括實物、服務、場所、組織等。產品整體概念包含核心產品、有形產品和附加產品三個層次，核心產品，是指消費者購買某種產品時所追求的利益，是顧客真正要買的東西，因而在產品整體概念中也是最基本、最主要的部份。有形產品，是核心產品藉以實現的形式，即向市場提供的實體和服務的形象。附加產品，是顧客購買有形產品時所獲得的全部附加服務和利益，包括提供信貸、免費送貨、保證、安裝、售後服務等。

推銷員不應該單純地向顧客推銷產品，而應借助於所推銷的產品，想方設法喚起並刺激顧客，使他為滿足其現在或將來的需要產生

購買慾望，產品推銷本身則處於次要地位。在產品剛投入市場或面對新開發的市場時，最重要的是推銷產品的使用價值，使人們認識產品和瞭解產品。譬如人們購買洗衣機，並不是要購買一種「機器」，而是希望減輕家務勞動。

2.要推銷產品的差別優勢

隨著產品生命週期的發展，社會的發展，產品的標準化程度越來越高，產品內在品質的差異性越來越小。由於管理、技術水準的不同，不同企業生產的產品，必然擁有各自的特點，各有其優點和缺點。因此，必須瞭解競爭對手的產品特點，掌握自己所推銷產品的優點，由此找出所推銷產品的差別優勢。推銷員應重點推銷產品的差別優勢。

3.要推銷需求的可以滿足

若產品有銷路，最主要的是它必須滿足人們主要的或基本的需要。我們當中的任何一個人都會為使我們的生活變得更有意義、更豐富多彩而努力奮鬥。這些基本需要影響著人們的言行，也影響著人們的購買行為。任何一種產品，只要它能滿足人們的某些需求，就會受歡迎。推銷員應該把產品的使用價值與顧客的基本需要有機地結合起來。推銷成功的程度取決於產品能讓顧客需要得到滿足的程度。

第五節　推銷員的職責

現代的推銷員已經不是單純地從事產品的銷售工作，他們的工作職責、任務包羅萬象，其主要任務包括：

(一)尋找與發現市場

尋找企業產品的潛在市場是推銷員的職責。潛在市場是指對企業產品存在需求，但尚未被企業發現的市場。潛在市場是企業的希望所在，是推銷員工作的一項重要任務。推銷員在滿足現實市場需要的前提下，應時刻注意對潛在市場的尋找與開發。

1. 尋找與確定目標市場

該市場首先應是企業能夠滿足消費者需求的；其次，在這一市場範圍內，對企業的產品和勞務有現實和潛在的購買力，且在不斷地發展，這一市場應有足夠的需求量，能給企業帶來良好的效益。

2. 瞭解目標市場需求的具體特點

目標市場確定以後，推銷員必須瞭解目標市場需求的具體特點，以便為企業制訂具體的行銷策略提供依據。

3. 為企業行銷決策當好參謀

推銷員應根據目標市場的需求特點，為企業生產適合市場需要的產品提出建議；同時，就產品如何進入市場、如何定價、如何選擇銷售管道、如何促銷等提出自己的看法。

(二)開拓與進入市場

推銷員的職責之一是協助企業開拓並進入目標市場。

通過對目標市場各種信息的收集、整理、分析,掌握目標市場的需求變化趨勢,分析市場機會與風險,瞭解競爭對手的動向,發現開拓與進入市場的有利時機,幫助企業確定進入市場的最佳時機是推銷員的重要職責。

構築自己的銷售網路是推銷員順利推銷的基礎,這個網路的節點就是一個個客戶。但一個推銷員所接觸的面是有限的,不可能接觸到每一個消費者,必須學會借別人的網路做自己的生意。

(三)傳遞產品信息

傳遞信息是推銷員在市場行銷活動中的一項重要任務,推銷員與顧客直接見面,是企業及產品信息的揚聲器,具有其他促銷方式所起不到的作用。

靠推銷員的聲音,顧客可以瞭解到企業的生產經營狀況和企業的經營目標,能在顧客心目中樹立一個良好的企業形象。同時,顧客還能夠瞭解到企業產品的性能、用途、特點、使用、維修、價格等諸方面的信息,對刺激顧客的需求、激發其購買慾望、促進其採取購買行為,都能起到積極作用。

與此同時,推銷員還肩負收集和回饋市場信息的重任。推銷員應該把顧客對產品數量、品質、花色品種、價格等方面的要求及時回饋給企業,使企業的生產與顧客的需求相適應,同時根據顧客的需要,在適當的時間、適當的地點,以適當的價格和適當的方式,通過適當的管道銷售給適當的顧客。推銷員有責任把顧客的要求傳遞給企業。

企業產品處於供過於求的劣勢,在供求矛盾不斷運動變化的過程

中，推銷員應積極幫助企業對產品進行協調平衡。供不應求時要安撫顧客，不要挫傷其購買積極性，並想方設法使他們的需求儘早得到滿足；當產品供過於求時，應通過各種方式刺激顧客購買，並積極尋找新的細分市場，擴大產品的銷路。

(四)推銷產品

推銷員的日常工作就是開展具體的推銷業務，包括尋找顧客、進行顧客資格審查、約見顧客、洽談協商、簽訂合約、辦理交易手續、催繳貨款等，對推銷活動進行及時總結，對推銷業務和顧客資料進行建卡歸檔等工作。

(五)做好銷售服務工作

今天，服務部門深刻影響著經濟發展。而銷售服務是指銷售員充分運用企業的生產、技術、資金、信息等條件，積極主動地為顧客提供各種形式的有效服務。

第六節　推銷方格理論

推銷方格理論，是美國管理學家羅伯特·R·布萊克教授和 J.R. 蒙頓教授於 1970 年根據他們曾經提出的「管理方格理論」，並著重研究了推銷人員與顧客的關係，率先提出來的一種新的方格理論，它是推銷學基礎理論的一大突破。推銷人員向顧客推銷的過程實際上是雙向溝通的過程，由於二者都是站在自己的立場上看問題，因而他們對推銷與購買有不同的認識。同時，在交往中雙方彼此會對對方產生一定的印象和看法，所以，他們會形成各自不同的心理態度，會直接地影響推銷效果。

一、推銷方格理論的意義

推銷方格理論分為推銷方格和顧客方格兩部分。推銷方格是研究推銷活動中推銷人員的心理活動狀態；顧客方格則是研究顧客在推銷活動中的心理活動狀態。大量工作實踐表明，要做好推銷工作，必須瞭解買賣雙方對推銷活動的態度。學習推銷方格理論，一方面可以直接幫助推銷人員更清楚地認識自己推銷態度的狀況，看到自己在推銷工作中所存在的問題，進一步提高自己的推銷能力；另一方面推銷方格理論還可以幫助推銷人員更深入地瞭解顧客，掌握顧客的心理活動，以便於有的 放矢地開展推銷活動。

二、推銷方格理論的分析

　　什麼是推銷方格呢？推銷人員在推銷活動中有兩個目標，一是盡力說服顧客購買以更好地完成推銷任務；二是盡力迎合顧客的心理活動，贏得顧客滿意，與顧客建立良好的人際關係。這兩個目標的側重點不同，前者關心「銷售」，後者強調「顧客」。推銷人員對這兩個目標所持的態度不同，追求這兩種目標的心理願望的程度也就不同，最終導致推銷人員的推銷業績不同。若把推銷人員對這兩個目標的追求用一個平面坐標系第一象限的圖形表示就形成了「推銷方格」（見圖1-6-1）。

圖 1-6-1　推銷方格圖

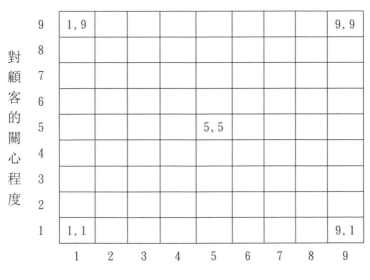

對銷售任務的關心程度

圖中縱坐標表示推銷人員對顧客的關心程度,橫坐標表示推銷人員對銷售任務的關心程度。橫、縱坐標各分為 9 等份,其座標值都從 1 逐漸等值增大到 9,座標值越大,表示關心的程度越高。方格代表各種推銷人員不同的推銷心理態度。推銷方格理論形象地描繪出推銷人員對顧客的關心程度和對完成推銷任務的關心程度的 81 種有機組合,為有效地協調推銷活動中推銷人員與顧客既相互聯繫又相互制約的關係提供了一個形象而又明晰的框架。該理論作為研究推銷人員推銷心態和工作有效性的理論,對指導和培訓推銷人員養成良好的工作態度,提高推銷工作的成效具有重要意義。

在眾多的推銷心態中,以下是五種典型的推銷人員心態。即事不關己型、顧客導向型、強力推銷型、推銷技巧型、解決問題型。

1. 事不關己型的 (1,1) 型

即推銷方格中的 (1,1) 型。處於這種心態的推銷人員既不關心自己的推銷任務能否完成,也不關心顧客的需求和利益是否得到滿足。其具體表現是:沒有明確的工作目的,工作態度冷漠,缺乏必要的責任心和成就感;他們對顧客缺乏熱情,顧客是否購買產品與己無關,偶爾進行推銷也是靠關係和回扣來維繫,從不做推銷調研和總結工作。這種類型的推銷人員在顧客當中的形象很壞,對推銷工作沒有任何幫助。產生上述心態的主要原因可能是推銷人員沒有正確的人生觀,缺乏進取心;工作中遭遇過挫折,有職業自卑感;公司管理制度不夠健全,沒有適當的激勵和獎懲制度等。要改變這種推銷心態就必須找出問題的根源,對症下藥,對適合做推銷工作的人員進行鼓勵,激起其積極性;對不稱職的推銷人員一律進行撤換,以提高推銷工作的效率。

2.顧客導向型的（1,9）型

即推銷方格中的（1,9）型。處於這種推銷心態的推銷人員只關心顧客，不關心銷售任務。其具體表現是：過分注重與顧客建立和保持良好的關係，關注對顧客的感情投資，盡可能照顧顧客的意願和情緒，事事隨顧客心意，避免把自己的意願強加給顧客，恪守「寧可做不成生意，也決不得罪顧客」的信條。這類推銷員只重視建立與顧客之間的良好關係，而忽視了推銷任務的完成，不利於企業效益的提高，他們不會成為一個好的推銷人員。產生這種心態的主要原因可能與推銷人員的性格特點、推銷信心不足、對推銷工作的認識有誤等有關。該問題若得不到解決，不僅會喪失組織經營的原則，損害組織利益，也無法真正贏得顧客擁戴。

3.強力推銷型的（9,1）型

即推銷方格中的（9,1）型，也稱推銷導向型。處於這種推銷心態的推銷人員具有強烈的成就感與事業心。這種推銷人員的心態與顧客導向型正好相反，只關心銷售任務的完成，不關心顧客的購買心理、實際需要和利益；他們工作熱情高，以不斷提高推銷業績為追求目標，為完成推銷任務他們千方百計地說服顧客購買，不惜採用一切手段強行推銷，缺乏對顧客需要及心理的研究，習慣按自己的方式高壓推銷產品。這類推銷人員雖有積極的工作態度，短期內可能取得較高的經濟效益。但由於他們忽略與顧客之間的關係，只是想盡一切辦法將產品推銷出去，所以不可能與顧客建立一種長期的合作關係，嚴重時還會損害組織及產品的形象，也不是理想的推銷人員。這種推銷心態的產生可能與推銷人員推銷經驗不足、推銷環境不利、對推銷工作的認識不夠等有關。

4.推銷技巧型的（5,5）型

即推銷方格中的（5,5）型，也稱幹練型。處於這種推銷心態的推銷人員既關心推銷任務的完成，也關心顧客的滿意程度，其具體表現是：推銷心態平衡，工作踏踏實實，穩紮穩打；對推銷環境心中有數，充滿信心；注意研究顧客心理和積累推銷經驗，講究運用推銷技巧和藝術；在推銷中一旦與顧客意見不一致，一般採取妥協，避免矛盾衝突。他們能夠非常巧妙地說服一些顧客購買。從表面來看，這種推銷人員是較理想的推銷員，既不會丟掉生意也不會失去顧客。然而，這類推銷人員雖然有較好的推銷業績，但實質上是在一種溫和的氣氛中巧妙地運用推銷技巧達成交易，並不十分關心顧客的真正需要，對顧客的需求和利益考慮得很少，不符合現代推銷觀念的要求，在激烈競爭的現代市場中是很難取得成功的。按現代推銷觀念，這類推銷人員可能是一位業績卓著的成功者，但不是理想的推銷專家。他們往往只照顧了顧客的購買心理，而不考慮顧客的實際需要。從長遠看，既損害了顧客的利益也影響了組織的利益，因此這類推銷人員也不是理想的推銷人員。

5.解決問題型的（9,9）型

即推銷方格中的（9,9）型，也稱滿足需求型。處於這種推銷心態的推銷人員對顧客的需要和滿足以及對推銷任務的完成都非常關心，他們的推銷心態是極佳的。其具體表現是：有強烈的事業心和責任感，真誠地關心和幫助顧客，工作積極主動，不強加於人；他們既瞭解自己，也瞭解顧客，既瞭解推銷產品，也瞭解推銷環境和顧客的真正需要，積極尋求滿足顧客和推銷人員需求的最佳途徑；他們注意研究整個推銷過程，總是把推銷的成功建立在滿足顧客需求的基礎上，針對顧客的問題提出解決的方法，最大限度地滿足顧客的各種需

求，同時取得最佳的推銷效果。這種類型的推銷人員能審時度勢，在幫助顧客解決問題的同時完成自己的推銷任務。滿足顧客的真正需要是他們的中心，輝煌的推銷業績是他們的目標。他們力求在滿足顧客和推銷人員需求的過程中找到二者最好的結合點和經濟利益的最大增長點。這種推銷心態才是最佳的推銷心態，處於該種心態的推銷人員才是最佳的推銷人員。培養具有這種心態的推銷人員的關鍵是不斷提高推銷人員的自身素質，樹立正確的推銷觀，真正認識到推銷工作的實際意義和社會責任。

三、顧客心目中的推銷方格理論

什麼是顧客方格呢？推銷過程是推銷人員與顧客的雙向心理作用的過程。在推銷活動中，推銷人員的推銷心態和顧客的購買心態都會對對方的心理活動產生一定的影響，從而影響其交易行為。因此，推銷人員還必須深入研究分析顧客的購買心理，因人而異地開展推銷活動。

顧客在與推銷人員接觸和購買的過程中，顧客會產生對推銷人員及其推銷活動和對自身購買活動兩方面的看法。這就使他們在購買產品時，頭腦中都有兩個具體、明確的目標：一是希望通過自己的努力獲得有利的購買條件，他們與推銷人員談判並討價還價，力爭以盡可能小的投入獲取盡可能大的收益，完成其購買任務；二是希望與推銷人員建立良好的人際關係，為日後長期合作打好基礎。這兩個目標的側重點有所不同，前者注重「購買」，後者注重「關係」。在具體的購買活動中，顧客的情況千差萬別，每個顧客對這兩個目標的重視程度和態度是不一樣的，若把顧客對這兩種目標的重視程度用一個平面坐

標系中第一象限的圖形表示出來就形成了「顧客方格」（見圖 1-6-2）。

圖 1-6-2　顧客方格圖

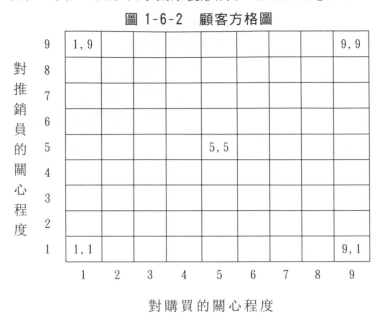

對購買的關心程度

　　顧客方格圖中的縱坐標表示顧客對推銷人員的關心程度，橫坐標表示顧客對購買的關心程度。縱、橫坐標各分為 9 等份，其座標值都是從 1 到 9 逐漸增大，座標值越大，表示顧客對推銷人員或購買的關心程度越高。顧客方格中的每個方格分別表示顧客各種不同類型的購買心態。顧客方格形象地描繪出顧客對推銷人員及自身購買任務的關心程度的 81 種有機組合，它作為研究顧客購買行為和心態的理論，對推銷人員瞭解顧客態度，與顧客實現最佳的配合，學會如何應付各種不同類型的顧客，爭取推銷工作的主動權，提高推銷工作的效率具有重要意義。

　　在眾多的顧客心態中，其中具有代表性的有以下五種類型，即漠不關心型、軟心腸型、防衛型、幹練型和尋求答案型。

1. 漠不關心型的（1,1）型

即顧客方格圖中的（1,1）型。處於這種購買心態的顧客對上述兩個目標的關注程度都非常低，既不關心自己與推銷人員的關係，也不關心自己的購買行為及結果。他們當中有些人的購買活動有時是被動和不情願的，購買決策權並不在自己手中。其具體表現是：受人之托或奉命購買，自身利益與購買行為無關，無決策權，缺乏熱心及敬業精神，怕擔責任，多一事不如少一事，往往把購買的決策權推給別人。這種心態的顧客把購買活動視為麻煩，充其量做到例行公事，對能否成交、成交的條件及推銷人員及其所推銷的產品等問題均漠然處之。這類顧客很難打交道，向這類顧客推銷產品是非常困難的，推銷成功率是相當低的。對此，推銷人員應先從情感角度主動與顧客接觸，瞭解顧客的情況，再用豐富的產品知識，結合顧客的切身利益引導其產生購買慾望和購買行為。

2. 軟心腸型的（1,9）型

即顧客方格圖中的（1,9）型，也稱情感型。處於這種購買心態的顧客非常同情推銷人員，對自己的購買任務和行為卻不關心。其具體表現是：這類顧客非常注重情感，不重視利益，容易衝動，容易被說服和打動；重視與推銷人員的關係，重視交易現場的氣氛，缺乏必要的產品知識，獨立性差等。當推銷與購買發生衝突時，為了能與推銷人員保持良好的關係，或者為了避免不必要的麻煩，他們很可能向推銷人員作出讓步，吃虧地買下自己不需要或不合算的產品，寧肯花錢買推銷人員的和氣與熱情。這種類型的顧客在現實生活中也並不少見，許多老年人和性格柔弱、羞怯的顧客都屬於此類顧客。因此，推銷人員要特別注意感情投資，努力營造良好的交易氣氛，以情感人，順利實現交易的成功。同時，推銷員也應保護這類人的基本利益，否

則容易損害組織和推銷員個人的長遠利益。

3. 防衛型的 (9,1) 型

即顧客方格圖中的（9,1）型，也稱購買利益導向型。處於這種購買心態的顧客恰好與軟心腸型的購買心態態度相反。處於這種心態的顧客只關注自己的購買行為和利益的實現，不關心推銷人員，甚至對推銷人員抱有敵視態度。他們不信任推銷人員，本能地採取防衛的態度，擔心受騙上當，怕吃虧。其具體表現是：處處小心謹慎，精打細算，討價還價，對推銷人員心存戒心，態度冷漠敵對，事事加以提防，絕不讓推銷人員得到什麼好處。這類顧客的生意比較難做，即使最終成交，企業的盈利也微乎其微。這種購買心態的產生，可能與顧客的生性保守，優柔寡斷，或傳統偏見及受騙經歷等有關。他們拒絕推銷人員，完全是出於某種心理，而不是不需要推銷的產品。對此，推銷人員不能操之過急，而應先推銷自己，以誠待人，以實際行動向顧客證明自己的人格，贏得顧客對自己的信任，消除顧客的偏見，然後再轉向推薦推銷的產品，努力達成交易。

4. 幹練型的 (5,5) 型

即顧客方格圖中的（5,5）型，也稱公正型。處於這種購買心態的顧客既關心自己的購買行為，又關心推銷人員的推銷工作。他們購買時頭腦冷靜，既重理智又重感情，考慮問題週到，他們一般都具有一定的產品知識和購買經驗，購買決策時非常慎重。其具體表現是：樂於聽取推銷人員的意見，自主作出購買決策，購買理智、冷靜、自信心強，購買決策客觀而慎重。這類顧客有時會與推銷人員達成圓滿的交易，買到自己滿意的產品。這是一種比較合理的購買心理。具有該種心態的顧客一般都很自信，甚至具有較強的虛榮心。他們有自己的主見，有自尊心，不願輕信別人，更不會受別人的左右。對此，推

銷人員應設法用科學的證據和客觀的事實說服顧客或讓其自己去作判斷決策，若能在顧客採取購買行動時再讚賞幾句，會收到很好的推銷效果。

5. 尋求答案型的（9,9）型

即顧客方格中的（9,9）型，也稱專家型。處於這類購買心態的顧客既高度關心自己的購買行動，又高度關心推銷人員的推銷工作。他們在考慮購買產品之前，能夠非常理智地對產品進行廣泛的調查分析，既瞭解產品品質、規格、性能，又熟知產品的行情，對自己所要購買產品的意圖十分明確；他們對產品採購有自己的獨特見解，不會輕易受別人左右，但他們也十分願意聽取推銷人員提供的觀點和建議，對這些觀點和建議進行分析判斷，善決策又不獨斷專行。這種購買心態的顧客是最成熟、最值得稱道的顧客。他們充分考慮推銷人員的利益，尊重和理解他們的工作，不給推銷人員出難題或提出無理要求；他們把推銷人員看成是自己的合作夥伴，最終達到買賣雙方都滿意。對這類顧客，推銷人員應設法成為顧客的參謀，瞭解顧客的需求所在，主動為顧客提供各種服務，加強雙方合作，盡最大努力幫助他們解決問題，實現買賣雙方的最大收益。

四、推銷員如何因應顧客方格的關係

推銷的成功與失敗，不僅取決於推銷人員的工作態度。布萊克教授總結出推銷人員方格與顧客方格的關係。從推銷方格和顧客方格可知，推銷人員與顧客的心態多種多樣，在實際推銷活動中，任何一種心態的推銷人員都可能接觸到各種不同心態的顧客。那麼，推銷人員與顧客的那兩種心態類型的搭配會實現推銷活動的成功呢？從現代

推銷學的角度看，趨向於（9，9）型的推銷心態和購買心態比較成熟和理想，推銷活動的成功率較高。因此，每一個推銷人員應該加強自身修養，努力學習，把自己訓練成為一個幫助顧客解決問題的推銷專家，既要高度關心自己的推銷效果，又要高度關心顧客的實際需要，用高度的事業心和責任感來對待自己的工作和顧客。

　　當然，滿足需求型的推銷人員無疑是理想的推銷專家，但這並不意味著其他類型的推銷心態和購買心態的搭配就不能達成交易。在錯綜複雜、千變萬化的推銷活動中，沒有那一種推銷心態對所有顧客都是有效的，同樣，不同的購買心態對推銷人員也有不同的要求。因此，成功推銷的關鍵取決於推銷心態與購買心態是否吻合。譬如，顧客導向型推銷人員向防衛型顧客進行推銷較難取得效果，而對軟心腸型的顧客進行推銷就容易成功。這就要求企業在選拔和培訓推銷人員時不能只用一個標準，應根據推銷人員自身的特點有針對性地訓練、培養各具特色的推銷人員，以適應各種不同購買心態顧客的要求。根據方格圖中五種類型的推銷人員和五種類型的顧客進行不同的組合，就會發現：有的能順利達成交易，有的不能成交，有的即使成交也不是二者簡單搭配的結果。為了明確地表達推銷人員與顧客的關係，可用表1-6-1表示。

　　這個搭配表反映了推銷方格圖與顧客方格圖之間的內在聯繫。表中「＋」表示推銷成功的概率較高，「－」表示推銷失敗的概率較高，「０」表示推銷成敗的概率相等。從搭配表中可以看出，（9，9）型心態的推銷人員無論與那種心態類型的顧客相遇，都可能會取得推銷成功；而（1，1）型心態的推銷人員無論遇到什麼心態類型的顧客都不太可能取得推銷的成功；其他心態類型的推銷人員遇到不同心態類型的顧客則有可能取得成功，也可能一無所獲。

表 1-6-1　推銷方格搭配表

推銷方格 ＼ 顧客方格	1,1	1,9	5,5	9,1	9,9
9,9	＋	＋	＋	＋	＋
9,1	0	＋	＋	0	0
5,5	0	＋	＋	－	0
1,9	－	＋	0	－	0
1,1	－	－	－	－	－

第七節　推銷員崗位要求

隨著市場發展與社會不斷進步，對從事業務銷售活動的人員，應具備以下幾方面的素質。

一、知識要求

1. 市場行銷知識

作為一名優秀的推銷員，其任務就是對企業的市場行銷活動進行組織和實施。因此，其必須具有一定的市場行銷知識，這樣才能在理論基礎上、實踐活動和把握市場銷售的發展趨勢上佔優勢。

2. 心理學知識

現代企業的行銷活動是以人為中心的，必須對人的各種行為，如客戶的生活習慣、消費習慣、購買方式等進行研究和分析，以便更好

地為客戶提供服務;同時能夠實現企業利潤的增加,為企業的生存和發展贏得一定的空間。

3.產品知識

推銷員掌握產品知識的最低標準是客戶想瞭解什麼,你就能告訴他什麼。客戶在採取購買行動之前,總是要設法瞭解產品的特徵,以減少購買的風險。通常,越是技術上比較複雜、價值或價格高的產品,客戶想要瞭解的產品知識就越多。

4.企業管理知識

瞭解企業管理知識,一方面是為滿足客戶的需求;另一方面是為了使推銷活動體現企業的方針政策、達成企業的整體目標。這些管理知識主要包括:企業的歷史、企業的方針政策、企業的規章制度、企業的生產規模和生產能力、企業在同行中的地位、企業的銷售策略,企業的交貨方式等。

5.市場知識

市場是企業和推銷員活動的基本舞台,瞭解市場運行的基本原理和市場行銷活動的方法,是企業和推銷員獲得成功的重要條件。推銷員掌握的市場知識應當是非常廣泛的,因為推銷涉及各種各樣的主體和客體,會面臨五花八門的棘手問題。

6.人際交往知識

推銷員的日常工作就是與人打交道。良好的人際關係既是推銷成功的前提條件,又是建立自己聲譽與企業信譽的必要條件。

二、心態要求

1. 積極的心態

推銷員首先要具備積極的心態。積極的人像太陽，走到那裏那裏亮；消極的人像月亮，初一十五不一樣。當某種陰暗的現象、某種困難出現在你面前時，如果你只關注這種陰暗、這種困難，那你就會因此而消沉；但如果你更加關注這種陰暗的改變，這種困難的排除，你會感覺自己的心中充滿陽光，充滿力量。同時，積極的心態不但使自己充滿自信，也會給你身邊的人帶來陽光。

2. 主動的心態

在競爭異常激烈的時代，被動就會挨打，主動才可以佔據優勢地位。推銷員如果主動地行動起來，不但鍛鍊了自己，同時也為自己爭取更高的職位積蓄了力量，但如果什麼事情都需要別人來告訴你，說明你已經很落後了，這樣的職位早已擠滿了那些主動行動著的人。

主動是為了給自己增加機會：增加鍛鍊自己的機會，增加實現自己價值的機會。社會、企業只能給你提供道具，而舞台需要自己搭建，演出需要自己排練，能演出什麼精彩的節目，有什麼樣的收視率全靠你自己。

3. 空杯的心態

人無完人，任何人都有缺陷，都有自己相對較弱的地方。對推銷員而言，也許你在某個行業已經具備了豐富的工作經驗，但是你對於新的企業、新的經銷商、新的客戶來說，你仍然沒有任何的特別之處。你需要用空杯的心態重新去調整自己，去吸收現在的、別人的、正確的、優秀的東西。只要是正確的、合理的，推銷員就必須去領悟，去

感受。把自己融入到企業之中，融入到團隊之中，否則，你永遠是個局外人。

4. 雙贏的心態

虧本的買賣沒人做，這是眾人皆知的道理。推銷員必須站在雙贏的角度上去處理自己與企業之間、企業與商家之間、企業和消費者之間的關係，不能為了自身的利益去損壞企業的利益，同樣，也不能破壞企業與商家之間的雙贏局面，只要某一方失去了利益，必定就會放棄這樣的合作。消費者滿足自己的需求，而企業實現自己的產品價值，這同樣也是一個雙贏局面，任何一方的利益受到損壞都會打破這種局面。

5. 自信的心態

自信是一切行動的原動力，沒有了自信就沒有了動力。推銷員要對自己服務的企業充滿自信，對自己的產品充滿自信，對自己的能力充滿自信，對同事充滿自信，對未來充滿自信。很多推銷員不相信自己的能力，不相信自己的產品，所以在客戶的門外猶豫了很久都不敢敲開客戶的門。作為推銷員，如果你充滿了自信，你也就會充滿幹勁，就會完成很多高難度的任務。

6. 行動的心態

推銷員需要用行動去證明自己的存在，證明自己的價值；需要用行動去真正地關心客戶；用行動去完成自己的目標。如果一切計劃、一切目標、一切願景都是停留在紙上，不去付諸行動，那計劃就不能執行，目標就不能實現，願景就是肥皂泡。

7. 學習的心態

學習不但是一種心態，更應該是一種生活方式。21 世紀，誰會學習，誰就會成功。學習能增強自己的競爭力，也能增強企業的競爭

力。同事是老師、上級是老師、客戶是老師、競爭對手是老師，我們要善於向他們學習。

三、能力要求

推銷員所需要的能力，是由其本職工作決定的。一般來說，推銷員應具備以下能力：

1. 洞察能力

做一名優秀的推銷員，不但要善解人意，而且要心思縝密，要能準確地從對方的沉默中窺見對方的想法與內在意圖。

2. 組織能力

每一項推銷工作都需要週密的計劃、認真的組織，推銷員必須參與每一項活動的籌劃安排工作，因此強有力的組織能力對一個推銷員來說也是十分重要的。

3. 交際能力

一個從事推銷工作的人必須具備較強的社交能力，在任何場合都能應付自如，見機行事。

交際能力是衡量一個推銷員能否適應現代開放社會和能否做好本職工作的一條重要標準。推銷員要善於與各界人士建立親密的關係，而且還必須懂得各種社交禮儀，例如日常生活禮儀、外事交往禮儀、各種宴會禮儀、公共場合禮儀等。

從某種意義上說，推銷員應是社會活動家，他必須視整個社會為自己工作的天地。具備與各種各樣的人交往的能力。

善於交際除了要具有經驗和閱歷外，還要擁有大量的信息，以便尋找一個雙方都感興趣的話題，在自己的週圍吸引一批忠實的聽眾。

4. 創新能力

作為一名推銷員，首先要喚醒自己的創造天賦，要有「別出心裁」的創新精神，善於採用新方法，走新路子，這樣，你的推銷活動才能引起客戶的注意。

5. 表達能力

推銷員在工作中，要想贏得客戶的好感與配合，就要鍛鍊自己的語言表達能力。很多場合都需要推銷員介紹企業和產品的概況：如展銷會上，需要推銷員闡述自己的觀點；上門拜訪時，需要推銷員說明合作所帶來的利益。這些場合都要求推銷員口齒伶俐，能言善辯。此外，推銷員還必須具備形體語言知識，不僅要注意他人的體態動作，也要注意自己的體態動作。雖然這種信息是無聲的，但卻可以明確地表達出一個人的感情和內心活動。在推銷過程中，言語表述與形體表述並用，才能更好地增強感染力與勸說效果。

6. 應變能力

在日常工作中，推銷員所接觸的客戶很複雜、很廣泛，他們有著不同的籍貫、性別、年齡、宗教信仰，有著不同的觀念、社會閱歷、生活習慣和交往禮節。在購銷交往過程中，推銷員首先要認真觀察對方的特點，掌握多地區的風土人情、生活習俗，瞭解社會各階層的知識水準和涵養，以滿足不同客戶的具體要求。

7. 自控能力

推銷員在與他人打交道時，要有一種自控、忍讓的能力，但這絕不意味著可以違背原則。要想做到既忍讓又不失原則，就必須具備靈活的反應能力，事先多做幾種假設，多拿出幾個方案來，做到有備無患。

推銷員一定要學會控制自己的情緒，不良情緒不僅會讓你身邊的

人無所適從，受到傷害，也會讓自己受到傷害。

第八節　推銷員的工作類別

「銷售員」一詞本身就具有豐富的含義，一名銷售員可能是一個在市內繁華地帶賣花的小販，也可能是一個為將波音飛機賣給其他國家而進行談判的銷售主管。

一、新業務銷售

新業務銷售就是增加新顧客或將新產品導入市場的銷售。新業務銷售人員有兩種類型：開拓型銷售人員和訂單獲取者。

開拓型銷售人員（pioneer）經常要推銷新產品、接觸新顧客，或者同時面對新產品和新顧客。他們的工作需要創造性的推銷技能和隨機應變的能力。開拓型銷售人員在企業特許權的銷售中得到了很好的描述，其中，銷售代表從一個城市到另一個城市以尋找新的特許權購買者。

訂單獲取者（order-getter）是指在一個高度競爭的環境下主動尋求訂單的銷售人員。雖然所有開拓型銷售人員都是訂單獲取者，但反之則不成立。訂單獲取者可能依據不斷變化的情況服務於現有顧客，而開拓型銷售人員會儘快尋找和接近新顧客。訂單獲取者可能通過向現有顧客推銷產品線的附加產品以尋求新的業務。一個大家熟知的策略就是首先通過推銷產品線的單一產品與某顧客建立聯繫，然後緊接著再進行銷售訪問，同時推銷產品線的其他產品項目。

大多數企業都重視銷售增長,開拓型銷售人員和獲取訂單者是實現增長目標的中心力量。銷售人員這種角色的壓力是非常大的,結果也是顯而易見的。由於這個原因,新業務銷售人員常常都是企業銷售隊伍中最出色的人物。

二、現有業務銷售

與新業務銷售人員剛好相反,其他銷售人員的主要責任是維持與現有顧客的關係。強調維持現有業務的銷售人員也包括訂單獲取者。這些銷售人員經常為批發商工作,顧名思義,「訂單獲取者」不涉及創造性推銷。管理著一個固定的顧客群的銷售人員就是接單人員(order-taker),他們只做一些常規的重覆性訂購。他們有時跟在一個開拓型銷售人員之後,在開拓型銷售人員進行了第一次銷售之後,他們接著進行下一次銷售。

對企業來說,這些銷售人員的價值並不比新業務銷售人員小,但是創造性推銷技巧對這類銷售人員不太重要。他們的優勢是具備在確保顧客方便方面的可靠性和能力,因此顧客日益依賴於這類銷售人員所提供的服務。隨著市場的競爭越來越激烈,現有業務銷售人員對於避免顧客流失來說非常關鍵。

許多企業認為保護和維持利潤大客戶要比發現客戶替代者容易得多,因此它們加強了對現有客戶的銷售力量。例如,Frito-Lay 公司的 18000 名服務銷售人員每星期至少給零售客戶打 3 次電話;銷售代表每天都會與較大的客戶見面。這些銷售代表花費大量的時間宣講 Frito-Lay 公司速食食品的利潤,這就使零售商和 Frito-Lay 公司都提高了銷售量。

三、內勤銷售

內勤銷售(inside sales)是指非零售銷售人員,他們只在僱主的業務所在地處理顧客問題。最近幾年,內勤銷售受到了極大的關注,企業不僅將其作為一個補充性銷售策略,也將其作為一種現場推銷的替代方案。

內勤銷售可以分為主動內勤銷售和被動內勤銷售。主動內勤銷售是指主動尋求訂單,或者是電話行銷過程的組成部份,或者屬於接待隨時到訪顧客的活動。被動內勤銷售隱含著接受,而不是請求顧客訂單,雖然這些業務實踐要包括附加的銷售嘗試。客戶服務人員有時是作為內勤銷售工作的延續來發揮作用的。

四、直接面對消費者的銷售

直接面對消費者的銷售人員是數量最多的一類。美國大約有 450 萬名零售銷售人員和近 100 萬名推銷房地產、保險和證券等產品的銷售人員。還有像 Tupperware、玫琳凱和雅芳等公司擁有的幾百萬直接面對消費者的推銷人員。

可以說,各種類別的銷售人員的範圍包括從零售店的小時工到受過高等教育的、經過專業化培訓的華爾街股票經紀人。一般來說,富於挑戰性的、直接面對消費者的銷售是指那些銷售無形產品的工作,如保險和財務服務等。

五、銷售支援

銷售支持人員(sales support personnel)通常不去直接徵求採購訂單，他們的主要責任是傳播信息和有關激勵銷售的其他活動。為了支持所有的銷售努力，他們可能重點關注分銷管道的最終使用者和其他層次。他們可能向其他負責直接控制採購訂單的銷售人員或銷售經理報告。這裏有兩類眾所週知的銷售支持人員：傳教型的或專業型銷售人員和提供技術支援的銷售人員。

傳教型銷售人員(missionary salespeople)通常為一個製造商工作，但有時也為經紀人、製造商代表工作，在食品雜貨業更是如此。銷售傳教士與宗教傳教士有許多共同之處。銷售傳教士努力把轉變顧客購買行為的信息傳遞給顧客。一旦轉變完畢，顧客就會收到更多的新信息。傳教士活動的好處就是加強了購買者與推銷者之間的關係。

在醫藥行業，專項推銷人員(detailer)是一種專門從事醫藥產品推銷的人員。這類推銷人員主要做醫生的工作，提供有關藥物產品的功效和限制的重要信息，試圖使醫生開藥方時使用他們的藥品。另一類銷售代表同樣來自醫藥公司，他們銷售藥品給批發商或藥品商，但是，通過與醫生溝通來支持直接銷售努力是該類銷售人員的工作。

技術專家有時也被看作是銷售支援人員。這些技術支援性銷售人員(technical support salespeople)可以幫助企業設計程序、安裝設備、培訓顧客及提供技術跟蹤服務。他們有時是一個銷售團隊的組成部份，這個團隊包括通過推薦合適的產品或服務來專門確認和滿足顧客需求的其他銷售人員。

第九節　推銷員崗位描述

對於推銷員的工作，一般人似乎都有這樣的認識：不就是跑銷售嘛，有什麼好說的。事實上真是這樣嗎？讓我們先來看幾則有關推銷員的招聘廣告。

一、每日工作內容

1. 出勤和考勤

每天準時上班，做好辦事處的清潔工作，並填寫好「員工考勤表」。

2. 統計日銷售數據

統計大客戶日銷售量，代理商日出貨量、庫存量等數據。填寫「大客戶銷售日報表」、「代理商批發日報表」、「代理商庫存日報表」等。

3. 信息回饋

每天晚上 9：30 前向分公司回饋「大客戶銷售日報表」和其他資料。

4. 銷售數據分析

對代理商庫存(包括網路庫存、大客戶庫存)、日批發量、大客戶日銷售量及月累計銷售量進行統計分析，監控。內容包括以下三方面：

第一，銷售狀態分析：增長、正常、下滑、落後於競爭對手。

第二，銷售進展情況：月銷售計劃(銷售額和產品品種)的完成情況。

第三,對代理商的物流管理進行分析。控制商品的流向、流量、流速,檢查經銷鏈中各環節的庫存量是否合理,加快老產品、積壓品的消化,避免出現斷貨或品種不全、商品積壓的情況。

5. 電話拜訪

對三級市場(縣、鄉鎮)經銷商進行有計劃的電話拜訪。拜訪要達到以下目的:

第一,按照「客戶資料卡」的內容與經銷商進行溝通,認真填寫「客戶資料卡」。

第二,建立良好的客戶關係,讓他們樹立一種信念:「我是企業的經銷商。」

第三,瞭解市場上有無亂要價和竄貨的情況。

第四,傳達公司的最新精神。

第五,初步瞭解競爭對手的最新動態:銷售情況、價格變化、新產品情況、銷售策略、通路管道、廣告投入及促銷活動等。

第六,及時掌握經銷商的意見回饋,如新產品的銷售效果、產品品質、代理商配送貨是否及時、積壓滯銷品是否需要調換、售後服務等。

6. 市場巡視

每天走訪一次所在地的零售終端,瞭解終端現場的銷售情況和競爭品牌的動向。與大客戶的經營者或管理人員進行溝通,解決他們銷售中出現的實際困難,如售後服務、老產品和積壓品的銷售活動調換、技術培訓。

7. 其他

第一,參與客戶的現場促銷工作。

第二,按照公司售後服務要求,督促售後服務人員做好故障機維

修、電話回訪、上門服務、維修機和待修機的清潔等工作。如遇維修配件短缺，要及時和分公司技術服務部聯繫。

第三，與代理商碰頭，共同探討月銷售進展情況、當日銷售中出現的問題，以及下一步的銷售策略。

第四，做好當天的工作小結。

二、每週工作事項

1. 信息回饋

每週一上午 9：30 前向分公司回饋以下報表：「代理商一週批發量」、「代理商週庫存報表」、「大客戶庫存週報」及有關售後服務的報表。

2. 出差（客戶拜訪）

每週出差次數不得少於兩次，走訪各鄉鎮經銷商，並達到以下目的：

第一，與推銷員「每日工作內容」的第 5 項相同。

第二，與客戶溝通，瞭解他們的銷售情況，並做好產品的陳列、演示及室內廣告的佈置等，解決他們實際銷售中遇到的困難，如售後服務、老產品和積壓品的消化或調換、技術培訓。

第三，填寫客戶拜訪出差計劃及結果書。

3. 制訂每週促銷活動計劃

「每週促銷計劃書」的編寫及促銷活動的具體安排。

4. 每週工作例會

對促銷員集中進行培訓，並總結一週銷售情況，進行市場分析等。

5. 工作小結

做好本週的工作小結。

三、每月工作內容

1. 下月銷售計劃的下達

與代理商一起總結上月的銷售工作，具體落實、分解本月的銷售計劃，然後進行市場分析，決定採取什麼樣的行銷策略來完成銷售任務。

2. 上交報表

上交的工作報表包括：「員工考勤表」、「大客戶月銷售量匯總表」、「代理商月出貨量表」、「競爭品牌價格調查表」、「大客戶贈品發放登記表」及與售後服務有關的報表。

3. 應收賬款回收

督促客戶及時進行對賬，並在每月 25 日之前算出應收賬款。

4. 售後服務工作

每月清理一次維修機、待修機、短缺的維修配件等，上報給分公司技術服務部，並抄送一份給分公司總經理。

尋找與識別顧客

　　靈活運用尋找可能顧客，並通過對顧客資格的審查，確定可能的目標顧客。

第一節　尋找準顧客的重要性

　　潛在顧客指推銷員確認為需要得到產品或服務的人，對於推銷員來說，從潛在顧客中尋找目標顧客，是十分必要而且是很重要的事。準確而迅速地找出目標顧客，不僅能夠節約推銷員的時間，而且使推銷工作能夠順利地進行下去。

　　潛在客戶就是指有購買某種產品與服務的需要，而且能夠做出決定、有購買能力的客戶和企業。

　　進行顧客的尋找工作是推銷的開始，在推銷活動中佔有重要的位置。剛從事推銷工作的銷售人員，有 80%的失敗是來自於對「消費群

體」的定位和對潛在客戶的搜索不到位。對客戶的定位不準確，目標消費群體不明確，成功機會就很小，也就是常說的「選擇不對，努力白費」。推銷員要找的不僅僅是客戶名單、聯繫方式、家庭位址等這些簡單的客戶信息，更多的是搜索到合格的潛在客戶。

尋找潛在顧客使推銷活動有了開始工作的對象，掌握與潛在顧客進行聯繫的方法與管道，就使以後的推銷活動有了限定的範圍與明確的目標，避免推銷工作的盲目性。尋找顧客的工作是推銷事業不斷取得成績的源泉，是推銷人員保持不間斷的產品銷售與不斷擴大市場的保證。日本「推銷冠軍」——汽車推銷大王奧誠良冶曾反覆強調：客戶就是我最寶貴的財富。可見尋找顧客的重要性。但是，如何在成千上萬的企業和人海茫茫的消費者中找到準顧客，又是推銷活動的難點。因此，每個推銷人員都應學習掌握一些尋找顧客的技巧與方法，苦練基本功，才能突破這個難點，獲得豐富的顧客資源。

一個成功的推銷員只有努力地去尋找自己的顧客，才有可能取得推銷的成功。

顧客，即推銷對象，是推銷三要素的重要要素之一。在競爭激烈的現代市場環境中，誰擁有的顧客越多，誰的推銷規模和業績就越大。但顧客又不是輕易能獲得和保持的，要保持和發展自己的推銷業務，就要不斷地進行顧客開發與管理。推銷人員的主要任務之一就是，採用各種有效的方法與途徑來尋找與識別目標顧客，並實施成功的推銷。可以說，有效地尋找與識別顧客是成功推銷的基本前提。從上述案例中可以看出：重視並科學地尋找、識別顧客對推銷工作的成功至關重要。

在現代市場行銷理念指導下，顧客始終是任何行銷和推銷活動的中心。對於企業來說，顧客就是衣食父母，沒有顧客的購買就沒有企

業的利潤，企業就無法生存；對於推銷人員來說，其工資是由顧客發的。沒有顧客的認可，推銷員的工作就無法順利開展，也就無法取得事業的成功。

推銷員擁有顧客的多少，直接關係到其推銷業績的大小。在當今的市場環境中，想要獲得並保持穩定的顧客群並非易事。因為：第一，在同類產品的目標市場區域中，同行業的競爭者採取各種行銷策略，千方百計地爭奪顧客，顧客的「忠誠度」日益降低；第二，隨著顧客消費知識的日漸豐富與市場法律環境的完善，顧客越來越懂得怎樣更好地滿足自己的各種需求和維護自己的合法權益，變得越來越精明，越來越理性；第三，因推銷品生命週期的改變，顧客收入、地位的變化，企業的關、停、並、轉等，多年老顧客的流失是經常的、不可避免的。由此可見，推銷人員既要穩定老顧客，更要不斷地開發新顧客，以壯大自己的顧客隊伍。

尋找潛在顧客，獲得顧客群，推銷員首先必須根據自己所推銷的產品特徵，提出一些可能成為潛在顧客的基本條件，再根據潛在顧客的基本條件，通過各種可能的線索和管道，擬出一份準顧客的名單，採取科學適當的方法進行顧客資格審查，確定入選的合格準顧客，並做出顧客分類，建立顧客檔案，妥善保管。

尋找顧客是指尋找潛在可能的準顧客。準顧客是指既有購買所推銷的商品或服務的慾望，又有支付能力的個人或組織。

有可能成為準顧客的個人或組織則稱為「線索」或「引子」。在推銷活動中，推銷人員面臨的主要問題之一就是把產品賣給誰，即誰是自己的推銷目標。推銷人員在取得引子之後，要對其進行鑑定，看其是否具備準顧客的資格和條件。如果具備，就可以列入正式的準顧客名單中，並建立相應的檔案，作為推銷對象。如果不具備資格，就

不能算一個合格的準顧客，也不能將其列為推銷對象。一個尚未找到目標顧客的企業或推銷員，就開始進行狂轟濫炸式的推銷，其結果只能是大炮打蚊子似的悲哀。所以，尋找顧客是推銷工作的重要步驟，也是推銷成敗的關鍵性工作。

第二節　尋找準顧客的基本準則

客戶無處不在，潛在客戶來自人群，始終維持一定量的、有價值的潛在客戶，方能保證長時間獲得確實的收益。尋找顧客看似簡單，其實並非易事。在整個推銷過程中，尋找顧客是最具有挑戰性、開拓性和艱巨性的工作。推銷人員需遵循一定的規律，把握科學的準則，使尋找顧客的工作科學化、高效化。

(1)準確定位推銷對象的範圍

在尋找顧客之前，首先要確定準顧客的範圍，使尋找顧客的範圍相對集中，提高尋找效率，避免盲目性。準顧客的範圍包括兩個方面：

一是地理範圍，即確定推銷品的推銷區域。推銷人員在推銷的過程中，需要將該區域的經濟、法律、科學技術及社會文化環境等宏觀因素與推銷品結合起來，考慮該區域的宏觀環境是否適合該產品的銷售，以便有針對性、有效地開展推銷工作。在人均收入低的地區就不適宜推銷像豪華傢俱、高檔家電之類的產品。

二是交易對象的範圍，即確定準顧客群體的範圍。這要根據推銷品的特點(性能、用途、價格等)來確定。不同的產品，由於在特徵方面的差異，其推銷對象的群體範圍也就不同。例如，如果推銷品是老年保健食品、滋補品、老年醫療衛生用品(如藥物、眼鏡、助聽器等)、

老年健身運動器材、老年服裝、老年娛樂用品和老年社區(敬老院、養老院)服務等，則推銷的對象應是老年人這一顧客群體；而藥品、醫療器械等產品，其準顧客的群體範圍應為各類醫療機構以及經營該產品的經銷商。

(2)隨時隨地尋找準顧客的強烈意識

作為推銷人員，要想在激烈的市場競爭中不斷發展壯大自己的顧客隊伍，提升推銷業績，就要在平時(特別是在「業餘時間」)養成一種隨時隨地搜尋準顧客的習慣，牢固樹立隨時隨地尋找顧客的強烈意識。推銷人員要相信顧客無處不在，無時不有，顧客就在你身邊，不放過任何一絲捕捉顧客的機會，也決不錯過任何一個能擴大銷售，為顧客提供更多服務的機會。這樣，就會尋找到更多的準顧客，推銷業績也會隨之攀升。機會總是為那些有準備的人提供的。

「機會總是為有準備的人提供的」。看到蘋果落地的人，不計其數，但是只有牛頓從中看到了問題，最終發現了萬有引力定律；爐子上水壺的蓋子被蒸汽頂起，大家都熟視無睹，而瓦特卻從中找到了蒸汽力量的作用，最終發明了蒸汽機。推銷員每天都面對眾多的人，好的推銷員可以從中找到大量的、合格的顧客，而有的推銷員卻為沒有顧客而煩惱，優秀的推銷員一定時刻保持一種像饑餓的人尋找麵包一樣的意識尋找顧客，才可能取得成功。

當問及日本三菱財閥的創始人岩崎彌太郎事業成功的秘訣時，他是這樣回答的：「臨淵羨魚，魚兒永遠也不會跑到你的手中。儘管有時魚兒成群游來，但若沒有準備，赤手空拳是捕不到魚的。魚兒不是能夠應召即來的，什麼時候出現是由魚的本身習性所決定的。因此，要想捕魚，平時就必須準備好漁網。可以說，這與人們在一生中捕捉良機完全是一碼事。」

作為推銷員要向計程車司機學習，計程車司機大多是開車到處跑尋找顧客，我們要時刻留意接觸的人，從中發現和找到目標顧客，在目前買方市場的情況下，顧客一般不會主動找上門來的。

(3)多途徑的尋找準顧客

對於大多數商品而言，尋找推銷對象的途徑或管道不止一條，究竟選擇何種途徑、採用那些方法更為合適，還應將推銷品的特點、推銷對象的範圍及產品的推銷區域結合起來綜合考慮。例如，對於使用面極為廣泛的生活消費品來說，運用廣告這一方法來尋找顧客就比較適宜；而對於使用面較窄的生產資料而言，則宜採用市場諮詢法或資料查閱法。因此，在實際推銷工作中，採用多種方法並用的方式來尋找顧客，往往比僅用一種方法或途徑的收效要好。這就要求推銷人員在尋找顧客的過程中，應根據實際情況，善於發現，善於創新並善於運用各種途徑與方法，以提高尋找顧客的效率。

第三節　準顧客來源的類型

在推銷活動中，一般可將準顧客分為以下四種類型。

1. 現有客戶

無論那一種類型的企業，一般均有數百家甚至上千家現有小客戶，推銷人員應該時常關注這些客戶並請他們再度惠顧。利用這些既有的老客戶，可實現企業一半以上產品的銷售目標。在這些老客戶中，有一些客戶由於業務量小而被企業忽視了，推銷人員應該多拜訪這些顧客，調查過去發生的業務量、顧客對產品使用情況以及對售後服務的滿意狀況、新的成交機會等。一旦發現問題，就要設法解決，

儘量捕捉產品銷售的機會。一般來說，現有客戶是新產品最好的潛在客戶。

2. 新開發的準顧客

推銷人員必須經常不斷地尋找新的準顧客。一般來講，開發的準顧客數量越多，完成推銷任務的概率就越大。根據公式（掌握的準顧客數量／推銷區域內的顧客總數量×100%），就可以知道自己所掌握的潛在顧客數量，在推銷區域內所佔的比例。推銷人員手上的準顧客不論是屬於那種類型的企業、組織和個人，都有可能成為自己的新客戶，所以平時要在這些新開發的準客戶身上多下工夫。

3. 中止往來的老客戶

以往的客戶由於種種原因沒有繼續購買本企業產品，但仍是推銷人員重要的潛在顧客。事實上，許多老顧客都在期待推銷人員的再度拜訪，推銷人員必須鼓起勇氣再次拜訪他們，並從中探究他們不再購買本企業產品的真正原因，制定滿足他們需求的對策。

4. 不被重視的老顧客

對於商家而言，想方設法開發新客戶固然重要，但更應採取積極有效的措施留住老客戶，只有在留住老客戶的基礎上，再發展新客戶才是企業發展壯大之道。國外客戶服務方面的研究表明：開發一個新客戶的費用（主要是廣告費用和產品推銷費）是留住一個現有老客戶費用（主要是支付退款、提供樣品、更換商品等）的 6 倍。

美國可口可樂公司稱，一聽可口可樂賣 0.25 美元，而鎖定 1 個顧客買 1 年（假定該顧客平均每天消費 3 聽可口可樂），則一個顧客 1 年的銷售額約為 300 美元。

有的推銷員也許會說：「我今天不必再浪費時間去看×先生了——他在以後 5 年中不會再買我們的產品。」但是如果你真正想為

客戶服務，那麼你仍須前往訪問，以便隨時處理售後服務等問題。雖然這種工作是相當繁重的，但要記住，你的競爭者是不會怕繁重的，他們仍會不斷地前往訪問。

全世界的推銷經驗都證明，新生意的來源幾乎全來自老顧客。幾乎每一種類型的生意都是如此。假如顧客買了一部新車，他就會常覺得自己是「次」代理商。由於對新車的熱情，他會跟鄰居、朋友及相關的人不斷提及買車的事，結果成了車商的最佳發言人，他們就是推銷人員的最佳公關！再度拜訪是很重要的工作，即使不做售後服務，打一個友誼性的問候電話也可以，養成再度回去探望顧客的習慣，就會擁有無盡的「人脈鏈！」

被譽為豐田汽車「推銷大王」的椎名保久，從生意場上人們常用火柴為對方點煙得到啟發，在自製的火柴盒上印上自己的名字、公司名稱、電話號碼和交通線路圖等，並投入使用。椎名保久認為，一盒 20 根裝的火柴，每抽一次煙，名字、電話和交通圖就出現一次，而且一般情況下，抽煙者在抽煙間隙習慣擺弄火柴盒，這種「無意識的注意」往往成為推銷人員尋找顧客的機會。椎名保久正是巧妙地利用了這小小的火柴，尋找到了眾多的顧客，推銷出了大量的豐田汽車。其中許多購買豐田汽車的用戶，正是通過火柴盒這一線索實現購買行為的。

可利用有望客戶(PROSPECT)、尋找有望客戶(PROSPECTING)的英文字母，來說明如何開發潛在的客戶：

P：PROVIDE 「提供」自己一份客戶名單

R：RECORD 「記錄」每日新增的客戶

O：ORGANIZE 「組織」客戶資料

S：SELECT 「選擇」真正準客戶

P：PLAN　　　　　「計劃」客戶來源來訪問對策

E：EXERCISE　　　「運用」想像力

C：COLLECT　　　　「收集」轉手資料

T：TRAIN　　　　　「訓練」自己挑客戶的能力

P：PERSONAL　　　「個人」觀察所得

R：RECORD　　　　「記錄」資料

O：OCCUPATION　　「職業」上來往的資料

S：SPOUSE　　　　「配偶」方面的協助

P：PUBLIC　　　　「公開」展示或說明

E：ENCHAIN　　　　「連鎖」式發展關係

C：COLD　　　　　「冷淡」的拜訪

T：THROUGH　　　　「透過」別人協助

I：INFLUENCE　　　「影響」人士的介紹

N：NAME　　　　　「名錄」上查得的資料

G：GROUP　　　　　「團體」的銷售

第四節　開發客戶的準備工作

推銷準備是至關重要的，推銷準備的好壞直接關係到推銷活動的成敗。成功的推銷需要做好各方面的準備，所謂「不打無準備之仗」充分說明了這一點。

訪前準備工作能使推銷員真正做到換位思考，為客戶著想，理解客戶的需求，使推銷員在介紹、演示、說明等具體工作中有針對性地解決問題，提高溝通效果和工作效率，充足的訪前準備，有利於推銷人員樹立更可靠的形象，贏得客戶的信任與好感。

推銷人員越是瞭解自己從事的行業、自己公司的整體狀況、自己的產品、競爭對手、面對的客戶，就越能更好地、更有針對性地為客戶服務。這樣，推銷人員就充滿自信，能夠以不同的方式與不同行業的客戶進行溝通，能夠洞察客戶心理並解決他們存在的問題，更易引起客戶的好感和信任。

一、瞭解你所在的行業

推銷人員必須對自己的行業有一個深入的瞭解，包括法規、技術、客戶、觀念、經濟形勢及其展望等。推銷人員越能瞭解自己從事的行業，就越能更好地為客戶服務。在客戶看來，好的推銷人員是能為他們提供有用信息的人，是能為他們解除疑慮、解決問題的人，是一個好的顧問。行業不斷變化的信息，是經營制勝的關鍵。推銷人員應能給客戶提供詳盡的、最新的信息，並能客觀地結合客戶進行分

析，幫助他們做出正確的選擇。如藥品推銷人員的介紹，使醫生們瞭解新藥和新技術；計算機銷售人員，使用戶及時瞭解市場上新出現的軟體和硬體。具體地，推銷員應該瞭解以下行業情況：

- 行業內的生產規模和結構
- 行業內產品上市量和市場容量
- 主要競爭企業的市場銷量
- 行業內有關法規、法律和政策
- 各企業市場佔有率和競爭策略
- 行業內發展動態
- 客戶構成

二、瞭解你的公司

市場上同類產品很多，客戶有著較大的選擇餘地。這時，對自己公司瞭解最多的推銷人員就極有可能取得客戶的信任從而獲取訂單。越是瞭解自己的公司，包括公司歷史、經營狀況、產業情況、公司提供的特別信用條款、貨運程序和商品知識等，越能為客戶提供比競爭對手更有價值的產品、服務和建議。

一般地，公司規模、公司聲譽、公司產品、公司對客戶的支援、公司財務狀況、公司優惠政策等，往往成為客戶判斷公司是否值得信賴、是否選購公司產品的重要依據。推銷人員是企業的代表，必須十分瞭解有關公司的一切信息並保證讓客戶能夠準確、充分地接收，理解這些信息，才能促使客戶簽下訂單。具體地，推銷人員應瞭解有關自己公司的以下信息：

- 公司經營理念和特點

- 公司經營範圍和產品、服務種類
- 公司財務狀況
- 公司人事結構特別是總裁和高層管理人員狀況
- 公司信用政策
- 公司訂單處理程序
- 公司政策和程序
- 公司折扣政策和獎勵客戶政策
- 公司消費者促銷工具
- 公司對客戶能提供的支援

三、瞭解你的產品

如今的市場上，新產品推出速度很快，新概念眼花繚亂，客戶特別是一般的消費者大多是非專家購買，對產品所知甚少，他們完全依賴推銷人員提供的信息做出購買決策。如果推銷人員不能提供足夠的信息，客戶就會從他們的競爭對手那裏購買產品。推銷員要想說服客戶，推銷成功，就必須瞭解產品知識，對推銷產品精通，成為產品專家；對公司的其他產品要瞭解，盡可能一種一種地達到熟悉、精通的地步；對競爭對手的產品也要熟悉，才好有針對性地介紹自己產品的優勢。

1. 產品知識表

瞭解你的產品、精通你的產品、相信你的產品，才能有針對性地推銷，才能突出介紹產品的優勢與特色，才能回答客戶的質問並解除他們的疑慮，才能充滿熱情地向客戶推銷並獲得成功。

表 2-4-1　產品知識表

A. 產品本身的知識		
· 原理	· 歷史	· 製造工程師
· 構造	· 性能	· 效用
· 耐久性	· 使用方法	· 經濟性
· 流行性	· 舒適性	· 信賴性
· 品質	· 色彩	· 款式
· 尺寸	· 重量	· 種類
· 特徵	· 包裝	· 標準化
· 形式更換	· 名稱，通稱	· 給人的印象
· 零件，附件	· 缺點及不便	· 易遇到的反對
· 易發生的抱怨	· 曾遇到的詢問	
B. 有關價格及條件的知識		
· 價格	· 減價	· 舊貨的折價
· 付款的條件	· 綜合性能和價格的平衡	· 對於購買者的優待
· 交貨期限	· 庫存情況	· 生產情況
· 有效期限	· 保證期限	· 售後服務
· 需要服務的項目和設備	· 退貨	· 產生不良品的頻度
· 主要故障所在	· 修理方法	· 運輸方面
· 捆紮	· 接受訂單的手續	· 有關法規
C. 有關產品的知識		
· 價格趨向	· 流行	· 和同業產品比較的優劣
· 使用者的滿意度	· 有關產品	

　　然而在現實生活中，我們的許多銷售人員存在的問題就是缺乏產品知識。據調查，每 10 個接受調查的客戶中就有 8 個覺得向他銷售產品的銷售人員缺乏產品知識。

一個銷售人員應當掌握的產品知識是多方面的,包括產品本身的知識:一個產品是怎麼生產出來的,它的材質、構造、性能等;產品的價格和價位條件方面的知識;產品是什麼樣的價格,價格和價位條件的關係,產品的價格浮動範圍等,這些銷售人員都要瞭解得清清楚楚。銷售人員還要瞭解其他的有關知識,比如說競爭對手產品的情況、市場的動態、相關的產品知識等。

2. 對自己銷售的產品「如數家珍」

要做到這一點,首先要銷售人員熱愛自己的產品,並對產品有十足的信心。如果你對自己的商品沒有信心,你的客戶對它自然也不會有信心。客戶與其說是因為你說話的邏輯水準高而被說服,倒不如說他是被你堅定的信心所說服的。這是「說」的細節。

作為一個新上市的高科技產品,一上來,客戶肯定會讓推銷員對它做個基本介紹:如為什麼叫「納米汽車空氣淨化器」,是不是同一類產品人家叫別的名字;它有多少個品種、規格和式樣;它有那些功能和用途,如何保存,使用年限有多長,在使用過程中有些什麼特別注意事項等。也有很多時候客戶並不關心產品的技術參數和原理,你也沒有必要給客戶講什麼產品原理之類的東西。對於客戶來說,他們關心的是買了你的東西後有什麼好處。這個東西對他們有用,這才是硬道理。可以說一個推銷員就應該學會「投機取巧」,按客戶的喜好來進行推銷。不僅是在推銷過程中,即使是在與同事和朋友的交流中,也要善於揣摩對方的心思,投其所好,這樣可以少費口舌。

在推銷過程中,推銷員經常會遇到這些問題:如對自己的產品不是很熟悉,說不出自己產品的特點和功能;即使對產品有一定的瞭解,也只能機械地說出產品的特點,沒有辦法將這些特點與客戶的需求聯繫起來,客戶不感興趣。因此,推銷員應在以下方面作好準備:

3. 產品效用分析

推銷員應該瞭解、研究、熟悉自己推銷的產品，在出發前做好各項產品準備。如果推銷員不瞭解自己的產品，那麼客戶會對其所進行的遊說產生懷疑甚至憤怒。沒有比推銷員對自己的產品不熟悉，更容易使本來想購買的客戶逃之夭夭的了。有人說，「這是一個專家的年代，只有少數人能取得超出常人的業績，就是那些熟知自己專業的人」。推銷員一定要學習、學習、再學習，成為你所推銷的商品的專家。

效用具有客觀和主觀的雙重特徵，效用的客觀性是商品或服務本身所具有的，能滿足客戶各種慾望的特性，效用的主觀性是指消費者在消費一種商品或服務時，主觀上所感受到的滿足程度，與個人興趣、偏好、感覺、精神狀態相關。因此，對不同的人，同一種商品所具有的效用可能完全不同，比如一個可以從抽煙中得到很大的效用，而另外一個覺得香煙不堪一嘗。而且，一種商品的效用可以隨著時間和地點的變化而變化，如羊毛衣對於生活在熱帶和寒帶的人來說，效用並不相同，甚至對同一個人，羊毛衣在夏季和冬季其效用也不同。

由於一個產品包含著不同的利益，從不同角度看有不同的效用，而客戶也有不同的利益要求，推銷員必須使產品利益和客戶要求相吻合，把「特別的愛給特別的你」，才能打動客戶。事實證明，一個僅僅推銷具體產品的推銷員，與推銷產品功能的推銷員的銷售差別是非常大的。推銷的藝術，在很大程度上就是針對客戶的不同心理需求做恰當說明的藝術。

現代產品概念是多層次的整體概念，包括核心產品、有形產品和延伸產品。核心產品是滿足購買者真正的購買意圖，為購買者帶來的預期效用。例如購買口紅的女士絕不只是買到塗嘴唇的顏色，而更多

的是購買一種美、一種希望；鑽頭使用者其實是在購買相應的尺寸的孔。這些核心利益與服務通過有形產品的五個特徵：品質水準、特色、式樣、品牌、包裝反映出來。延伸產品則是產品設計、生產者提供的附加服務和附加利益。

人們購買的最根本目的是為滿足其某種需求，而商品的功能正是使需要得以滿足的可能。根據心理學家馬斯洛的需求理論可以知道，客戶的需求層次分為生理的需要、安全的需要、愛與歸屬的需要、獲得尊重的需要和自我成就的需要。因此，一位優秀的推銷員應該能夠正確地認識自己的產品，瞭解它最能滿足客戶那一個層次的需求。如有可能應該開發出它的多層次特徵，以便根據將來面對的各種不同需求可以應對自如。例如，一輛小汽車可以有方便出行、安全、身份象徵等多種屬性，可以滿足人們的不同需求。那麼你所推銷的汽車究竟是以滿足何種需求為中心的呢？

4.熟記產品的各種參數

作為一名優秀的推銷員，應該非常瞭解自己的產品，能回答出客戶提出來的所有問題。你對自己的產品瞭解越深，你就越會充滿自信，談判也就變得越順利。作為一個推銷員至少要能把自己產品的基本原理、功能和一些基本的技術參數背下來。

雖然絕大多數客戶不會問你產品的工作原理，但是，當客戶要求你介紹產品的性能和工作原理時，你也不能迴避。所以，有備無患，在推銷員心裏還是要多準備些客戶問的「為什麼」，對自己的產品要瞭若指掌，說起來要如數家珍。

作為一個推銷員，不僅要自己會用自己的產品，而且要能像專家一樣給客戶指導，不能只會說句「按照說明書使用就行了」。在客戶那裏，最關鍵的是要能說明自己產品與眾不同之處，因為許多客戶喜

歡把你的東西與你的競爭對手的產品作比較，貨比三家。所以，一方面你要能說清自己產品的特點；另一方面也要瞭解自己對手產品的特點，這就是知己知彼。

5. 對本公司的其他產品也要熟悉

除了你負責的產品外，對公司的其他產品（例如電器、手機）也應有所瞭解。例如你在電器公司做銷售，當你推銷冷氣機時，有的客戶可能會問你公司手機的問題。作為公司的一名員工，你要能就手機應有所瞭解，不能說我只負責冷氣機銷售，其他的就一問三不知。

四、瞭解你的競爭對手

在推銷過程中，推銷人員要隨時關注競爭者的動態，瞭解競爭對手，知己知彼方能百戰不殆。推銷人員要瞭解競爭者的產品有什麼特性、缺乏什麼特性、那些特性優於自己的產品；要瞭解對方推銷人員的個人品性、能力、愛好、常用手段等；也要瞭解競爭者的行銷戰略、行銷策略、行銷手段、兵力佈置、網點分佈、客戶狀況等。

「知己知彼，百戰不殆」，銷售員要隨時關注競爭對手的動態，分析競爭對手的情況，做到有備無患，在競爭中取勝。瞭解競爭對手的過程也是銷售員再次認識自己企業的過程。

為了瞭解競爭對手，銷售員可從表 2-4-2 所示的幾個方面入手進行相關信息的搜集，並將這些信息進行分析整理，找出自己企業產品的優勢所在。同時，銷售員應給每一家同類公司建立檔案並進行比較和追蹤，進而制定符合市場需要的銷售策略。

表 2-4-2　競爭對手分析表

競爭對手 名稱		聯繫方式	
		公司網站	

內容 項目	具體內容	瞭解途徑	自己公司優 勢與不足
產品策略	技術含量、品質、主要性能、所使用的原材料、更新換代週期、技術水準、主要賣點等	(1)直接或間接詢問當地經銷商 (2)詢問有關維修人員、促銷員等 (3)直接進行「公眾調研」 (4)通過媒體報導瞭解	
服務策略	服務政策、服務承諾、服務品質(服務兌現情況)	(1)找售後服務人員瞭解 (2)找促銷員瞭解 (3)收集媒體報導，如上網查詢等	
價格策略	競爭對手的總體價格水準，各個細分產品的不同價格標準、價格定位、價格調整頻率與力度，進貨價、零售價與結算價、返利之間的相互關係等	(1)各銷售員最好有計劃地記錄對手一定時期內的所有產品價格 (2)實地考察並要求促銷員時刻關注對手的價格動態 (3)直接找商家詢問	
促銷策略	(1)促銷的頻率及力度 (2)促銷的形式及內容 (3)促銷成效及對品牌提升的好處 (4)促銷對企業員工、商家信心的提高	(1)本企業銷售員之間溝通 (2)商家 (3)促銷員 (4)當地公眾 (5)各種媒體的宣傳	

續表

品牌傳播	(1) 在當地的廣告宣傳投入情況 (2) 終端賣場的產品陳列、展示 (3) 在當地的曝光率及百姓心中的品牌形象	(1) 經銷商 (2) 本企業一線銷售員 (3) 終端促銷員 (4) 親臨市場勘察	
管道策略	(1) 管道政策：自建行銷網路、直銷、建專賣店、電話行銷等 (2) 管道政策調整的頻率和力度 (3) 新建管道、維護管道的舉措	(1) 與本企業銷售員多溝通，多瞭解 (2) 多與商家溝通 (3) 通過上網，搜索有關競爭對手的管道信息	
人力資源	(1) 對員工培訓、教育是否到位 (2) 廠家與商家關係是否融洽 (3) 各種規章制度是否完善，特別是銷售制度、策略 (4) 員工工作是否信心滿懷、熱情高漲	(1) 實地考察對方促銷員的能力等 (2) 從經銷商 1：3 中瞭解相關信息 (3) 借助其他途徑瞭解，如與同行交流、媒體資料的收集等	

　　以上是一名銷售辦公用品的銷售員，為了增加自己成功銷售的砝碼，通過對競爭對手產品情況進行調查分析後，制定了一份競爭產品對比分析表。雙方具體的產品資料如下：

　　己方產品：來自知名供應商，有固定配套的系列產品，確保品質；

免費保修；每月給客戶免費發放 DM，即產品手冊，方便客戶選擇產品；每月給客戶免費提供採購清單，方便客戶清楚地瞭解購買記錄，杜絕浪費。

對手產品：根據訂單來尋找貨源，客戶需要什麼就去尋找什麼；產品價格比己方低 3%。

這位銷售員設計的競爭對手產品分析如表 2-4-3 所示。

表 2-4-3　競爭對比分析表

競爭對手名稱		聯繫方式	
		公司網站	
己方產品特點	競爭對手產品特點	己方能給客戶帶來的特殊利益	
與知名供應商有長期、穩定的合作關係	根據訂單尋找貨源，客戶要什麼才去找什麼	固定配套的系列產品，確保品質，耗材及時供應	
產品價格比競爭對手高 3%	價格低於本公司	保證每件產品貨真價實，讓客戶覺得自己是高級商品用戶	
每月給客戶免費發放 DM，即產品手冊	無此項服務	方便客戶選擇產品	
每月給客戶免費提供採購清單	無此項服務	方便客戶清楚瞭解購買記錄，杜絕浪費	
免費保修	無此項服務	為客戶解決後顧之憂	

五、瞭解你的客戶

1. 目標市場分析

推銷人員在行業、公司、產品等競爭形勢的準備工作中，最重要的就是確定目標市場，即確定最有可能購買銷售人員產品的潛在客戶。推銷人員應盡可能尋找那些有可能需要他們服務的客戶，尤其是

那些能與之建立長期合作關係的客戶，以提高工作效率。目標市場分析，通常是在對行業、公司、產品和競爭形勢進行徹底研究的基礎上，按以下順序分析本公司產品和服務所面臨的商業環境，找出最有可能購買產品、最能給公司帶來利潤的客戶名單。

‧ 從客戶角度按重要程度排序，將產品的所有特性和服務及利益列一張清單。

‧ 列舉公司的優勢和劣勢。

‧ 競爭者的優勢和劣勢。

‧ 描述行業中典型客戶的所有主要特徵。

‧ 列舉市場上潛在客戶。

‧ 根據產品特性、利益及其重要次序，根據公司的優勢、劣勢和競爭的性質，分析本公司產品和服務最適合那一類客戶，其次適合那類客戶。

2. 目標客戶分析

做生意的第一要旨是知道你應該提什麼問題，第二要旨是知道何處能找到問題的答案。推銷人員要想取得成功，必須明白你的推銷對象是誰，他有什麼需求和問題，你如何幫助他解決問題。這就要求我們必須通過多種途徑去接觸、認識、瞭解、熟悉我們的客戶，搜集有關他們的多種信息。以下信息是我們必須知道的：

‧ 客戶公司的名稱、位址和電話。

‧ 客戶公司屬於什麼行業、銷量多少、主要產品線是什麼。

‧ 公司的財務狀況、資信等級、聲譽。

‧ 公司的戰略要求是減少成本，提高品質或其他。

‧ 公司的組織結構和法定代表人。

‧ 公司真正的主管人員。

· 公司的產品研發計畫和狀況。

· 誰是你的主要競爭者。

· 誰是他們的客戶。

· 客戶個人學歷、經歷、背景等。

· 客戶家庭成員的詳細資料。

有一位銷售人員，六次拜訪一位公司董事長，都被拒之門外，後來他瞭解到董事長喜歡卷毛狗，每天傍晚去一條小路上遛狗。於是他就借了一條卷毛狗，也在傍晚時到這條小路上去遛狗，裝作一個偶然的機會與董事長相遇了。於是兩個人就不談關於工作上的事，而是津津有味地談起卷毛狗，今天談、明天談……談了幾天，雙方關係就發生了變化。由開始的買賣關係發展成了狗友關係，有生意不照顧自己的「狐朋狗友」照顧誰呢？這就是銷售人員瞭解對方的好處。

3. 甄別客戶的真實需求

圖 2-4-1　影響購買決策的主要角色

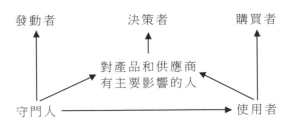

客戶在購買決策過程中通常扮演的角色主要有：發動者、影響者、守門人、決策者、購買者和使用者。在這六種角色中，最為主要的是決策者。這六種角色對銷售人員評估目標客戶有著極大的作用。所以銷售人員在開發客戶過程中必須明白以下四個問題：

(1)瞭解誰是真正的決策者

一位銷售人員到一家企業財務處結賬，那幾天處長有病沒上班，副處長代理一切事務，別人都叫他李處長。這位銷售人員和李處長拉得很近。過了幾天，他又來結賬時，正處長已經上班了。正處長問他來幹什麼，他說：「我是來拿錢的。」正處長說：「你這批貨品質有問題，有些毛病。」銷售人員說：「有沒有問題你管不著。」這位處長說：「那好吧，我管不著我就不管！」，他不管，他不簽字，錢你能拿走嗎？

(2)守門人不可低估

在瞭解誰是真正的決策者時，銷售人員往往會遇到「守門人」，就是那些控制信息流程和組織其他流程的人，如看大門的人、秘書等。如果說看大門的人連門都不讓你進，你能繼續進行自己的業務嗎？所以，銷售人員首先要取得守門人的信任，他們是你順利開展客戶開發工作的第一關。

(3)瞭解誰是主要影響者

一家三口去商場買玩具，儘管錢包在父母口袋裏頭，但是優秀的營業員一定會極力向小孩推銷。原因很簡單，儘管錢包裝在權力先生的口袋裏，小孩是權力先生的影響者，他們才是真正的購買者。

銷售人員應該注意，在進行客戶開發過程中，要與客戶單位的上上下下、方方面面的人，建立良好的關係。因為，每一個人都會影響250個人，如果你不注意客戶單位中的人際關係，那麼他們很可能對你的客戶開發工作帶來不必要的麻煩。

銷售人員去單位聯繫業務時，要對現場每個人的身份、地位和作用都要有所瞭解，並在禮節上表現週到。

銷售人員還應找到具體的決策執行者是誰，他是具體操作的人，

儘管沒有多大的權力，但是他們具有執行權。如果銷售人員不能與他們處理好關係，也將阻礙客戶的開發工作。

某公司需要採購塑膠管，廠家的銷售人員聽說後，直接找到這家公司的總經理，向其推銷自己廠的產品。總經理一看，這家廠的塑膠管品質不錯，就同意購買其產品，派出了採購員。但是這位銷售人員忽略了決策執行者的重大作用，而沒有與採購員進行聯繫。採購員去了後，回來告訴總經理：「我本來想買這家廠的塑膠管，但是遇到很多退貨的，反映這家廠的產品存在品質問題。我不敢擅自做主，回來請示一下。」最後，他們購買了另一家單位的產品。因此，決不能忽視執行者在購買過程中起的重大作用，推銷人員不可忽視對購買決策有影響的人物，即使他（她）不是最終決策者。要避免對一位不做決策的人物花費過多的時間和精力，對一位在決策過程中有重要影響的人物沒有溝通或接觸。

⑷尋找 Money（資金）、Authority（權力）、Need（需要）

4.評估客戶需求

⑴客戶是否有需求

圖 2-4-2　客戶需要評估

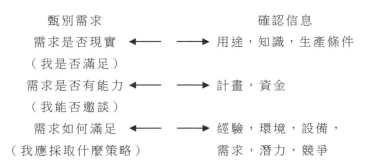

甄別需求　　　　　　　　　　　確認信息

需求是否現實 ◄──── ────► 用途，知識，生產條件
（我是否滿足）

需求是否有能力 ◄──── ────► 計畫，資金
（我能否邀談）

需求如何滿足 ◄──── ────► 經驗，環境，設備，
（我應採取什麼策略）　　　　需求，潛力，競爭

用途：客戶想用設備做什麼？客戶期望達到什麼效果？

生產條件：客戶的主要生產設備是什麼？想把設備用在什麼樣的生產線上？

知識：客戶以前是否聽說或接觸過設備？目前使用什麼設備或手段？

⑵是否有能力需求

計畫：為什麼想買設備？是否有採購的確切計畫？

資金：資金是否落實？大約需要多少資金？資金從那兒來？

⑶如何滿足需求

經驗：客戶是否有過使用設備的經驗？客戶用的是什麼品牌？評價如何？

環境：客戶生產環境如何？

設備的要求：客戶使用設備生產出的產品是否符合客戶的要求？

造型因素：客戶對於造型優先考慮的因素是什麼？如價格、耗材成本、可靠性、易操作性、服務便利、交貨時間、付款條件、試機等。影響客戶決策的因素是什麼？如從眾心理、熟人推薦、先入為主、集團因素、過去經驗、上層指示等。

競爭：競爭對手是誰？對手推薦的機型是什麼？對手提供的條件是什麼？

潛力：客戶在行業內的影響力如何？客戶的發展潛力如何？

4. 個體客戶客情準備的內容

要瞭解你的客戶，因為他們決定著你的業績。客情準備建立在客戶調查基礎上，在成為一個優秀的推銷員之前，你要先成為一個優秀的調查員。必須去發現、去追蹤、去調查，直到摸準客戶的一切。

(1)基本內容

①姓名　一要寫好，二要讀準。推銷人員在稱呼或書面書寫時，務必小心，不得有誤，以免鬧出笑話。

②年齡　瞭解客戶的真實年齡有助於推銷預測。但推銷員切勿當面打探冒犯，尤其是對女士。

③性別及職業　不同的性別、不同的職業體現了不同的身份、地位和購買意向。

④籍貫　人們對鄉土都有濃厚的情感，外地遇同鄉有一種歸屬感，因此在拜訪中可利用同鄉攀情交友，展開人際關係。

⑤文化程度　推銷人員可以根據客戶的文化程度決定談話的內容和方法，有時還可以作為一個話題。

⑥居住地點　它可能反映出目標客戶的社會地位、朋友群，甚至家世。

⑦民族及宗教信仰　掌握目標客戶這方面的情況，可使推銷人員在進行推銷洽談時，避免捲入不必要的爭論，減少推銷洽談的阻力。

⑧其他　包括客戶的電話號碼、郵遞區號等。

(2)家庭及其成員情況

主要分析家庭生命週期階段，及配偶子女在家庭購物活動中各自所起的作用，他們的價值觀、特殊偏好等。

(3)需求內容

需求內容包括購買的主要動機，需求詳細內容和需求特點，需求的排列順序，客戶的購買能力，購買決策權限範圍，購買行為在時間、地點、方式上的規律等。

5.團體客戶客情準備的內容

(1)基本情況

團體(法人)客戶的基本情況包括：

① 單位全稱及簡稱；

② 所屬產業；

③ 所有制形式；

④ 經營管理體制，隸屬關係；

⑤ 所在地點；

⑥ 交通情況等；

⑦ 企業成立的時間；

⑧ 企業演變經歷。

(2)生產經營情況

生產經營情況包括：

① 企業的生產經營規模；

② 企業生產的具體產品類型、品種與項目數量；

③ 生產能力及發揮的水準；

④ 產品主要銷售地點及市場反映；

⑤ 市場佔有率與銷售增長率；

⑥ 管理風格與水準；

⑦ 企業的發展前景。

(3)組織情況

組織情況包括：

① 組織機構及職權範圍；

② 組織規章制度；

③ 組織辦事程序；

④組織人事狀態及人際關係等；

⑤組織主管的作風特點；

⑥企業主要決策人物的姓名與電話號碼、傳真號碼、Email、QQ 等。

(4)財務情況

財務情況包括：

①銷售收入及增長情況；

②利潤實現和分配情況；

③資金的增減和週轉狀況；

④債務及清償情況等。

(5)購買行為情況

推銷人員要深入瞭解，關於推銷對象在購買行為方面的情況，包括：

①發現需求或提出購買申請的部門；

②核准需求的部門與機構；

③選擇供應廠家的標準；

④現有供應者及雙方關係等；

⑤購買決策程序等。

(6)關鍵部門與關鍵人物情況

推銷員要瞭解組織購買行為決策中，起關鍵作用的部門與人物，包括：

①關鍵部門與人物職權範圍；

②關鍵部門與人物姓名、電話號碼、傳真號碼、Email 等；

③關鍵部門與人物的作風特點、興趣愛好等。

六、物品準備

推銷前物品準備，是指推銷員在進行推銷之前，應該做的各項相關物品的準備。推銷員一般都必須配備相應的專用推銷用品包，又稱為拜訪包，裏面裝有與推銷有關的各項用品。推銷員必須在物品準備上注意細節，防止出現不必要的疏漏，而影響最後訂單的達成。

推銷員要準備的物品主要有六類。

第一類，推銷員個人身份證明資料與必要用品。推銷員個人身份證明資料通常使用名片即可，有些重要產品或敏感性產品的推銷員，還須帶上公司授權證明或介紹信、舉薦信，以及工作證、身份證或護照、駕照等。必要用品包括個人工作用品與生活用品。個人工作用品包括筆、記事本或筆記本、資料夾、筆記本電腦、數碼相機、移動硬碟或 u 盤等。個人生活用品指與個人生活有關的各種用具，比如，出差必須帶的換洗衣物、清潔用品、雨具等，個人生活用品因出行的距離、時間和個人生活習慣而定。

第二類，產品及企業相關資料。與產品相關的資料包括樣品或樣圖、樣照、模型、產品說明書、產品品質證明資料（獲獎證書、媒體報導、客戶評價）、產品目錄等。與企業相關的資料包括企業工商執照、資信證明、企業法人相關資料等。

第三類，與客戶有關的資料。必須帶上與客戶相關的資料，主要是客戶的主要情況介紹，具體內容見客情準備。

第四類，與交易有關的物品。比如，價格表、合約（或意向書、訂單、協定）、簽合約所需要的印鑑等。

第五類，其他物品。比如，計算器、帶有公司抬頭的便箋、所去

城市的地圖、推銷計劃、路線安排表等。

　　以上物品並非每次都需要完全帶齊,每個公司可以根據每次客戶拜訪的具體情況,要求推銷員做好相應的準備。

　　推銷員應該帶上那些東西沒有統一的標準,但每個公司應該建立健全自己的制度。制訂標準的物品準備與檢查流程,嚴格要求推銷員必須做好各項準備與檢查,以防止出現不必要的麻煩。公司有關物品準備與檢查的制度中必須列出所有必備的物品,內容要全;必須列出物品擺放的順序,物品較多時必須指明攜帶人;必須指明檢查人,確保制度的落實。

　　物品準備要做好,還應該注意以下幾個方面:一是執行要到位,大多數公司在物品準備環節做得比較馬虎,大家都不夠重視,制度形同虛設;二是要嚴格檢查,尤其是制度剛推行時,必須進行嚴格檢查,讓大家形成習慣,對新手更是要由其直接主管每次做例行檢查,防止出錯。物品準備是大多數推銷員都容易忽視的工作,但是「細節決定成敗」,物品準備的好壞直接關係到推銷成效,一定要充分重視。很多老推銷員都曾由於物品準備工作做得不夠好,而犯了不必要的錯誤。如果是推銷新人,更應該踏踏實實做好各項物品準備工作。

第五節　目標客戶的資格審查過程

　　尋找目標客戶是推銷過程中關鍵的一步。由於市場競爭和市場需求的變化必然導致現有客戶的部份流失，如不及時找到新客戶，銷售額就會下降，企業的生產經營活動就會受到重大影響。而如果在尋找新客戶的過程中，目標定位失誤，很可能南轅北轍，付出很大的努力而不會有好的結果。推銷是向特定客戶的推銷，銷售人員必須先確定自己的推銷對象，才能有效地開展推銷工作。

　　推銷人員對潛在客戶進行資格審查，瞭解其是否有足夠的購買力和購買決策權，從中找出實際推銷的對象，即準客戶，並向其開始推銷。

　　決定推銷活動能否成功的因素很多，但最根本的一點，是要看推銷的產品能否與顧客建立起現實的關係。這種現實的關係表現在三個基本方面，即顧客是否有購買力(Money)，是否有購買決策權(Authority)，是否有需求(Need)，這也是衡量潛在客戶的 MAN 法則。只有三要素均具備者才是合格的顧客。

　　顧客資格鑑定是顧客研究的關鍵，鑑定的目的在於發現真正的推銷對象，避免徒勞無功的推銷活動，確保推銷工作做到實處。通過顧客資格鑑定，把不具備條件的對象予以除名，既避免了推銷時間的浪費，又可以提高顧客的訂(購)貨率和訂(購)貨量，從而提高整個推銷工作效率。

1. 購買力

　　顧客的購買力是指顧客是否有錢，是否具有購買此推銷品的經濟

能力(現在或將來),亦即審核顧客有沒有支付能力或籌措資金的能力。

支付能力是判斷一個潛在顧客是否能成為目標顧客的重要條件。單純從對商品的需求角度來看,人們幾乎無所不需。但是,任何潛在的需求,只有具備了支付能力之後,才能成為現實的需求。因此,支付能力是大眾能否成為顧客的重要條件。

顧客支付能力可分為現有支付能力和潛在支付能力兩類。具有購買需求及現有支付能力的人,才是企業的顧客,是最理想的推銷對象。其次是具有潛在支付能力的顧客,一味強調現有支付能力,顧客群就會變小,不利於推銷局面的開拓,掌握顧客的潛在支付能力,可以為推銷提供更為廣闊的市場。當準顧客值得信任並具有潛在支付能力時,推銷人員應主動協助準顧客解決支付能力問題,建議顧客利用銀行貸款或其他信用方式購買推銷產品,或對其實行賒銷(償還貸款的時間不宜過長),使其成為企業的顧客。

總而言之,沒有支付能力的潛在顧客,不可能轉化為目標顧客。對推銷人員來說,這是一個需要慎重對待的問題。譬如,在消費市場上,轎車推銷人員不會把低收入家庭作為推銷的對象。

2.購買決策權

潛在的顧客能否成為顧客,還要看其是否具有購買決策權。潛在的顧客或許對推銷的產品具有某種需求,也有支付能力,但他若沒有購買決策權,就不是真正的顧客。瞭解誰有購買決策權無疑能節省推銷人員確定目標顧客的時間。推銷要注重推銷效率,向一個家庭或一個團體進行推銷,購買決策人進行推銷。購買決策權是衡量潛在顧客能否成為顧客的一項重要內容。若事先不對潛在顧客的購買決策狀況進行瞭解,不分青紅皂白,見到誰就向誰推銷,很可能事倍功半,甚

至因為漏失決策者而導致一事無成。

在消費者市場中，消費一般以家庭為單位，而決策者常常是其中的一兩位成員。而不同的家庭、不同的文化背景、不同的社會環境，使各個家庭的購買決策狀況不盡相同。除一些大件商品或高級商品購買決策權比較集中外，一般商品購買決策權呈逐漸分散趨勢。儘管如此，正確分析準顧客家庭裏的各種微妙關係，認真進行購買決策權分析，仍是非常必要的。

美國社會學家按家庭權威中心的不同，把家庭分為四類：丈夫決定型、妻子決定型、共同決定型、各自做主型。根據消費品在家庭中的購買決策重心不同，可將其分為三類：丈夫對購買決策有較大影響力的商品，如汽車、摩托車、煙酒等；妻子對購買決策有較大影響力的商品，如服飾、飾品、傢俱、化妝品、洗衣機、吸塵器、餐具等；夫妻共同決策的商品，如住房、旅遊等。

對生產者市場來說，購買決策權尤為重要。若潛在顧客範圍太大，勢必造成推銷的盲目性。一般而言，企業都有嚴格的購買決策分級審批制度，不同級別的管理者往往有不同的購買決策權限，部門經理、副總經理和總經理就有著不同的購買權限。推銷人員必須瞭解團體顧客內部組織結構、人際關係、決策系統和決策方式，掌握其內部主管人員之間的相對權限，向具有決策權或對購買決策具有一定影響力的當事人進行推銷。唯有如此，才能形成有效的推銷。

3. 購買需求

推銷成功與否，還要看大眾到底對推銷產品是否有購買需求。如果人們對推銷產品沒有需求，即便是有錢有權，也不會購買，也就不是顧客。推銷是建立在滿足顧客某種需求的基礎上的，所以推銷人員必須首先瞭解，所推銷的產品是否能真正滿足潛在顧客的需求。

是否存在需求,是推銷能否成功的關鍵,是潛在顧客能否成為顧客的重要條件。顯然,如果推銷對象根本就不需要推銷人員所推銷的產品或服務,那麼其推銷只會是徒勞無功。不可否認,實際生活中存在通過不正當方式推銷,把產品賣給了無實際需要的顧客。這種做法不是真正意義上的推銷,任何帶有欺騙性的硬性或軟性的推銷方式,強加於人的推銷,不符合推銷人員的職業道德規範,違背推銷的基本原則。它只會損害推銷員的人格,敗壞推銷人員的推銷信譽,最終堵死推銷之路。

顧客的購買需求既多種多樣,又千變萬化,要想準確把握潛在顧客的購買需求,並非輕而易舉之事,需要推銷人員憑藉豐富的推銷經驗和運用有關的知識,如果推銷人員確認某潛在顧客不具有購買需求,或者所推銷的產品或服務無益於某潛在顧客,不能適應其實際需要,不能幫助其解決任何實際問題,他就不是推銷目標,就不應該向其進行推銷。而一旦確信潛在顧客存在需要且存在購買的可能性,自己所推銷的產品或服務有益於顧客,有助於解決他的某種實際問題,他就具備顧客資格,就應該信心百倍地去推銷,而不應該有絲毫猶豫和等待,以免坐失良機。需要說明的是,需求是可以培育和創造的。推銷工作的實質,就是要探求和創造需求。

另一種情況,隨著科學技術的發展和新產品的大量問世,使得潛在顧客中存在大量尚未被認識的需求。此外,潛在顧客中往往也存在出於某種原因暫時不準備購買的情況。對屬於這樣情況的潛在顧客,推銷人員不應將其作為不合格顧客而草率除名。

當某一潛在顧客存在購買需求時,推銷人員還必須進一步瞭解其購買時間和購買需求量,以便從推銷時間和費用等多方面進行權衡,合理安排推銷計劃。

　　這是某公司發生的一個故事。為了選拔真正有才能的人才，公司要求每位應聘者必須經過一道測試：以賽馬的方式推銷 100 把奇妙聰明梳，並且把它們賣給一個特別指定的人群：和尚。這道立意奇特的難題、怪題，可謂別具一格，用心良苦。

　　幾乎所有的人都表示懷疑：把梳子賣給和尚？這怎麼可能呢？許多人都打了退堂鼓，但還是有甲、乙、丙三個人勇敢地接受了挑戰……一個星期的期限到了，三人回公司彙報各自銷售實踐成果，甲先生只賣出 1 把，乙先生賣出 10 把，丙先生居然賣出了 1000 把。同樣的條件，為什麼結果會有這麼大的差異呢？公司請他們談談各自的銷售經過。

　　甲先生說，他跑了 3 座寺院，受到了無數次和尚的臭罵和追打，但仍然不屈不撓，終於感動了一個小和尚，買了 1 把梳子。

　　乙先生去了一座名山古寺，由於山高風大，把前來進香的善男信女的頭髮都吹亂了。乙先生找到住持，說：「蓬頭垢面對佛是不敬的，應在每座香案前放把木梳，供善男信女梳頭。」住持認為有理。那廟共有 10 座香案，於是買下 10 把梳子。

　　丙先生來到一座頗負盛名、香火極旺的深山寶剎，對方丈說：「凡來進香者，多有一顆虔誠之心，寶剎應有回贈，保佑平安吉祥，鼓勵多行善事。我有一批梳子，您的書法超群，可刻上『積善梳』三字，然後作為贈品。」方丈聽罷大喜，立刻買下 1000 把梳子。

　　公司認為，三個應考者代表著行銷工作中三種類型的人員，各有特點。甲先生是一位執著型推銷人員，有吃苦耐勞、鍥而不捨、真誠感人的優點；乙先生具有善於觀察事物和推理判斷的能力，能夠大膽設想，因勢利導地實現銷售；丙先生呢，他通過對

目標人群的分析研究，大膽創意，有效策劃，開發了一種新的市場需求。由於丙先生過人的智慧，公司決定聘請他為市場部主管。

更令人振奮的是，丙先生的「積善梳」一出，一傳十，十傳百，朝拜者更多，香火更旺。於是，方丈再次向丙先生訂貨。這樣，丙先生不但一次賣出 1000 把梳子，而且獲得長期訂貨的優異成果，實現了行銷工作的最優化和最大化。對於公司而言，最大的收穫還不是訂貨單，而是丙先生這位創建非常之功的非常人才。

案例中的推銷員為什麼會有不同的推銷業績？知道其中的原因是什麼嗎？和尚真的不需要梳子嗎？從消費者角度出發，決定你是否購買的條件有那些？作為推銷人員，那些人是我們的潛在顧客或目標顧客，怎樣進行有效尋找和識別呢？

在產品推銷中，並非每一位準顧客都能成為推銷人員的目標顧客。從準顧客到目標顧客還需要對其資格進行鑑定、選擇，分析其是否具備成為目標顧客的條件。只有準顧客具備了一定的資格條件，才能正式將其列入目標顧客的名單中，建立客戶資料卡，作為產品的推銷對象。

第六節　如何提高潛在客戶成功率

一、努力發掘潛在客戶

尋找和識別潛在客戶，必須要做到有計劃、有知識，而且要有恒心、有毅力。首先是做好一個切實可行的計畫，然後是堅持按計劃執行，不要半途而廢，日積月累，就會有潛在客戶名單。越有規律地堅持下去，成功的概率就越大。

1. 勤奮才有客戶

「勤能補拙是良訓，一分辛苦一分才」。有的銷售員總是抱怨自己找不到客戶，其實，客戶就在你能找到的地方，要看你找得是不是夠勤奮。

作為銷售員，如何才能讓自己勤奮起來呢？

秘訣一：「早」，早10分鐘起床，早10分鐘到公司，早10分鐘去見客戶。

秘訣二：「多」，每天盡可能多地拜訪客戶，每天比別人多拜訪一個，一年就可能比自己的同事多幾百個客戶。

秘訣三：「全」，不僅要發揮腿的優勢，還要發揮嘴的廣告優勢，讓週圍的人有更多的機會瞭解自己的工作。

好的銷售員不僅要勤奮，還要練就一雙慧眼，能夠抓住事物的本質，因為有時候，一點小發現，就可能牽出一個客戶群。

銷售員可通過以下的方法培養慧眼：

關注時事動態，瞭解社會新聞，養成每天看報紙的好習慣。多流

覽本行業相關的論壇、網頁，收集業內最新信息。積極積累知識和技能，知識經驗越豐富、越熟練，對事物的敏感性也越強。

2. 客戶開發的方式

如何找到潛在客戶並開展業務呢？介紹兩種客戶開發的方式，銷售員可以根據不同的客戶情況進行不同的選擇。

表 2-6-1　客戶開發的方式

方法 項目	資料分析	一般方式
定義	通過分析各種資料獲得潛在客戶	大家通用的一般的方式
內容	(1)統計資料：相關部門、行業團體、期刊上發佈的統計調查報告 (2)名錄類資料：客戶名錄、同學名錄、會員名錄、協會名錄、名人錄、電話黃頁、公司年鑑、企業年鑑等 (3)報章類資料：報紙(廣告、產業或金融方面的消息、零售消息等)；專業性報紙和雜誌(行業動向、同行活動情形等)	(1)主動訪問 (2)別人的介紹(客戶、親戚、朋友、校友等) (3)參加各種團體(社交團體、俱樂部等) (4)郵寄宣傳品 (5)利用各種展覽會和展示會 (6)家庭 (7)經常去風景區、娛樂場所等人口密集的地方走動

3. 主動去開發客戶

對於資料類期刊、名錄、報紙、雜誌等，銷售員要經常翻閱，閱讀時要準備一個筆記本，隨時用筆勾畫出發現的所有機會和對自己有價值的內容，並及時記錄下來。廣播、電視等視聽媒體也會有關於潛在客戶的宣傳或者廣告，銷售員也要隨時做好記錄。

　　充分利用網路媒體，如今網路發達，信息更新快，利用搜索引擎，如百度、Google、雅虎搜索等，輸入關鍵字，馬上就會有成千上萬的搜索結果映入眼簾，銷售員可以通過自己的分析，篩選出對自己有用的信息。

　　查看企業客戶名單，記錄相關信息，尋找合作機會。

(1)隨時隨地結識客戶

　　自己的家人、親戚、朋友、老師、同學、同事等都是自己的客戶群。銷售員平時可以通過不斷地和他們溝通以及拜訪來推銷自己的產品，或者讓他們轉介紹他們的朋友，從而擴大自己的客戶群。

　　銷售員在工作過程中總會遇到許多訓練有素的同行。主動和這些業務精英相識，和他們成為朋友，建立良好的關係，銷售員不但能夠從中收穫經驗，而且還能多一個得力的商業夥伴。經常和這些人溝通，有時對方會轉介紹潛在的客戶給你，有時自己也會在和他們的溝通中發現潛在客戶。

(2)運用商業聯繫

　　銷售員要善於抓住每個機會與外界建立商業聯繫，以此來發掘自己的潛在客戶。主要可以通過以下 5 種方式來抓住銷售機會：

　　a.借助私人交往，更快地進行商業聯繫。

　　b.積極與協會、俱樂部等行業組織建立聯繫，因為這些組織背後是龐大的潛在客戶群體。

　　c.利用各種研討會建立商業聯繫。

　　d.利用各種課程輔導班建立商業聯繫。

　　e.參加各種各樣的聚會建立商業聯繫。

(3)從產品的更新換代中發現客戶

　　銷售員充分利用產品的生命週期，提早規劃，從產品的更新換代

中發現潛在客戶。

①瞭解產品的使用壽命，分析客戶再次購買的時間。

②查看公司以前的銷售資料，從中發現需要更新換代產品的老客戶。

③圈定目標潛在客戶，找機會在恰當的時間接觸客戶公司的採購人員或相關負責人，建立聯繫。這樣會讓你擁有一批潛在客戶，也許不久的將來，你會有不小的收穫。

3.尋找顧客的方法

在制定推銷計劃中，往往忽視了尋找推銷對象時有可能正處於「車流高峰」或「堵車」狀態，而在尋找顧客時，甚至總是異想天開地想走「最短的路線」。

所以，在尋找顧客時，應運用一定的方法，知道什麼時候走「最短的路」，什麼時候不該走「最短的路」，以提高尋找顧客的效率。

不同行業的推銷人員，尋找潛在顧客的方法有所不同。例如，尋找房地產、汽車、機械設備等產品的顧客，顯然要比尋找冰淇淋、服裝、食品的顧客困難得多。表中列舉了電腦行業的推銷人員獲得潛在顧客的基本管道，從表中我們發現，尋找潛在顧客的方法非常多。實際上，沒有任何一種方法能夠普遍適用，只有通過不斷總結，每個推銷人員才能摸索出一套適合自己的方法。

表 2-6-2　電腦推銷人員尋找顧客的方法

尋找顧客的方法	經常或偶爾使用此法的推銷員(%)	認為此法十分有效的推銷員(%)
從企業內部銷售其他產品的推銷員處獲得信息	93	48
老顧客的介紹	91	50
從企業內部銷售同類產品的推銷員處獲得信息	88	24
與潛在顧客生產部門的人員聯繫	85	21
從親朋好友等個人管道獲得信息	63	25
看到廣告後顧客主動求購	59	4
通過展銷會發現潛在顧客	57	8
在各種社交場合認識潛在顧客	49	2
與潛在顧客採購部門的人員聯繫	48	3
查閱公司內部的潛在顧客檔案	48	12
查閱企業名錄	45	8
閱讀報刊	31	1
代理商提供的線索	27	0
顧客所在行業協會或商會提供的線索	21	3
非競爭性企業推銷員提供的線索	9	1

二、制訂計畫

成功的推銷人員會設定尋找客戶的具體目標，然後制訂計畫再實現這一目標。你可以設定每天尋找客戶的數量目標，也可具體到用那一種方式去尋找客戶，甚至可以明確每天尋找客戶的具體時間。重要的是不管怎樣制訂計畫，你都必須去做而且要堅持做到。這樣，你可以清楚地知道，自己每天都幹了些什麼，都用了那些方式，都聯絡了那些客戶，那些工作還沒有做，從而不斷地總結自己，提高自己。

表 2-6-3　爭取潛在客戶的計畫

活動安排	郵寄信函	電話推銷	上門拜訪	關係引薦
目標	一天 20 個	一天 15 個	一天 5 個	一天 2 個
實際週一	13	12	3	2
週二	22	15	4	2
週三	20	18	2	2
週四	18	13	6	1
週五	19	16	4	2
總計（一週）	92	74	19	9
週末加班	10		5	2

表 2-6-4　尋找客戶日報表

日期：		天氣：				本週目標：	
						本日達到：	
訪問順序	訪問對象	尋找方式				備註	尋訪費用
		電話聯繫	介紹	上門拜訪	郵寄		
交涉經過		①無法接近 ②不感興趣 ③商談進展 ④意外情況		希望度			
時間記錄	工作類別	8～9	9～10	10～11	…… 3～4	4～5	5～6
	準備						
	交通						
	等候						
	洽談						
	其他						

三、記錄下拜訪客戶資料

　　推銷員的記錄資料包括擬定的推銷計劃、目標顧客的名單與位址，自己要拜訪顧客的日期、產品的信息、市場的信息，以及顧客的願望、嗜好等信息。總之，這些記錄資料包括各方面的信息，只要對推銷工作有利，推銷員都應該把這些信息記錄下來。

　　記錄資料對於推銷員具有重要的意義。它可以幫助推銷員迅速地查找相關的信息，提高推銷工作的效率。尤其在擬定計劃時，這些記

錄資料的重要性顯得尤為突出。因為這些記錄資料可以全面地提供信息，為制定一個詳細的計劃打好基礎。如果缺乏記錄資料，有時可能會導致失去顧客。例如，你答應過某一時間拜訪顧客，但你卻忘記了，雖然還可以彌補，但在顧客的心目中，已經對你產生了不信任感。假如你聽到了一個非常有價值的信息，但你卻沒有及時地記錄下來，將來這條信息記憶有差錯或者忘記了，你會非常遺憾。

具有創造性的推銷員，在進行推銷工作之前，通常都為自己制定一個目標，這個目標可以是必須達到多少銷售額，也可以是必須尋找到多少目標顧客。為了達到這個目標，需要擬定一份達到這個目標的計劃。

在擬定計劃時，推銷員要考慮自己作為發訊者，怎樣才能使信息最好地傳達到顧客那裏。推銷員必須對下列問題進行考慮：關於談判主題，我能夠說些什麼？必須說些什麼？我應該採取怎樣的推銷策略？我準備花多少時間來尋找目標顧客？然後把這些問題的答案都寫下來。

有經驗的推銷員，經常把目標顧客的名字按拜訪的先後順序排列，製成一份名單。這樣做，可以有效地防止遺忘。當你已經制定好計劃拜訪目標顧客或尋找目標顧客時，這份名單是很好的備忘錄。由此看來，製作記錄資料是很有用的。

許多公司都印有專門的表格，發給推銷員使用。這樣做不但督促推銷員制定和保存記錄資料，也能為他們查找信息提供方便。下面這個表格是一家人壽保險公司的推銷員們使用的。

表 2-6-5 推銷員訪問顧客報告表

尋找顧客報告表	日期：
顧客姓名：	
地址：	

座落城市：	電話號碼： 辦公室： 住宅：

以前訪問過幾次：	上次訪問日期：	那位顧客介紹：

代理人	
姓名	年齡
(1)	
(2)	
(3)	
(4)	

公司的主要特徵	
(1)　　　　　　　　　　(4)	
(2)　　　　　　　　　　(5)	
(3)　　　　　　　　　　(6)	

在此城市住多久：	其他事業：□無　□房地產　□其他
從事保險業多久：	耗用在保險業的時間：□25% □50% □75% □100%
人數：	辦公室座落：□住家　□樓房　□大馬路 □小巷　□辦公大樓
營業額：	主要階層：□個人　□商業　□農業　□生活

記事（結果、態度、參考等）：

要繼續追蹤嗎？	如果要，何時追蹤？

何人建議：	卷號：
推銷員：	

推銷人員應對接觸的每一個潛在客戶製作資料卡並妥善保管，這是你最重要的文件。資料卡應包括潛在客戶個人、家庭、公司或其他所有的重要信息。你可以手工製作，也可以使用可以記錄客戶信息的應用套裝軟體，將之保存在你的電腦文檔裏。它幫助你記住有關客戶的各種信息，提醒你何時該與某位客戶打電話、見面或聚會，而不至於冷落客戶或遺忘重要的事情。在你再次接觸客戶前翻閱一下這些資料，熟悉瞭解潛在客戶的配偶或孩子的情況。你可能在客戶意想不到時送上他（她）或家人的生日禮物，你的工作將會緊張而有序。你的客戶會增強對你的好印象，會密切與你的聯繫。而這一切，只要你善用客戶資料卡就可以做到。

第七節　尋找目標客戶的具體作法

尋找客戶的途徑有很多，同一行業的不同推銷員，不同行業的推銷員使用的方法大不相同。或許，有多少推銷員就有多少種尋找客戶的方法。以下，我們只簡要介紹那些已被大多數人所認同和接受的方法。當然，在具體使用中，用那種方法須按個人需要而定，或摒棄、或變通、或合併。

1. 地毯法（逐戶訪問法）

地毯法要求銷售員在特定的區域或行業內，直接上門探訪。這種方法雖然古老，但比較可靠。它可以使銷售員在尋訪客戶的同時瞭解市場、瞭解客戶、瞭解社會，該方法比較適合廣告、保險業及化妝品業的銷售員使用。同時，該方法要求銷售員必須勤快。

逐戶訪問法是指銷售人員在特定的區域內，挨門挨戶地進行訪

問，以挖掘潛在顧客的方法。在訪問中，可贈送樣品或產品說明書。逐戶訪問法又被稱為「地毯式尋找顧客銷售法」，運用這種銷售方法，可以對特定區域內的個人、家庭或組織進行逐個尋找。

該方法的關鍵，一是無遺漏，不能放過一個有望成交的顧客；二是該方法的成功取決於銷售人員在人際交往方面的素質和能力。逐戶訪問法具有多方面的優點，它訪問的範圍廣，涉及的顧客多，並可借訪問的機會進行市場調查，瞭解顧客的需求傾向並挖掘潛在顧客。

對銷售人員個人來說，逐戶訪問法也是練習與各種類型的顧客打交道並積累經驗的好機會。但這種方法具有很大的盲目性。一般家庭出於安全方面的考慮，多會拒絕訪問，而且該方法需耗費大量的人力，若贈送樣品，則成本更高。

2. 連鎖介紹法

連鎖介紹法是指通過老顧客的介紹來尋找有可能購買該產品的其他顧客的一種方法，又稱「介紹尋找法」或「無限尋找法」。該方法已成為企業常用的一種行之有效的銷售方法。連鎖介紹法的優點在於，可以減少銷售過程中的盲目性，而且由於經人介紹，易取得信任感，因而成功率較高。該方法一般適用於尋找具有相同消費特點的顧客或在銷售群體性較強的商品時採用。

連鎖介紹的具體操作如下：

①利用自己親戚、朋友、同學關係，請他們幫忙介紹客戶。

②每次銷售洽談時，有計劃地請對方介紹兩三位可能需要產品的朋友。

③請現有客戶以電話、名片等方式進行連鎖介紹。

圖 2-7-1　連鎖介紹法

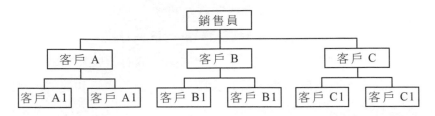

3.關係拓展法

即推銷人員利用自身的各種社會關係尋找準客戶的方法。這也是鏈式引薦法的一種，只是這種方法首先開始啟動的鏈節是推銷人員自己的關係戶，然後逐步擴散滲透，形成一張推銷的關係網，關係網中的人員可能就是準客戶了。

可利用拓展的關係，主要是朋友和熟人，包括：

· 同事關係

· 上下級關係

· 同學關係

· 親屬（血緣）關係

· 老鄉（地域）關係

· 鄰裏關係

· 朋友關係

· 業務關係

這種方法，特別適合尋找用消費品和無形產品的準客戶。不過，隨著不斷結識新朋友，你的關係名單要定期進行更新調整。

4.各種名單通訊錄

通訊錄，不管社會上已經發行過或尚未發行的，只要能夠拿到，

就要加以利用。如職業分類電話簿、已有的客戶卡、工商名錄、各種團體名冊（商會會員名冊、政府單位職員目錄、學生名冊、俱樂部會員名冊等）、政府單位所保存的註冊簿等，都可以用來尋找準客戶。

很多商業名錄將公司按照規模、地理位置和商業性質進行分類。這些名錄是尋找新客戶的一個絕好方法。

5. 社團組織法

推銷員要看自己的產品或服務是否只針對某一個特定社會團體，例如：年輕時尚的人、退休人員、銀行人員、廣告商、零售商、律師或藝術家。如果針對某一特定人群，那麼這些人可能屬於俱樂部或社團組織，因此，他們的名錄會十分有用。

6. 中心開花法

也叫名人介紹法、中心輻射法等，即推銷人員在某一特定情境下發掘出一批具有影響力和號召力的核心人物，並在其協助下把該範圍內的個人或組織變成推銷人員的準客戶。

心理學的光輝效應（暈輪效應）法則。即人們對於在自己心目中享有一定威望的人物是信服並願意追隨的。因此，一些中心人物的購買與消費行為、傾向及建議，就可能在其崇拜者心目中形成示範作用與先導效應，從而引發崇拜者相應的行為。

金融服務、旅遊、保險等無形產品及時尚性較強的有形商品的準客戶的尋找。

中心人物是指那些因其地位、職務、成就、人格而對週圍的人有影響的人。中心人物主要指政界要人、商界精英、行業或學術權威、各類明星、宗教人員和各相關群體、各階層領袖人物。尋找中心人物，確定中心人物是否合乎要求，爭取中心人物的信任與合作，三者缺一不可。

7. 文案調查法

即通過收集整理現有文獻資料來尋找客戶的一種方法,是一種市場調查的方法。利用他人或職場內已經存在的可提供線索的資料,可以較快地瞭解到大致的市場容量及準客戶的分佈。可利用的資料主要包括:

- 工商企業名錄
- 企業高級主管
- 產品目錄
- 電話號碼簿
- 各地區的統計資料
- 各種媒介公佈的財經消息、市場信息、廣告等
- 商標公告、專利公告、工商局公告
- 各種專業性團體的成員名冊
- 政府及各主管部門可供查閱的資料
- 銀行帳號及其提供的資信資料
- 年鑑及定期公佈的經濟資料
- 網路資料

8. 名人介紹法

名人介紹法是指在某一特定的銷售區域內選擇一些有影響的人物,使其成為自己的顧客,並獲得其幫助和協作,將該範圍內的銷售對象轉化為目標購買的銷售方法,又稱為「中心開花法」。名人介紹法的關鍵在於中心人物,即名人。利用名人的影響力可以擴大本企業及商品的影響力,因為名人往往在某方面有所成就,因而是為人尊重甚至崇拜的人物。名人具有相當的說服力,對廣大消費者具有示範效應,因而容易取得他們的信任。但完全將成交的希望寄託在某一個人

身上，風險比較大，而且選擇恰當的人選是非常重要的。

9. 電話尋找法

電話尋找法是指以打電話的形式來尋找顧客的方法。採用該方法一定要注意談話技巧，要能抓住對方的注意力並引發其興趣，否則極易遭到拒絕。此外，通話的時機和時間長短也非常重要。

10. 會議尋找法

會議尋找法是指銷售人員利用參加會議的機會，與其他與會者建立聯繫，尋找顧客的方法。運用會議尋找法時，在人際交往時要注意技巧，以獲得對方的信任（可暫時不提或婉轉提出銷售意圖）。此法有時易引起對方的反感。

11. 關注身邊的人或事

尋找潛在客戶的手段有很多種。但是，沒有一種方法能夠代替你對自己週圍人和事的觀察：豎起你的耳朵，睜大你的眼睛。

在隨意的閒聊中所獲得的信息有時也會成就一次交易，新聞報導中也許有很多線索，招聘新員工的廣告意味著某個企業正擴展業務，節日也會提供銷售的機會，有時，天氣變化也會刺激人們購買某些產品的慾望，業務人員應時刻注意並充分利用這些機會。

12. 信函尋找法

信函尋找法是指以郵寄信函的方式來尋找目標顧客的方法。這種方法覆蓋的範圍比較廣，涉及的顧客數量較多，但成本較高，時間較長，而且除非商品有特殊的吸引力，否則，一般回復率較低。

13. 資料查詢法

資料查詢法是指通過查閱各種有關的情報資料來尋找顧客的方法。目前，可供查詢的資料有：工商企業名錄、商標公告、產品目錄、各類統計年鑑、銀行帳號、專業團體會員名冊、市場介紹、專業書報

雜誌、電話號碼簿、郵遞區號冊等。採用資料查詢法可以較快地瞭解大致的市場容量和準顧客的情況，成本較低，但是時效性比較差。

14.市場諮詢法

市場諮詢法是指銷售人員利用市場信息服務機構所提供的有償諮詢服務來尋找顧客的方法。現在社會上出現了許多專門收集市場信息的諮詢機構，通過這些機構往往能獲得許多有價值的信息。利用市場諮詢法尋找顧客方便快捷，可節省銷售人員的時間，但要注意諮詢機構的可靠性。另外，諮詢費用也是一個重要的問題。

15.個人觀察法

個人觀察法是指銷售人員通過自己對週圍環境的分析和判斷來尋找顧客的方法。這種方法具有成本低的優點，但對銷售人員的觀察能力和判斷能力要求較高，而且要求判斷時要盡可能客觀。

16.代理尋找法

代理尋找法是指利用代理人來銷售商品、尋找顧客的方法。具體地說，是由代理人代理銷售主體尋找顧客、銷售商品，並從中提取仲介費用。

17.競爭插足法

競爭插足法是指滲透到競爭對手的銷售市場中與之爭奪顧客的一種尋找顧客的方法。該方法易引來競爭者的報復行為。

18.委託助手法

委託助手法是指委託與顧客有聯繫的專門人士協助尋找顧客的方法，又稱「銷售助手法」。具體地說，在受託人找到目標後，立即聯繫進行銷售訪問或洽談。委託助手法可節省銷售人員的時間，減輕其工作量，但助手的人選不易確定，而確定適當的助手又是該方法成功的關鍵。

19.行業突擊法

行業突擊法是指選擇一些容易觸發購買動機的行業作為銷售訪問的對象，進行集中性銷售訪問來尋找顧客的方法。採用該方法時，要求銷售人員關注經濟發展的態勢，關心產業結構的現狀及其未來的發展趨勢。若選擇得當，銷售得法，能夠挖掘出大批的潛在客戶。

20.設立代理店法

設立代理店法是指選擇恰當的企業，與之簽訂代理合約，確定代理業務，使其成為本企業的銷售點來尋找顧客的方法。通過該方法，可獲得較穩定的潛在顧客。一名出色的推銷人員必須熟悉並能夠靈活運用上述方法，在銷售工作伊始便旗開得勝。

第八節　選準推銷對象

選擇推銷對象是制訂推銷計劃和確定推銷策略的前提條件。隨著市場經濟的發展，一個企業的規模再大、產品競爭力再強、推銷方法和技巧再高明，也不可能贏得市場上所有的潛在客戶，推銷員就必須為自己劃定特定的推銷對象和推銷範圍，根據自己產品或服務的特點和優勢，從整個市場中選擇恰當的推銷對象。而科學地選擇推銷對象，能夠減少推銷活動的盲目性，提高推銷工作的成功率。

1. 分析歸類

為了提高自己的推銷業績，推銷員必須在眾多的潛在客戶中挑選出最有希望、最有購買可能的客戶。這樣做對於推銷員來說是十分重要的，否則，盲目地進行上門推銷或宣傳促銷，會造成效率低下，甚至會造成一些客戶反感。歐洲著名推銷大師戈德曼的研究顯示：推銷

員如果事先把潛在客戶加以合理的分析歸類，可以使推銷的成功率提高 30%。

對潛在客戶的分析歸類是建立在調查研究的基礎之上的。依據推銷員掌握的市場信息，一般可將潛在客戶分為 3 類：

第一類，有明顯的購買或消費意圖，且有購買能力的潛在客戶。

第二類，有購買動機與購買需求，最終會來購買或消費的潛在客戶。

第三類，對於是否購買還有疑慮的潛在客戶。

很顯然，經過分類歸納，推銷員應把自己的工作重心放在第一類和第二類客戶身上。

表 2-8-1　A 級客戶登記表

客戶名稱	負責人	經營項目	年交易量	優惠產品及價格

表 2-8-2　客戶名冊表

項目 次序	客戶名稱	業種	負責人	地址	電話	拜訪日期	客戶等級

2.確定推銷策略和方法

確定推銷策略和方法需要推銷員對現有業務往來的客戶進行全面分析，深入考察，研究為什麼有些商品受到客戶的歡迎，購買這些

商品的客戶屬於那個階層的人，他們的收入水準和購買能力如何，購買方式和特點如何。在得出這些詳盡資料與可靠數據之後，推銷員便可發現潛在客戶的購買需求和購買動機，便可從中找出有效的推銷策略與方法了。

3. 建立客戶檔案

推銷員要想合理選擇推銷對象，必須建立客戶檔案，將潛在的客戶資料記錄下來。同時在此後與客戶的交往中不斷豐富檔案內容。

4. 擬訂推銷計劃與工作步驟

選定推銷對象後，推銷員每次與客戶進行業務洽談之前，還需要分析已有的資料，以全面擬訂自己的推銷工作計劃及推銷活動方案。這些準備工作在選擇推銷對象中也是不可忽視的。而制訂一項推銷計劃，需弄清以下幾個問題：

第一，本次推銷活動的客戶是那些人，瞭解他們的姓名、年齡、文化素質、興趣愛好、職務、性格特點、願望和要求，以及是否擁有決策權等。

第二，所推銷產品的數量、規格、品種、性能、價格及售後服務的基本情況等。

第三，客戶的經濟收入、主要購買動機、對己方推銷的態度、購買中現行的政策規定、對本產品的瞭解程度和信任程度、可能會提出的異議和反對意見等。

第四，確定業務洽談的目標，或是向客戶介紹一般性的情況，為以後的上門推銷做準備，或是敦促客戶最終做出購買決定，達成交易。推銷員事先要有所籌劃，對本次洽談預期要達到什麼樣的目標有一個合理的規劃與預期。

第五，安排好業務洽談的大致程序。

第九節　金子農機的發掘潛在顧客範例

一、危機就是良機

　　金子農機是日本典型的中堅企業之一，專門製造稻穀乾燥機，員工共為 380 名，本年營業額已達 120 億日幣，市場佔有率在日本乾燥機業界佔第一位，社長金子愛次郎，其人生性豪放，對經營管理最為重視。經濟日報曾連載「訪日韓談企管」，以克服不景氣的特效藥為題，介紹其經營策略，該公司與順光公司技術合作，在台製造順光一心號乾燥機，甚獲農民好評。

　　日本這幾年來由於農業技術的進步、單位產量提高，然而，日本的米飯消費量卻銳減(戰前每人一年消耗的米量為 132 公斤，而目前僅為 83 公斤)以致造成稻米生產過勝的情況，日本政府則採取「減少水田面積一成」的政策。因此，農業機械銷路一落千丈，乾燥機同業本年的生產量也較去年減低二成，又正值新能源危機的來臨與油價上漲導致成本提高的雙重衝擊之下，造成了目前經營非常艱困的局面。但是，金子社長認為「你苦，敵人也苦。」，只要發掘更多的潛在顧客，加強推銷必可轉禍為福。因此，費盡了心血，擬成了 KDU 作戰計劃，經過今年 3 個月(4 月～6 月)的施行結果，戰果輝煌，今年 4～6 月淡季的推銷實績，較去年增加22%，而至今年 10 月底，便已突破了全年的銷售目標。

二、何謂 KDU 作戰

「KDU」是「KANEKO DIG-UP（發掘）」的簡稱，也就是在推銷淡季時，由工廠派員支援第一線的經銷商，工廠技術員與經銷商推銷員二人搭檔為一組，以三天為期限，每天訪問潛在客戶 13 戶，奮力推銷，並肩作戰來達成預定的推銷目標。

原來乾燥機在農業機械中是屬於中金額商品，其經銷商以推銷曳引機、插秧機、綜合收穫機為主，而以乾燥機為副，以往他們大都採用「守株待兔」等頭客上門的經營方式。但是，由於水田面積減少，生產量銳減，工廠操作人員大都閒散下來，於是以一個月為一梯次，每梯次抽調工廠作業員 30 名，共計 90 名分批支援第一線，推銷一心號乾燥機及其附件；金子社長特別強調神風特攻隊的精神。企業在人、事在人為，每次支援人員，事先均先做七天的講習，加強商品知識，學習演練推銷術，並在支援人員出發時，猶如好人好事表揚一般，每人身掛大紅彩帶，集合全體員工，大操場舉行遠征誓師大會，期以上下一體來激勵士氣。經銷商方面，在 KDU 作戰的七天前，每一推銷員應將潛在顧客列成明細表，每天以 13 戶為訪問目標（三天內訂定為 40 戶），同時訂出推銷目標。在 KDU 作戰前一天，支援人員到達經銷商處，隨即利用一個下午的時間舉行 KDU 作戰講習，晚間由經銷商負責人領頭舉行誓師大會，為了提高士氣，每人頭上繫一條白布條並印「必勝」二字在布條上，每組再在業績統計表的大紙張上面，寫出各組金額及台數目標，他們稱此為乾燥機的「神風特攻隊」。

三、全天候作戰

KDU 作戰的三天期間,訪問時由金子公司訂制小禮品——100 日元打火機及產品說明書、給農友的一封信;如訪問時,農友不在的話,尚有一封留言信。

作戰期間,8:00 舉行朝會,8:30 下鄉訪問,17:30 返回經銷商處晚餐,同時報告成果,晚飯後對 A 級準顧客繼續實施夜間訪問,22:00 時全體再返回經銷商處,填寫日報表,當夜並以電話通知總公司的營業部。

當然,為了提高成交實績,KDU 作戰期間按淡季優待價格成交,並贈送水分計。所謂「重賞之下必有勇夫」,對於 KDU 作戰三天期間訂購成交者,對推銷員只撥出特別獎金,每台為 3000 元(由金子、經銷商各負擔 1500 元)。另外,還訂出很多獎勵辦法,例如,優秀推銷員金銀銅牌獎、目標突破獎、最高成長率、最佳經銷商獎、開拓新客戶最高獎;成績特優的經銷商與推銷員,由金子農機招待列席 7 月15 日,假東京帝國大飯店舉行的全國一心大會接受表揚。

四、追蹤與支援

KDU 作戰的追蹤做得很徹底,除了每天要將成果報告總公司的營業部,並寄日報表以外,KDU 作戰期間,金子社長與武智營業部長在公司單身宿舍內設立臨時大本營。報告時,如成績優異者,當夜以社長名義打電報祝賀,成績不理想者,也打電報子以勉勵,而成績較差者,另於第二天派高級人員前往檢討及支援。

　　皇天不負苦心人，金子農機 KDU 作戰，終於比同業者搶先一步地發掘了潛在顧客，在推銷淡季/日本水田收穫季為 10 月及 11 月，從前推銷員推銷活動都在 8、9 月）奮力推銷。台諺說：「西瓜靠大塊」。對農民來說，既接到了金子社長的 DM，且有工廠派人拜訪，他們的商品知識不但豐富，又有贈送水分計、淡季價格等優待辦法。於是農民們紛紛訂購，推銷業績因此直線上升。

五、五大特色

　　金子社長說，KDU 作戰成功的因素為：上下一致、商工一體，尤其工廠作業員能聽取客戶反應及瞭解推銷員的艱苦。

　　支援人員先經選拔後再講習，並制定推銷手冊、推銷話術、社長給經銷商老闆及店員的一封信、潛在顧客名冊、訪問日報表、檢討表、優缺點評價表等，一切均予以標準化、手冊化。

　　以往推銷員會混水摸魚，但 KDU 作戰都具備名冊，每天寫日報表；金子社長率先士卒，並肩作戰，成果以大圖表刊列，藉以激起競爭心，實施目標管理。

　　訂有很多對購戶優待及對推銷員的激勵措施。重賞之下必有勇夫，即使成效不理想者，也打電報後再派人輔導。

　　每三天舉行一次檢討會，每月一次總檢討會。並將各地戰果以快報公佈，傳遞各經銷商，有競爭必有進步，有協調必有繁榮。

　　以上是 KDU 作戰的概要，在不景氣時，你搖頭歎氣，怨天尤人嗎？或像金子農機一般積極地發掘更多的準顧客呢？有人說：推銷大廈沒有電梯，需要一步一步地爬上去。向下紮根，往上開花，望各界推銷朋友，致力於發掘潛在客戶，有行動必有成果的。

表 2-9-1 潛在客戶訪問明細表

公司名： 　　　　　　營業處名： 　　　　　　業務代表名：

潛在客戶	地址	顧客要的機種	成功機率%	訪問實績（記載訪問日期）			完成合約的狀況			進行狀況
				第1次	第2次	……	白天/晚上	形式	金額	

表 2-9-2 訪問日報表

營業處： 　　　　　　　　　　　　　　　　年　月　日

銷售目標：	元	累計	達成率	有效訪問目標	件
契約件數	件	件	%	(其中)	
契約金額	元	元		新開拓目標	件
機種	台數	累計	機種	台數	累計
乾燥機（循環）			水分計		
立體型			排塵機		
平面型			集塵機		

第 **3** 章

推 銷 接 近

在確定了準顧客對象之後，推銷員便要設法接近顧客，進行推銷訪問。接近顧客是推銷的中期活動，它包括第一步的先約見準顧客，第二步的接近準顧客，與準顧客面談。

第一節　約見顧客的意義

預約，就是銷售員通過一定的管道，徵求客戶的意見，並商定拜訪時間、地點；預約準備，是銷售員在與客戶正式約定見面和正式接觸前，針對某一特定準客戶而進行的準備工作，是為進一步瞭解、掌握、分析客戶的情況而進行預先準備的過程，是客戶資格審查的繼續，也是非常重要的銷售工作環節。

推銷員在以往大多採取挨門挨戶的推銷方式，隨時隨地登門造訪。但是，在現代社會裏，推銷環境、推銷工具和推銷對象都發生了

巨大的變化，推銷方式必然要不斷改進。現代人生活節奏快，辦公大樓門崗森嚴，有些顧客很難接近。接近不了顧客，還談什麼推銷？因此，推銷人員在完成接近顧客的準備工作之後，為了成功地接近顧客，推銷員應該事先進行約見。

羅拉是婦女服飾公司的銷售部經理，早先是個服飾設計師。她受命在下週接待和會見西班牙客戶本·貝克，並負責進行業務談判。上司指示不得在與客戶談判時做出任何讓步。同時，又要求在不讓步的狀況下，盡可能達到讓客戶滿意的程度。上司的這個指示聽起來真像天方夜譚，但是，羅拉還是為會面作了精心的準備，她的準備主要有下列幾項：

⑴瞭解西班牙人的習慣，安排好下榻的賓館，提供專門的陪伴人員和專車。她儘量按西班牙的生活方式來安排起居，使客戶生活得比在家中要舒適。

⑵從接待規格、尊敬禮貌、談判排場、娛樂消遣等方面讓客戶明白其所受的待遇是一流的。

⑶收集市場上同類產品的品質、價格與本公司產品對比，準備用事實說明本公司的產品品質與價格比是最佳的，並適當安排客戶瞭解市場情況。

⑷摘取本公司部份成功交易的數據，讓客戶瞭解為什麼其他買主也作了相同的選擇。

⑸出示權威和專家的鑑定，並由公司技術設計部提供品質保證書。如果日後有任何不測，保證絕對負責到底。

⑹根據有關資料，羅拉瞭解到本·貝克是個雄心勃勃的「正派人」。他精力充沛，性格外向，喜歡打棒球。他的事業蒸蒸日上，正處在興旺時期，他個人的需要是成功與名聲。

⑺與有關媒體聯繫，擇機發佈本・貝克到來的新聞，並視本・貝克先生本人的意願組織採訪。

⑻邀請本・貝克出席本地棒球比賽。

第二節　做好預約的準備工作

預約是拜訪客戶的第一步，為了順利見到客戶，銷售員一定要提前預約，不要唐突拜訪。上面這位銷售員沒有預約，結果不但沒有見到自己想見到的人，而且還浪費了自己的時間和精力。

約見客戶前一定要做好相關的準備。而且，銷售對象不同，預約準備的內容也不一樣。這裏分別就銷售工作最為常見的個人客戶、法人客戶、老客戶的預約前應做的準備進行說明。

一、個人客戶的預約準備

對於個人客戶，預約前最重要的就是要對客戶的個人背景資料有一定的掌握，具體說來，應包括以下幾個方面：

⑴姓名

瞭解客戶的姓名是約見準備的第一步。如果能在一見面時就能準確地叫對方姓名的話，會縮短銷售人員與客戶的距離，產生一見如故的感覺。否則，連見面的機會可能都沒有。

⑵年齡

不同年齡的人會有不同的個性差異和需求特徵，因而會有不同的消費心理和購買行為。在預約前，銷售人員應採取合適的方法和途徑

瞭解該客戶的真實年齡，以便分析、研究、把握客戶的消費心理，以制定下一步的銷售策略。

(3)性別

在預約客戶時，還應瞭解對方是男是女，從而制訂不同的銷售方案。不能望文生義地從客戶的姓名、職業、職位等主觀地判斷其性別，以造成不必要的尷尬。

(4)出生地

銷售人員瞭解客戶的出生地，一來可以從側面揣測其生活習慣和性格特徵，二來可以以此為話題拉近與其的感情距離。

(5)學習及工作經歷

對於銷售人員而言，瞭解客戶的學習和工作經歷將有助於預約時與其寒暄，拉近雙方間的距離。

(6)相貌特徵

銷售人員在預約前應瞭解客戶的聲音、相貌、身體等重要特徵，最好能擁有一張客戶的近期相片。人的體形與相貌總是反映著人的健康狀況、性格特徵、內在氣質甚至文化修養。銷售人員若能掌握客戶的身體相貌等特徵，既可避免接近時出錯，又便於提前進入洽談狀態。

(7)職業狀況

不同職業的人，久而久之會形成獨特的職業性格，從而使不同職業的人在價值觀念、生活習慣，購買行為和消費內容與消費方式等方面，都有著比較明顯的差別。因此，針對不同職業的客戶，銷售員在約見方式，認識方式、接近方式與洽談方式上也應該有所不同。

(8)興趣愛好

瞭解客戶的興趣愛好，不僅有利於在預約時有針對性地投其所好，找到更多的共同話題，融洽談話氣氛，而且可以避免冒犯客戶。

(9)民族特性

瞭解客戶的民族屬性，準備好有關各民族風俗習慣的材料，是預約接近客戶的一個好方法。

(10)辦公及居住地址

客戶的住址、辦公地點和經常出入、停留的地方，對銷售員而言是很重要的資料。在準備預約前，一定要不厭其煩地核對清楚。例如，街道名、樓宇名、門牌號碼，以及其週圍的環境特徵、聯繫電話、傳真機、手機號碼等都要摸清楚，為後期的登門拜訪做好準備。

二、法人客戶的預約準備

法人購買者是指除個體準客戶以外的所有準客戶，包括工商企業、政府機關、事業單位、社團組織和軍隊等購買者。

由於法人購買者的業務範圍廣，購買數量大，而且購買決策人與購買執行人往往是分離的，使法人購買者的購買行為變得更為複雜，涉及的問題也比較多。因此，銷售員準備的資料應比個體準客戶更充分。

(1)基本情況

法人購買者的基本情況包括法人購買者的機構名稱、品牌商標、營業地點等。此外，銷售人員還應瞭解法人客戶的所有制性質、註冊資本、員工人數、交通條件及通信聯絡方式等。因為，瞭解團體客戶的公司規模，可推知該機構對產品的需求量和支付能力；瞭解團體客戶機構的所在地，便於通信聯絡推銷事宜，同時也可根據該地的運輸條件確定相應的推銷品價格。

(2)生產經營情況

團體客戶的生產經營情況對其購買行為有著較為直接的影響。因此,在預約團體客戶之前,銷售員應盡可能全面地瞭解其生產經營情況,包括其生產經營規模、經營範圍、生產能力、資信與財務狀況,設備技術水準及技術改造方向、企業的市場行銷組合、市場競爭以及企業發展方向等方面的內容。為此,銷售員可以瞭解客戶產品線的寬度、長度,產品線之間在材料來源方面的關係等,瞭解客戶企業的設計生產能力、目前已經達到的生產能力和潛在的生產能力,從中尋找推銷產品的機會。

(3)採購習慣

一般來說,不同的法人客戶有著各自不同的採購習慣,包括採購對象的選擇、購買途徑、購買週期、購買批量、結算方式等方面都可能有差異。在準備工作的過程中,銷售員要對團體客戶的採購習慣進行認真、全面、細緻地分析,再結合推銷品的特徵和性能,確定能否向客戶提供新的利益以及團體客戶對推銷品採購的可能性。

(4)組織結構和人事狀況

銷售員不僅要瞭解法人客戶的近遠期目標、規章制度和辦事程序,而且還要瞭解它的組織結構和人事狀況、人際關係以及關鍵人物的職權範圍與工作作風等方面的內容。因為對團體客戶的推銷,實際上是向機構決策人或執行人推銷,而絕非向機構本身推銷。但是,機構本身複雜的組織結構和人事關係,對推銷能否成功有著重要的影響。因此,在接近團體客戶之前,瞭解和掌握機構的組織結構和人事狀況,有針對性地開展推銷接近工作,對促進推銷活動的進一步順利進行顯得非常重要。

(5)聯繫方式

應瞭解法人準客戶團體總部所在地及各分支機構所在地的詳細位址、郵遞區號、傳真號碼、公司網址，具體準客戶的電話、手機號碼，以及前往約見與接近時可以利用的交通路線及交通工具、進入的條件和手續等情況。

(6)其他情況

對影響客戶購買的其他情況也要瞭解。例如：購買決策的影響因素有那些？目前進貨管道有那些？維持原來的購買對象與可能改變的原因是什麼？目前準客戶與供應商的關係如何？發展前景如何？目前競爭對手給準客戶的優惠條件是什麼？客戶的滿意程度如何？

三、老客戶的預約準備

對老客戶的預約準備工作，不同於對新尋找的目標客戶的準備工作，因為銷售員對老客戶已經有一定程度的瞭解，主要是對原有資料的補充和調整，是對原有資料錯漏、不清楚、不確切等方面進行的及時修訂和補充，是對原有客戶關係管理工作的延續。

做醫療器械銷售員的小賀打電話約見從前的老客戶——某醫院的徐院長。

在預約老客戶前，銷售員應該做好那些準備呢？

(1)老客戶的基本情況

應該注意和重視在預約之前對老客戶的情況進行溫習與準備。通過溫習，以便在見面時可以從這些內容著手進行寒暄，這樣會使客戶感到很親切。

(2)密切關注老客戶的變動情況

對原來檔案中的資料，最重要的一方面就是審查一下是否有變動。因此，各項資料都應逐一審查，並加以核對。

(3)掌握老客戶的回饋信息

對於老客戶而言，銷售員再一次預約前，應該先瞭解老客戶(無論是個體客戶還是團體客戶)上一次成交後的情況回饋。客戶反映的內容是多方面的，主要包括供貨時間、產品價格、產品品質、使用效果和售後服務等。

第三節　事先約見顧客的內容

作為推銷接近的前期準備工作，約見的內容取決於接近、拜訪和面談的需要。作為接近顧客的一種有效手段，約見本身也是推銷拜訪的準備階段。在推銷中，既不能以同一種方式拜訪所有的顧客，也不能用同一種方式約見所有的客戶。推銷人員與準顧客之間的關係不同，約見內容則有所不同。此外，約見內容還取決於接近準備情況。推銷人員應該根據每一次推銷訪問活動的特點來確定具體的約見內容，充分考慮有關顧客的各方面情況，而不是推銷員隨心所欲，它具有一定的規律。

美國推銷員協會對推銷員的拜訪做了長期的調查研究，結果發現：48%的推銷員，在第一次拜訪遭遇挫折之後，就退縮了；25%的推銷員，在第二次遭受挫折之後，也退卻了；12%的推銷員，在第三次拜訪遭到挫折之後，也放棄了；5%的推銷員，在第四次拜訪碰到挫折之後，也打退堂鼓了；只剩下10%的推銷員鍥而不捨，毫不氣餒，繼

續拜訪下去。結果 80%推銷成功的個案，都是這 10%的推銷員連續拜訪 5 次以上所達成的。一般推銷員效率不佳，多半由於一種共同的毛病，就是懼怕客戶的拒絕。心裏雖想推銷卻又裹足不前，所以縱有滿腹知識與技巧也無從發揮。真正的推銷家則有頑強的耐心、「精誠所至、金石為開」的態度，視拒絕為常事，且不影響自身的情緒。

在確定了準顧客之後，推銷人員便要接近準顧客，進行推銷訪問。顧客接近是推銷的中期活動，它包括約見準顧客、接近準顧客和與準顧客面談。由於種種原因，一些推銷對象很難接近，常令推銷人員「撲空」。因此，為了有效地接近訪問對象，推銷人員要做的第一件事，就是做好約見前的準備工作。

1. 確定約見對象

進行推銷約見，找到真正的約見對象是最重要的。約見對象指的是對購買行為具有決策權，或對購買活動具有重大影響的人。一般來說，推銷人員在開始約見之前就已經選定了約見對象。

對於企業而言，公司的董事長、經理、企業廠長等是企業或有關組織的決策者，他們擁有很大的權力，是推銷人員首選的約見對象，推銷人員若能成功地約見這些決策者，將為以後在該企業或組織裏的推銷活動鋪平道路。但在實際推銷工作中，推銷人員往往發現自己無法直接約見這些大人物，而需要先和他們的下屬或接待人員接觸。

⑴弄清準客戶中誰是有決策權的關鍵人物，設法直接約見關鍵人物，向「權利先生」推銷，成交的時間短，成交的量大。

⑵尊重接待人員。無論約見何人，推銷人員都應該一視同仁，不可厚此薄彼。有些要人將接待來訪人員的任務全盤交給部下，他將按照部下的安排會見來賓，有時難以分清誰是真正的「要人」。推銷中有句術語叫做「閻王好見，小鬼難纏」。有時推銷人員必須過五關斬

六將,才可能見到真正的推銷對象。因此,推銷人員必須爭取接待人員的支持與合作,一要充分尊重他們,二是可以贈送一些試用品、小禮物等,使他們樂於安排推銷人員約見其主管或購買決策人,而不是故意刁難或阻撓。

⑶做好約見的準備工作。推銷人員應準備好必要的推銷工具和推銷輔助器材,如樣品、照片、鑑定書、光碟、錄影帶以及必要的企業合法證件或其影本、介紹信、引見信、名片、身份證等,甚至要調整好自己的情緒及心態。

總之,約見的第一項任務,就是確定適當的約見人選,只要推銷人員認真進行接近準備和顧客資格審查,就可以準確地確定約見對象。

2.確定訪問事由

確定了訪問對象,接著就要向對方說明訪問事由。推銷人員約見顧客,總要有充分的理由,使準顧客感到有會見推銷人員的必要。約見顧客的目的不外乎下列幾種:

(1)推銷產品

推銷訪問的主要目的是直接向顧客推銷產品。在約見顧客時,推銷人員應該向顧客說明訪問的真實意圖,並設法引起準顧客的注意和重視,著重說明所推銷產品的特性和用途,以及能給準顧客帶來的好處。若準顧客確實需要推銷的產品,自然會歡迎推銷人員的來訪,給予必要的合作。若顧客根本就不需要所推銷的產品,而推銷人員以藉口約見顧客,必是強人所難,自然推銷不成。如果推銷人員堅信推銷產品對某特定的準顧客有利,而這位準顧客又拒不接見,此時推銷人員可以適當運用一些技巧,在顧客方便時,再次約見。

(2)市場調查

市場調查是推銷人員職責之一。推銷人員既要為直接推銷進行準備，又要為企業經營活動提供制定決策的情報依據。推銷人員把市場調查作為訪問事由來約見顧客，比較容易被準顧客所接受，這既有利於收集有關資料和信息，為進一步推銷做好準備，又可以避免強行推銷，甚至由市場調查轉變為正式推銷產品，以至當面成交。

(3)提供服務

各種推銷服務與推銷活動密切相關，顧客十分關注，服務亦成為推銷的保證。服務在市場競爭中起著越來越重要的作用，所以各企業和推銷人員都應重視為顧客提供服務。其實，推銷本身就是一種服務，推銷人員就是服務人員。沒有服務或服務不佳，推銷便無從談起。利用提供服務作為訪問事由來約見顧客，比較受顧客歡迎。既可完成推銷任務，又可擴大企業影響，樹立企業和推銷人員的信譽。

(4)簽訂合約

在實際推銷活動中，有時當面成交，當面簽約，當面交貨，當面付款；而有時則需要進行多次推銷洽談才能達成交易。經過反覆談判達成初步協議之後，一般還要簽訂正式的合約。推銷人員可把簽訂正式合約作為訪問事由，走訪顧客，顯得比較主動、守信譽，有利於樹立企業形象。在推銷中，達成交易，簽訂合約不僅意味著一次交易的結束，而且意味著下一次交易的良好開端，必須予以高度重視。

(5)收取貨款

現在靈活的推銷方式，使貨款的支付方式越來越多，打破了過去那種「一手交錢，一手交貨」的交易局面，更多的是「先交貨後交錢」。沒有收回貨款的推銷是沒完成的推銷，無法收回貨款的推銷是失敗的推銷。貨款收不回來，會造成資金週轉不靈，影響企業的經濟效益和

推銷人員的推銷業績。一般說來,貨在出手時就應該約定收款日期。另外,在實際推銷活動中,要注意調查推銷對象的購買信用,加強售後服務,並且要把握適當收款時機約見顧客。利用收款作為訪問事由約見顧客,對方不好推託,但是推銷員也應該體諒顧客的困難,既要防止出現呆賬,又不要過於逼賬。

(6)走訪顧客

在市場競爭日趨激烈的推銷環境裏,推銷人員可以採用走訪顧客的形式來約見顧客,聯絡感情。一來徵求意見,進行市場調查;二來表達謝意,尋求感情的融洽和共鳴,以密切關係。利用走訪顧客的形式約見顧客,既可使推銷人員處於積極主動的有利地位,又容易使顧客產生好感。選擇適當時機走訪顧客,還可能使一般性的走訪轉變為正式推銷。推銷人員應利用一切可以利用的正當理由,不失時機地約見顧客。

在國外,許多推銷人員約見顧客的訪問事由往往並不是推銷,而是尋找各種藉口作為推銷訪問的理由,把商業約會變成私人約會。例如,藉口「請教問題」、「看看您」、「送樣品」等約見顧客。有些推銷員為了順利通過秘書關,往往在約見時把推銷訪問說成私人訪問。

3. 確定訪問時間

約見準顧客的主要目的之一,就是與其約定一個見面的時間。選擇一個對推銷人員和準顧客都合適的訪問時間,直接關係到整個推銷的成敗。因此,推銷人員在確定訪問時間時,應注意如下事項:

(1)根據訪問顧客的特點和訪問的事由,選擇最佳訪問時間。

儘量考慮顧客的作息時間和活動規律,設身處地為顧客著想,尊重對方意願,共同商定約會時間。比如元旦、春節、五一和國慶日放

假結束後的第一天上班時間，也不適合上門推銷。因為大家都要處理一些內部事務，而且會議比較多。即使業務緊急，也要儘量避開上午，最多也就是上午電話預約，下午過去。還有，月末各公司都比較忙亂，除開催收貨款，一般也不要預約客戶。

(2)根據訪問目的來選擇最佳訪問時間。

儘量使訪問時間有利於達到訪問目的。不同的訪問對象，應該約定不同的訪問時間，每次訪問在時間充裕的情況下，最好不是只訪問一個顧客，即使是訪問同一個對象，訪問的目的不同，訪問的時間也應該有所不同，做到合理安排。例如，推銷產品時，應該選在顧客有需求的時間，催收貨款最好是企業客戶資金充足，個人客戶發工資後比較好。如果不打算請對方吃飯，你就不要在上午 11：30 之後去拜訪新客戶；即使是拜訪老客戶，寧肯自己在外面吃了飯，也要等到下午 13：30 以後才去拜訪。

(3)根據訪問地點和路線來選擇最佳訪問時間。

推銷人員在約見顧客時，應根據訪問時間與訪問地點合理安排訪問路線，保證按時赴約。與顧客約定時間和地點後，不管有什麼困難，那怕颱風下雨，只要約會未被取消都要努力做到如約而至，以體現出你的誠意。如果因為客觀原因，如交通阻塞、走錯路等而不能準時到達，或者因有臨時變故需取消預約，一定要提前通知顧客，表示道歉，並說明詳細的情況和具體的理由，以爭取顧客的諒解。顧客越早收到你的通知，就越容易避免因你的遲到而給他們帶來的不便，也就越能夠諒解你。

(4)尊重訪問對象的意願，充分留有餘地。

在約定訪問時間時，推銷人員應把困難留給自己，把方便讓給顧客。應考慮到各種難以預見的意外因素的影響，約定時間必須留有一

定的餘地。除非有十足的把握和週密的安排，推銷人員不應該連續約定幾個不同的訪問顧客，以免一旦前面的會談延長使後面的約會落空。

(5)守時守信

訪問時間一經確定，銷售人員就要嚴格守約，準時赴會，絕不能讓顧客等自己。一旦出現意外情況，應盡最大可能通知顧客，說明情況，請求對方諒解，並推遲約會或另行約見。

(6)合理利用訪問時間，提高銷售的效率

在實際工作當中，無論雙方約定的時間如何精確，也難免有等待的情況發生。為此，一方面，銷售人員在約定時間時就要採取措施，儘量避免浪費時間；另一方面，又要充分利用等待的時間。這樣，不但有利於做好準備工作，而且有利於緩和急躁的情緒。應避免在與顧客洽談的時候表露出自己的情緒，否則不利於進一步銷售。

總之，推銷人員應該加快自己的推銷節奏，選擇有利時機約見顧客，講究推銷信用，準時赴約，合理安排和利用推銷訪問時間，提高推銷訪問的效率。

推銷員拜訪約見客戶的最佳時間

下面幾種情況，可能是推銷人員最佳拜訪約見客戶的時間：

(1)客戶剛開張營業，正需要產品或服務的時候；

(2)對方遇到喜事吉慶的時候，如晉升提拔、獲得某種獎勵等；

(3)顧客剛領到工資，或增加工資級別，心情愉快的時候；

(4)節日、假日之際，或者碰上對方廠慶紀念、大樓奠基、工程竣工之際；

(5)客戶遇到暫時困難，急需幫助的時候；

---

(6)顧客對原先的產品有意見，對你的競爭對手最不滿意的時候；

(7)下雨、下雪的時候。

在通常情況下，人們不願在暴風雨、嚴寒、酷暑、大雪冰封的時候前往拜訪，但許多經驗表明，這些場合正是推銷人員上門訪問的絕好時機，因為在這樣的環境下前往推銷訪問，往往會感動顧客。

不同職業的最佳訪問時間

股票行業：避免在開市後，最好在收市後。

飲食業：避免在用餐時間，最好是下午3點至4點。

建築業：大清早或收工時。

廣告業：最好是下午3點至4點半。

報紙、印刷業：下午3點至4點。

會計師：切勿在月初和月尾，最好是月中。

醫生：上午11點後和下午2點前，最好的日子是雨天。

推銷員：上午10點前後或下午4點後，最熱、最冷或雨天會更好。

行政人員：上午10點前後到下午3點為止。

銀行家：上午10點前或下午4點後。

公務員：工作時間內，切勿在午飯前或下班前。

律師：上午10點前或下午4點後。

教師：大約在下午4點後，放學的時候。

零售商：避開週一或週末，其他時間最好是下午 2 點至 3 點。

藝術家：早上或中午前。

家庭主婦：最好在早上 10 點至 11 點。

理髮師：早上 9 點至 10 點半。

4. 確定訪問地點

訪問地點的確定，應與被訪顧客、訪問目的、訪問時間和接近方式相適應。選擇訪問地點的基本原則是方便顧客，有利於推銷。選擇訪問地點時，推銷人員應該研究所在區域的推銷環境及其變化趨勢，綜合分析，全面考慮，做出科學的決策。

通常下述地點可供推銷人員在選擇訪問地點時參考：

(1)顧客工作地點或辦公室

若目標顧客是企業，最佳訪問地點一般是目標顧客的工作地點。因此，在約見顧客之前，推銷人員必須徹底調查和瞭解顧客所在的工作地點和工作環境。在選擇訪問地點時，既要方便顧客，又要營造推銷氣氛。

(2)顧客居住地點

若推銷對象為個體顧客，則最佳的訪問地點是顧客居住地點。在此處面談，可縮短雙方的距離，顯得親切和自然。在實際推銷工作中，以居住地點為約會地點，一般應由顧客主動提出邀請，或者在顧客樂於接受的情況下由推銷人員提出約請。如果顧客不同意或不樂意，則應更改約會地點，絕對不可強求。為了節省時間、方便顧客，推銷人員事先還要研究推銷區內的道路、胡同、院落、樓房、門棟等情況。

對於重點推銷區的各種有關情況應瞭若指掌。

(3)社交場合

推銷人員不僅是一個推銷員，還必須成為一個社交活動家，要和顧客交朋友，做顧客的知心人。在實際推銷活動中，許多交易是在社交場合中談成的。8 小時之內是推銷時間，8 小時之外也是推銷時間。在國外，許多生意不是在辦公室而是在高爾夫球場上成交的。推銷員可以利用許多社交場合談生意，或借機約見顧客。

(4)公共場所

對於有些顧客來說，工作地點和居住地點都不便於會見推銷人員，又不願意出現在社交場合。那麼，推銷人員就可以考慮把一般的公共場所作為約見地點。我們經常可以在劇場、車站等公共場所見到推銷人員。

(5)推銷員工作地點

訪問地點有的時候也會在推銷員的工作地點，例如，飯店的服務員向客人推銷特色菜肴，售樓小姐向客人推銷房屋等。這時候，推銷員佔有主場之利，是佔有優勢的。

總之，約見的基本內容就是要確定推銷訪問的顧客、目的、時間和地點，約見的任務是把握最佳時機，確定最佳的推銷地點，接近最佳的推銷對象，提高推銷效果，也就是要明確「四何」，即何人、何事、何時、何地。做到這些，就可以成功地接近推銷對象，正式展開推銷洽談。

第四節　事先約見顧客的方式

搜集到潛在客戶名單後，就要開始約定時間去見面，去接近客戶，這是推銷人員與潛在客戶的首次真正接觸，許多專家稱這是推銷過程中最重要的 30 秒鐘或關鍵的 10 分鐘。推銷人員必須想方設法與潛在客戶見面，與其建立友好的關係並引起其注意，設法接近客戶。否則，接下去的推銷過程將毫無意義。

約見，又稱商業約會，是指推銷人員事先徵得潛在客戶同意進行推銷訪問的過程。推銷約見是接近的前導，它有利於節約推銷人員和客戶的時間；有利於順利接近客戶；有利於推銷人員恰當安排推銷計畫，提高工作效率。

約見是接近客戶的第一步。如果你根本無法預約見面，見不到合適的對象，再好的「開場白」、再好的形象、再好的策略都沒有意義。

推銷員要達到約見顧客之目的，不僅要考慮約見的對象、時間和地點，還必須認真地研究約見顧客的方式與技巧。現代商務活動中常見的約見顧客的方式主要有以下幾種：

1. 當面約見法

當面約見法是推銷人員對顧客進行當面聯繫拜訪的方法。這種約見簡便易行，極為常見，是一種較為理想的約見方式。推銷人員通過這一約見方式不僅對顧客有所瞭解，而且便於雙向溝通，縮短彼此的距離，易達成有關約見的時間、地點等事宜。

推銷人員在具體使用這一方式時，需察言觀色，隨機應變，靈活運用一些技巧，以保證約見工作的順利完成。例如，在途中不期而遇

時，在見面握手問候時，在起身告辭時，推銷人員都應該借機面約。

面約拜訪方式具有五大優點：首先，有利於發展雙方關係，加深雙方感情；其次，有助於推銷人員進一步做好拜訪準備；其三，面約一般比較可靠，有時約見內容比較複雜，非面約說不清楚；其四，面約還可以防止走漏風聲，切實保守商業機密；最後，面約方式也是一種簡便易行的約見拜訪方法。

當然，面約方式也有一定的局限性：第一，面約有一定的地理局限性；第二，效率不高，即使推銷人員完全可以及時面約每一位顧客，作為一種古老的方式，也是低效率的做法；第三，面約雖然簡便易行，面釋疑點，卻容易引起誤會；第四，面約一旦被顧客拒絕，就使推銷人員當面難堪，造成被動不利的局面，反而不利於下一次的接近和拜訪；最後，對於某些無法拜訪或接近的銷售對象來說，面約方式無用武之地。

儘管面約方式具有上述局限性，但仍不失為一種可行的約見方式。

2. 電話約見法

電話約見法是現代推銷活動中最常用的方法，它的好處在於迅速、方便、經濟、快捷，使顧客免受突然來訪的干擾，也使推銷人員免受奔波之苦，可節省大量時間及不必要的差旅費用。

獲得電話約見，成功的關鍵是推銷員必須懂得打電話的技巧，讓對方認為確實有必要會見你。由於客戶與推銷員缺乏相互瞭解，電話約見也最容易引起客戶的猜忌、懷疑，所以推銷員必須熟悉電話約見的原則，掌握電話約見的正確方法。打電話時，推銷人員應事先設計好開場白，在語言的組織和運用中，要注意技巧。

下面舉出兩種有關約定時間的問話，由於表達方式和用語的差

異，其效果反應完全不同。

問話一：「鄭先生，我現在可以來看您嗎？」

問話二：「鄭先生，我是下星期三下午4點來拜訪您呢？還是下星期四上午9點來呢？」

十分明顯，問話一的約見使推銷人員完全處於被動的地位，易遭顧客的推辭。問話二則相反，推銷人員對於會面時間已主動排定，顧客對推銷人員提出的「選擇題」若是一時反應不過來，便只好隨推銷人員的意志，做「二選其一」的抉擇，而沒法推託了。

還需注意的是：電話推銷應避開電話高峰和對方忙碌的時間，一般上午10時以後和下午較為合適。在大家共用一個辦公室或共用一部電話時，應取得大家的相互配合，保持必要的安靜。

事實證明，這種談話模式在銷售實踐中所產生的效果很好。為什麼呢？其實，銷售人員在這裏所說的每一句話都有其各自的作用。按照其排列的先後順序，大致可以分為以下幾個階段：

⑴確認性問題。顧客接電話時並沒有報自己的姓名，而說了「您好」。所以銷售人員首先要確定，接電話的人是否真的是他想找的人。

⑵在提出確認性問題的同時，銷售人員也完成了對顧客的褒揚！「親自」這個不起眼的小詞強調了顧客的不可替代性。

⑶銷售人員的自我介紹也十分理想。他兩次提到了自己的姓名，而且第二次特別強調了名字。很顯然，與姓氏相比，我們的名字能給我們的談話對象留下更深刻的印象！

⑷在提到自己公司名稱的時候，銷售人員直截了當地介紹了這次談話的價值所在：促進辦公室和倉庫資源配置的合理化。

⑸銷售人員找到了很好的切合點：切合點是指與顧客直接相關的推斷或結論。在此次談話中，銷售人員所找的「切合點」表明，他把

顧客的需要放在第一位。

3. 信函約見法

信函約見法是指推銷人員通過信函或電子郵件來約見顧客。信函約見是比電話更為有效的媒體。隨著時代的進步出現了許多新的傳遞媒體，但多數人認為信函比電話更顯得尊重他人一些。常見的約見顧客的信函方式主要有：個人信件、單位公函、會議通知、請帖、便條、電子郵件等。另外，使用信函約見還可將廣告、商品目錄、廣告小冊子等一起寄上，以增加對顧客的關心。

信函約見既簡便、快捷、易於掌握、費用低廉，又可免受當面約見顧客時的層層人為阻礙，可以暢通無阻地傳遞給目標顧客。但這種方式也有一定的局限，如：信函約見的時間較長，不適於快速約見；許多顧客對推銷約見信函不感興趣，甚至不去拆閱，推銷人員花費較多的時間和精力撰寫的約見信函往往如泥牛入海。

一般而言，推銷約見信的寫作和設計原則是簡潔扼要、重點突出、內容準確。語氣應中肯、可信、文筆流暢。約見信的主要目的在於引起顧客的注意和興趣，必要時可以在信裏留下一些懸念，讓顧客去體會言外之意，但不可故弄玄虛，以免弄巧成拙，貽誤大事。

4. 委託約見法

委託約見法是指推銷人員委託第三者約見顧客的方式，也稱托約。所委託的第三者，可以是推銷員的同學、老師、同事、親戚、朋友、上司、同行、秘書、鄰居等，也可以是各種仲介機構。委託約見可以借助第三者與推銷對象的特殊關係，克服目標顧客對陌生推銷人員的戒備心理，取得目標顧客的信任與合作，有利於進一步的推銷接近與洽談。但是，委託約見也有一定的限制：一是推銷員不可能擁有眾多的親朋、熟人；二是自己的好友未必與目標顧客有交情；三是要

搭人情,而且環節較多,如果所托之人與自己的關係或與目標顧客的關係較一般,導致顧客對約見的重視程度不夠。因此,運用此方法特別要注意真正瞭解第三者與推銷對象的關係。

5.廣告約見法

廣告約見法是指推銷員利用各種廣告媒體約見顧客的方式。常見的廣告媒體有廣播、電視、報紙、雜誌、郵寄、路牌等。利用廣告進行約見可以把約見的目的、對象、內容、要求、時間、地點等準確地告訴廣告受眾。在約見對象不具體、不明確或者約見顧客太多的情況下,採用這一方式來廣泛地約見顧客比較有效。也可在約見對象十分明確的情況下,進行集體約見。廣告約見有約見對象多、覆蓋面大、節省推銷時間、提高約見效率等優點,但也有針對性較差、費用較高卻未必能引起目標顧客的注意等不足。

6.網上約見法

網上約見法是指推銷人員利用 Internet 與顧客在網上進行約見和商談的一種方式。網路業的迅速發展,為網上交談、約見、購物、聯絡情感提供了便捷的條件。網上約見的優點是:快捷、便利、費用低、範圍廣,不僅可以非常容易地約見國內顧客,而且還為約見國外顧客提供了非常有效的途徑。

除以上基本方法,還有其他的約見方法,如登門約見、名片約見、家庭訪問等多種。每種方法各有所長,又各有所短。一切方法都因人而異,因事而異,因地而異。推銷人員應根據具體情況確定具體的約見方法,可以單一使用某一方法,也可幾種方法同時併用,以彌補其相互間不足之處。只要推銷人員靈活運用各種約見方法,取信於人,就一定可以成功地約見顧客,使推銷成功。

第五節　接近顧客才有銷售機會

在找到潛在顧客之後，下一個階段就是設法約見，然後接近這個潛在顧客，尋找推銷機會。

知己知彼，百戰不殆；凡事預則立，不預則廢。進行推銷約見，前期準備工作非常關鍵。準備工作做得充分可靠，推銷員就會增強自信，從容應對推銷過程中的變化，處理好各種問題，在推銷活動中處於主動地位，為取得推銷成功奠定基礎。

一、接近客戶的開場白

通常，銷售人員首先應該銷售自己。在初次拜訪時，確有銷售自己的必要。銷售人員應先介紹自己的企業，再介紹自己，再說明為什麼來訪。這樣，就不直接說是來銷售產品的，而是說「因為這是對貴公司非常有用的機器」或「最近這一行業有很多家使用這種機器，實行生產合理化，因此節省了若干經費，很受歡迎……」，先強調對方能夠得到的利益。開場白到底如何進行才算合適，並沒有一個簡單明確的答案。以下幾種方式可供參考，而且可在銷售時隨時加以運用。

1. 以提出問題開場

在這種開場白中，銷售人員可以找出一個與顧客的需要有關係，同時又是產品所能帶給他滿足而會使他作正面答復的問題。要小心的是，不要提出對方可能答「不」的問題。例如，你可以問：「你希望減低 20%的原料消耗嗎？」你甚至可以連續向對方發問，以引導對方

注意你的產品。例如問：「你看過我們的××產品嗎？」「沒看過呀！」「這就是我們的產品。」並同時將樣品展示。接著就說：「敝公司派我特地來拜訪您。您覺得我們的產品如何？」

2. 以講述有趣之事開場

有時，以講一件有趣之事或一個笑話開場，也可以收到實際效果。但在這樣做的時候一定要明確，其目的不僅是想引起顧客的快樂。所講的事一定要與你的產品的用途有關，或者能夠直接引導顧客考慮你的產品。

3. 以引證別人的意見開場

如果你真的能夠找到一個顧客認識的人，他曾告訴你顧客的名字，或者告訴你該顧客對你產品的需要，那麼你自然可這樣說：「楊先生，你的同事龐先生要我前來拜訪，跟你談一個你可能感興趣的問題。」這時，楊先生可能會立即要知道你所提出的一切，這樣你當然已引起了他的注意。同時，他對你自然會感到比較親切。不過，切忌虛構朋友的介紹。

4. 以贈送禮品開場

以贈送諸如鋼筆、針線包、筆記本等一類的小禮品作為開場白，在銷售消費品時比較有效。所贈送的禮品一定要與所銷售的商品有關係，這一點很重要，因為這樣一來，完全可以在送禮品的同時，順便提到你想進行的交易。

二、接近顧客的方法

接近顧客包括兩個層次的含義：一是指銷售人員和顧客之間在空間距離上的接近；二是指銷售人員和顧客之間消除感情上的隔閡，逐

步趨於同一目標。銷售人員接近顧客的方法多種多樣，要注意掌握各種方法並綜合運用。接近顧客是銷售洽談的前奏，是銷售人員與顧客正式就交易事件接觸見面的過程。接近顧客是為了讓顧客瞭解和注意商品，瞭解和接近銷售人員，也是為了進一步瞭解顧客的需求特徵，以便為轉入銷售洽談作準備。

第六節　接近顧客的方法

推銷接近是進行實質性推銷活動的開始。它的順利與否關係著能否如期轉入推銷洽談以及能否取得交易的成功。「接近有方法，接近無定法」。

對不同的顧客要用不同的推銷接近方法。推銷人員在推銷接近前，要收集準顧客的有關資料，做到因人而異，有針對性地靈活採用不同的推銷接近方法。

各種推銷接近方法可以適當地結合運用，可以相得益彰，取得較好的推銷效果。

接近顧客時應注意減輕顧客的心理壓力，以避免顧客產生抗拒心理。接近顧客時，推銷人員尤其應注意自己的言行舉止，給顧客留下良好的印象，使顧客對推銷人員形成心理上的認可。

接近程序只是推銷洽談的序幕，應節省時間，把握時機。接近前要明確接近對象，掌握顧客的個人資料。防止弄錯對象而耽誤時機，甚至怠慢顧客。

1. 介紹接近法

介紹接近法是指通過銷售人員的自我介紹或他人介紹來接近顧

客的方法。介紹的內容包括姓名、工作單位、拜訪的目的等。為獲得顧客的信任，一般應遞交名片、介紹信等相關證明材料。在介紹時，應注意言語簡練、語調適中。該方法的缺點是接近顧客太突然，雙方沒有感情基礎和同化目標的仲介。因此，銷售人員的儀表和言談舉止顯得尤為重要。由他人介紹的方式往往更有利於接近顧客，取得顧客的信任。

在一般情況下，推銷人員應採用自我介紹法接近顧客。除了進行必要的口頭自我介紹之外，推銷人員還應主動出示介紹信、名片、身份證及其他有關證件。現在最常用的做法是贈送名片，遞名片的好處是使顧客熟知推銷員的名字，便於交談，輕鬆、自然地達到自我介紹的目的，而且便於今後聯繫。出於禮節，對方回贈名片，由此又獲得了顧客本人及企業的一些資料，取得了今後進一步聯繫的機會。

自我介紹是人們進行社會交往的一種手段，在推銷接近中，主要是為了防止顧客懷疑推銷人員的來歷和身份。由於交往的目的不同，自我介紹的繁簡程度應有所區別。

例如：「理查先生，您好！我叫傑尼，在 IBM 公司任職，我想向您介紹一下有關我公司最新生產的筆記本電腦的情況。」

另外一種情況，就是推銷人員通過第三者介紹而接近準顧客。這些第三者一般都是推銷人員或顧客接近圈的成員。一般情況下，處在接近圈內的人們相互之間比較理解，也比較容易接近。介紹人與顧客之間的關係越密切，介紹的作用就越大，推銷人員也就越容易達到接近顧客的目的，並且從顧客那裏也很可能得到介紹新顧客的機會。因此，運用這一方法來接近顧客，關鍵在於推銷人員能否找到與顧客關係較為密切的第三者，充當自己的介紹人。

他人介紹法的主要方式有信函介紹、電話介紹、當面介紹等。他

人介紹法也有一定的局限性，有時顧客迫於人情而接近推銷人員，不一定有購買誠意，只是應付。有的顧客還會忌諱熟人的介紹，因為不願意別人利用友誼和感情做交易。一般來說，介紹接近法較難引起顧客的注意和興趣，也常容易受到顧客的冷落。

2. 產品接近法

產品接近法是指銷售人員利用商品的某些特徵來引發顧客的興趣，從而接近顧客的方法。這種方法對商品的要求比較高，商品應具有某些吸引力和突出的特點，並最好便於攜帶，使銷售人員能將有形實體商品展示給顧客。

產品接近法又稱實物接近法，產品接近法是銷售人員與顧客第一次見面時經常採用的方法，這種方法是銷售人員直接把產品、樣本、模型展現在顧客面前，使對方對其產品引起足夠的興趣，最終接受購買的建議。這一方法主要是通過產品自身的魅力與特性來刺激顧客的感官，如視覺、聽覺、嗅覺、觸覺等，通過產品無聲的自我推銷來吸引顧客，引起顧客的興趣，以達到接近顧客的目的。

但是，這一方法的運用也存在一定的局限性，它不僅要求產品必須是有形的實物產品，以刺激顧客的感官，引起顧客的注意和興趣，而且要求產品一般是生活用品、小型便於攜帶的商品。

一位美國推銷人員賀伊拉說：「如果你想勾起對方吃牛排的慾望，將牛排放到他的面前固然有效，但最令人無法抗拒的是讓他聽到煎牛排的『滋滋聲』，他會想到牛排正躺在黑色的鐵板上『滋滋』作響，渾身冒著油，香味四溢，不由得咽下口水。」這一推銷至理名言告訴人們，利用產品自身獨特的魅力刺激顧客的需求慾望，可以達到較好的推銷效果。

3. 利益接近法

利益接近法是指推銷人員通過簡要說明產品的利益,引起客戶的注意和興趣,從而轉入面談的接近方法。利益接近法的主要方式是陳述和提問,告訴購買要推銷的產品給其帶來的好處。

顧客之所以購買產品,是因為它能給自己帶來一些實質性的利益或提供解決問題的辦法,如增加收入、降低成本、提高效率、延年益壽等。而在實際推銷活動中,許多顧客並不太瞭解推銷品所蘊含的顯性利益或隱性利益,又不願主動詢問這方面的問題,妨礙了顧客對推銷品利益的正確認識。推銷人員若能及時解釋這些問題,將有助於顧客正確認識推銷品利益,引起顧客的注意和興趣,增強購買慾望,達到接近顧客的目的。

推銷人員在運用這一方法時,要實事求是地陳述推銷品的利益,不可誇大其詞,無中生有,欺騙顧客,否則會失去顧客的信任,帶來不良的後果。另外,推銷品的利益要具有可比性,使顧客認識到它比市場上同類產品具有明顯的優勢,能給自己帶來更多、更好、更實際的利益。

4. 接近圈接近法

社交接近法是指通過與顧客開展社會往來接近顧客的方法。採用這種方法一般不開門見山地說明用意,而是儘量先與顧客形成和諧的人際關係。

社會階層是在一個社會中具有相對的同質性和持久性的群體,它們是按等級排列的,每一階層成員具有類似的價值觀、興趣愛好和行為方式,不同社會階層的消費者由於在職業、收入、教育等方面存在明顯差異,因此即使購買同一產品,其趣味、偏好和動機也會不同。如同是買牛仔褲,勞工階層的消費者可能看中的是它的耐用性和經濟

性，而上層社會的消費者可能注重的是它入時性和自我表現力。所以，根據社會階層細分市場和在此基礎上對產品定位是有依據的，也是非常有用的。

接近圈接近法是指推銷人員爭取進入目標顧客相應的社會階層，爭取成為其中一員而接近顧客的方法。

接近圈接近法首先必須找出彼此間的「共同點」，如性格特性、生活習慣、穿著談吐等。越和我們相似的人，彼此之間的親和力就越強，所謂的「物以類聚」就是這個道理。健身器材推銷員，自己要愛好運動，要成為健美俱樂部或其他健身組織的一員，這樣就更容易接近和瞭解顧客。

5. 好奇接近法

「好奇之心，人皆有之」。推銷人員利用準顧客的好奇心理接近顧客，就是好奇接近法。在實際推銷工作中，在與準顧客見面之初，推銷人員可通過各種巧妙的方法喚起顧客的好奇心，引起其注意和興趣，然後從中說出推銷產品的利益，轉入推銷洽談。

心理學表明，好奇和探索是人類行為的基本動機之一，人們的許多行為都是好奇心驅使的結果。好奇接近法正是利用了人們的好奇心理，引起顧客對推銷產品的關注和興趣，從而接近顧客。

例如，某推銷人員手拿一個大信封步入顧客的辦公室，進門便說：「關於貴公司上月失去的 250 位顧客，我這裏有一份備忘錄。」這自然會引起顧客極大的注意和興趣。

6. 震驚接近法

震驚接近法，是指推銷人員設計一個令人吃驚，或震撼人心的事物來引起顧客的興趣，進而轉入正式洽談的接近方法。在現代推銷中，推銷人員的一句話，一個動作，都可能令人震驚，引起顧客的注

意和興趣。震驚接近法是一種比較有效的接近方法。對於少數顧客，利用震驚接近法，才能衝破其堅固的心理防線；同時，利用震驚接近法接近顧客，可增強推銷說服力，有利於達成交易。推銷人員就是要促使顧客思考他們不願思考的問題，幫助顧客解決這些問題。

7.戲劇化接近法

戲劇化接近法也叫表演接近法，這是一種比較傳統的推銷接近方法。是指接近顧客的時候，為了更好地達成交易，推銷員要分析顧客的興趣愛好，業務活動，扮演各種角色，想方設法接近顧客的方法。

一句古老的生意格言是：「先嘗後買，方知好壞。」這句格言的精髓是：要讓顧客認識你所推銷的產品，就必須把產品的優點展示在顧客面前，讓顧客親自體會推銷品的好處。

「我可以使用一下您的打字機嗎？」一人陌生人推開門，探著頭問。在得到主人同意之後，他徑直走到打字機前坐了下來，在幾張紙中間，他分別夾了八張複印紙，並把這捲進了打字機。「你用普通的複印紙能複印得這麼清楚嗎？」他站起來，順手把這些紙分發給辦公室的每一位，又把打在紙上的字句大聲讀了一遍。毋庸置疑，來人是上門推銷複印紙的推銷員，疑惑之餘，主人很快被複印紙吸引住了。

美國一位小夥子想在某廣告代理公司求職，卻苦於見不到該公司總經理，於是他把自己裝入箱內，讓一家托運公司將其送進廣告公司的室內。

運用戲劇化接近法時，推銷人員應該熟悉顧客的興趣、愛好和活動規律。對待不同的顧客，應採取不同的表演手段。表演必須具有一定的戲劇性效果，足以引起顧客的注意和興趣，以達到接近顧客和說服顧客的目的。

8. 讚美接近法

讚美接近法是指銷售人員利用一般顧客的虛榮心，以稱讚的語言博得顧客的好感，接近顧客的方法。銷售人員要注意觀察顧客的儀表，在稱讚顧客時要真誠、恰如其分，切忌虛情假意，以免引起顧客的反感。

卡耐基在《人性的弱點》一書中指出：「每個人的天性都是喜歡別人的讚美的。」現實的確如此，讚美接近法是指推銷人員利用人們的自尊和希望他人重視與認可的心理，來引起交談的興趣。

「良言一句三春暖」，好話永遠愛聽。推銷人員正是利用人們希望讚美自己的願望來達到接近顧客的目的。例如，「您的包很特別，在那裏買的」；「您的項鏈真漂亮」；「哇，好漂亮的小妹妹，和媽媽長得一模一樣」。通常來說，如果讚美得當，顧客一般都會表示友好，並樂意與你交流。當然，讚美一定要出自真心，而且要講究技巧。

9. 討論接近法

討論接近法是推銷員直接向顧客提出問題，利用所提的問題引起顧客的注意和興趣，並引發討論來吸引顧客注意的接近方法，故又稱問題接近法。討論接近法符合現代推銷學原理與推銷本身發展的一般規律，因為推銷的過程就是幫助顧客找出問題、分析問題和解決問題的過程。推銷人員直接向顧客提出有關的問題，可以引起顧客的注意和興趣，誘導顧客思考，順利轉入面談。

10. 調查接近法

所謂調查接近法，是指推銷人員利用調查機會接近顧客的一種方法。在許多情況下，無論推銷員事先如何進行準備，總有一些無法弄清的問題。因此，在正式洽談之前，推銷人員必須進行調查接近，以確定顧客是否可以真正受益於推銷品。此方法可以看成一種銷售服務

或銷售諮詢法。採用這一方法比較容易消除顧客的戒心，成功率比較高。推銷人員可以依據事先設計好的調查問卷，徵詢顧客的意見，調查瞭解顧客的真實需求，再從問卷比較自然、巧妙地轉為推銷。

調查接近法作為一種比較可行的接近方法，既是為生產廠家服務，也是為消費者服務，既有利於推銷人員收集市場情報，又有利於顧客獲得最佳的推銷服務。

11.求教接近法

求教接近法是指推銷人員依據客戶的興趣愛好和專長，提出相關的問題向顧客請教，以便引起對方的話題，借機接近顧客的方法。例如，客戶喜歡釣魚，就可以向他請教一些關於釣魚方面的技巧和方法，等等。

一般來說，人們不會拒絕登門虛心求教的人。銷售人員在使用此法時應認真策劃，把要求教的問題與自己的銷售工作有機地結合起來。

「高老闆，您好！您是一位成功的企業家，能否向您請教一下，你們是如何推銷貴公司產品？」儘管高老闆不會告訴你他們的推銷秘笈，但是他還是會接待你的，這就是利用人們好為人師的心理特點接近顧客的做法。

從心理學角度講，人們一般都有好為人師的心理，總希望自己的見地比別人高明，以顯示能力勝人一籌，尤其高傲自大的人更是如此。對於這樣的人，採取虛心請教的方法，以滿足其高人一等的自我心理，十分有效。

12.搭訕與聊天接近法

顧名思義，搭訕與聊天接近法就是指利用搭訕與聊天的形式接近陌生顧客的方法，又稱「閒談接近法」或「閒聊接近法」。在現實生

活中，隨著休閒時間的增加，到處都可以看到湊到一起閒聊的人群，或談論天下大事，或議論個人小節，或講古代傳奇，或說今日新聞等等。銷售人員應該成為一個高明的聊天愛好者，打進聊天接近圈，以聊天的方式去接近那些高談闊論的客戶。在一定環境下聊天接近法可以消除接近障礙，減輕客戶的心理負擔，有助於銷售人員接近某些難以正面接近的客戶。

13.饋贈接近法

饋贈接近法是指銷售人員通過贈送禮物來接近顧客的方法。饋贈禮物比較容易博得顧客的歡心，取得他們的好感，從而拉近銷售人員與顧客的關係，而且顧客也比較樂於合作。

饋贈接近法是指推銷人員可以利用贈送小禮品給客戶，從而引起客戶興趣，進而接近客戶的方法。由於顧客受人贈品，一般都會待人友善，又由於盛情難卻，往往在接受禮品之後，很難拒絕購買推銷人員所推銷的產品。因此，饋贈小禮品不僅是接近潛在顧客的一種有效方法，而且也是一種極好的促銷措施。饋贈小禮品要支付一定的費用開支，所以要慎重選擇饋贈用的禮品，同時瞭解顧客的嗜好需求，以達到事半功倍的效果。

饋贈禮品只能是接近顧客的見面禮與媒介物，不能作為恩賜甚至賄賂顧客的手段。

要根據顧客的習慣、興趣與愛好，選擇適合的饋贈禮品，投其所需，投其所好。選擇饋贈禮品時不必追求禮品的價值，以避免對方產生戒備心理。贈送禮品還要注意時機和場所。

第七節　推銷接近的具體戰術

　　銷售員第一次登門拜訪的表現，關係到本次銷售是否成功，同時也對長期合作產生深遠影響，所以，銷售員一定要在第一次拜訪時能贏得客戶的好感。

（一）制定拜訪計劃

　　一個詳細、週密的訪問計劃主要包括確定拜訪的對象、確定拜訪的目的、選擇拜訪的時間、選擇有利的訪問地點、確定準備談話的內容、採用什麼樣的推銷策略和方法。

（二）營造輕鬆的溝通氣氛

　　在拜訪時，輕鬆溝通的氣氛有助於產品的推銷，而這一氣氛有賴於銷售員自己去營造，具體的方法有：

1. 保持安全距離

　　防備心理，是人類的自然本性。經研究表明，75cm～100cm 是人們感到最舒適的距離。銷售員要記住，安全距離以內的空間只能留給最親近的人，像親人或好朋友。銷售員初次拜訪，自然不可「越雷池半步」。

2. 說話不要過多也不可過少

　　話太多的銷售員，容易使客戶產生喧賓奪主的感覺；而話太少，又容易造成沉悶、尷尬的氣氛，讓客戶覺得不自在，甚至是壓抑。

　　銷售員要掌握說話的分寸，就要針對自己的說話習慣進行調節。

情況不外乎兩種：

很多銷售員都有這個特點，說起話來滔滔不絕，沒完沒了，聽眾已經厭煩了，他自己卻還眉飛色舞一點都未覺察。對於這種人，很難在談話中自行剎車，但是可以選擇總結性的方式來跟客戶交淡，這樣能很好控制話量。

例如：這款面膜能夠收縮粗大毛孔，增加皮膚細膩度，同時可以12小時鎖住皮膚水分，現在買還會送您2片新推出的紅酒面膜。

安靜的人喜歡默默融入到大的氣氛當中，總在潛意識中避免別人注意，想得很多但說得很少。對於這種情況，銷售員可以有意識地多使用形容詞，多找機會給客戶介紹產品，以使氣氛活躍一些。

例如：這款面膜主要有三大功能，最突出的就是收縮粗大毛孔，因為面膜中含有活性炭元素，對積存毛孔的污垢能像磁鐵一樣吸收。而且面膜中富含多種果維素，提供皮膚需要的各種營養，想想營養充足，皮膚怎麼會沒光彩呢！最後，這款面膜還有很好的補水功能，正如廣告中所說的「喝飽水的皮膚水靈靈」……

語速快慢適中，過快過慢都不可取；說話時要有停頓和間隔，以提高語言的表達效果。同時，聲音不能過大，過大容易讓客戶產生被壓迫的感覺；聲音太小，客戶會認為銷售員不自信，並進一步懷疑產品的品質。

小曹是銷售助聽器的。一次，他到客戶家拜訪。

客戶戴上後，聽到小曹扯著嗓門跟他講話，就很不高興：「難道你認為我的聽力這麼差勁嗎！」

小曹被趕出門，之後找到了第二個客戶。

客戶試著戴上助聽器，銷售員吸取了教訓，這次很小聲地跟他講話，但因為聲音太小，以致客戶沒有聽清楚。

客戶抱怨道：「你的助聽器根本幫不了我任何忙。」

結果，小曹再次被趕出門。

由此可見，聲音太大或過小都不足取。

（三）開啟雙方交談的話題

合適的開場白不但能迅速建立一種情境，營造一個輕鬆愉快的氣氛，還能讓客戶願意靜下來聆聽你的介紹，以引起客戶的注意和興趣，減小雙方的距離感。銷售員應該如何說好第一句話，如何開啟雙方談話的話題，如何有意地去設計開場白呢？以下提供幾種合適的解決方案。

1. 初次見面客戶

銷售員若與客戶之間是初次接觸或彼此不是很瞭解，一般用「自我介紹和一般利益陳述」即可，也就是簡明扼要地介紹自己所提供的產品或服務所具備的綜合性好處。

2. 非初次見面的客戶

對於非初次見面的客戶，往往是要解決某一問題或就某一細節進行探討，開場白要相對簡單些。一般採用「寒暄＋特殊利益陳述」。特殊利益陳述就是要告訴對方本企業的產品或提供服務的某項特點正好滿足客戶的需求或某項規則不能讓步等。

3. 合適的開場白設計

(1)以真誠讚美開場

讚美客戶，一來可以獲得對方好感，二來也是一種情感鋪墊。讚美客戶被看成是銷售員的一項職業素養，因為對於銷售溝通的確有很好的幫助。畢竟，人們不會對讚美之詞產生反感。

(2)以提出問題開場

這種開場白的重點是，銷售員要找出一個對客戶的需求有關係的，同時又是自己的產品能使客戶滿足而會正面回覆的問題。比如：

「您看過我們的產品嗎？我們的設計可為您每年在生產上節約 5 萬元成本。」

「敝公司派我專程來拜訪您，您覺得我們這種產品怎麼樣？(連續發問，使客戶注意自己的產品)」

(3)向客戶請教開場

銷售員利用向客戶請教問題的方法來引起客戶的注意，有些人好為人師，總喜歡指導、教育別人或顯示自己。對於這樣的客戶，銷售員可有意找一些不懂的問題向客戶請教。比如：

黃總，在電腦方面您可是專家，這是我公司研製的新型電腦，在設計方面還存在什麼問題，請您指教指教！

受到這番抬舉，對方自然會接過電腦資料，一旦被資料中先進的技術性能所吸引，銷售也便大功告成。

(4)強調與眾不同

銷售員要力圖創造新的推銷方法與推銷風格，用新奇的方法來引起客戶的注意。

一位人壽保險推銷員，在名片上印著「76600」的數字，客戶感到奇怪，就問：「這個數字是什麼意思？」推銷員反問道：「一般人一生中吃多少頓飯？」幾乎沒有一個客戶能答得出來，推銷員接著說：「76600 頓！假定退休年齡是 55 歲，按照平均壽命計算，您還剩下 19 年的飯，即 20805 頓……」這位推銷員用一個新奇的名片吸引住了客戶的注意力。

⑸以引證別人的意見開場

如果銷售員的客戶是從某種關係得到的，比如朋友介紹，那開場時就要利用這種關係，以快速增進彼此的熟識感。例如：

「陳總，您的朋友××讓我來見見您，跟您談一個感興趣的話題。」

「李小姐，您的老同學××托我向您問好，她說您一定會對我們的產品感興趣，所以我就冒昧的來了。」

⑹給客戶提供信息

銷售員向客戶提供一些對他們有幫助的信息，如市場行情、新技術、新產品知識等，會引起客戶的注意。這就要求銷售員能站到客戶的立場上，為客戶著想，儘量閱讀報刊，掌握市場動態，充實自己的知識，把自己訓練成為這一行業的專家。客戶或許對銷售員應付了事，可是對專家則是非常尊重的。例如：對客戶說：

「我在某某刊物上看到一項新的技術發明，覺得對貴廠很有用。」

銷售員為客戶提供了信息，關心了客戶的利益，也獲得了客戶的尊敬與好感。

⑺以贈送禮品開場

很多產品為使客戶容易接受，會附贈一些小的禮品。銷售員可以利用這些價值不高，但能博人好感的小禮品打開局面。即使產品本身沒有禮品，銷售員也可以想辦法自己準備一些，但儘量使禮品跟銷售的產品有關係。

⑻以展示物品開場

客戶的購買行為日趨成熟，牢牢把握著「耳聽為虛，眼見為實」的原則。對此，銷售員可以用樣品、圖片或具體模型來打動客戶。這

樣做能使產品同客戶距離拉近，更容易引起購買慾望。

（四） 安全的轉移話題

　　銷售員在拜訪客戶中，無論開場多麼精彩，氣氛調節得多麼好，都是銷售洽談的鋪墊，要知道面談的目的就是賣出產品。

　　因此，當客戶跟你熱烈討論足球賽事或滔滔不絕抱怨工作壓力時，銷售員要主動轉移話題，把客戶注意力集中到業務合作上來。轉移話題的通常有以下 3 個步驟：

圖 3-7-1　轉移話題的步驟

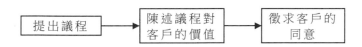

　　提出議程就是向客戶表明此次拜訪的目的，這能快速進入最重要的銷售話題。

　　小張是個音響銷售員，第一次拜訪的客戶是個電影迷，他滔滔不絕地向小張講起了法國電影新浪潮運動，從發起到高潮，講得不亦樂乎。

　　小張一邊表示對客戶專業度的讚賞，一邊說：「范先生，我也經常淘碟看，但一直沒找到《筋疲力盡》和《四百下》。」客戶立刻道：「那可是新浪潮的代表之作，我這裏有，你現在要看嗎？」

　　小張：「我當然很想看，無奈我得先工作是不是？這樣，我先給您介紹一下我們公司的音響，如果有時間我們再討論一下新浪潮怎麼樣？」

　　銷售員不能由著客戶展開一些跟銷售進程無關的話題，萬一客戶進入「忘我狀態」，銷售員有必要提醒對方雙方見面的目的。

（五）製造再次拜訪的機會

銷售拜訪一次成功的幾率不是很高，尤其是一些大宗消費品，銷售員為拿訂單，總得讓自己的雙腿忙活一陣。

鑑於這種情況，銷售員在第一次拜訪時，就要為第二次、多次拜訪做些鋪墊。這種工作的價值是，能很好地避免潛在客戶流失。

所以，優秀的銷售員，就是通過各種途徑，從第一次拜訪中判斷未來的合作前景，從而培養出長久客戶。

銷售員首次拜訪沒能取得良好效果，在客戶沒有提出進一步洽談而銷售員很想再談的前提下，可以找些緣故、藉口，製造再訪機會。

客戶可能只是為了快點結束拜訪，才隨意敷衍銷售員，但小韓抓住這樣的機會，兩次有意識地為再訪做鋪墊，第一次被拒絕後，他再接再厲，終於在第二回合將客戶拿下。

要知道，二次拜訪並不只是一次簡單的拜訪，而是一個合作的可能性。況且有了一次拜訪的瞭解，下一次會更有針對性，成功幾率也大很多。

推 銷 洽 談

　　按照推銷流程，推銷員先約見客戶，然後接近顧客之後，即進入推銷洽談階段，推銷洽談工作是推銷人員最重要的工作之一，也是推銷過程中的一個關鍵性環節。運用推銷技巧，說服顧客，激發顧客的購買慾望，達成交易，關鍵在於這階段的推銷洽談工作是否成功。

第一節　推銷洽談工作的目標

　　推銷洽談是指推銷員運用各種方式、方法和手段，向顧客傳遞推銷信息，並設法說服顧客購買商品（服務）的協商過程。

　　推銷洽談的目的就是向顧客傳遞商品信息，誘發顧客的購買動機，激發顧客的購買慾望，說服顧客，達成交易。在整個推銷過程中，推銷洽談是最關鍵的環節。

為了實現推銷洽談的目的，推銷人員需要完成以下幾方面的任務。

1. 選擇顧客並傳遞商品信息

為了說服顧客達成交易，必須向顧客全面介紹推銷品的情況以及生產企業的情況，包括品牌、商標、功能與特殊功能、品質、價格、服務、材料、銷售量、市場地位以及生產企業的情況。只有在顧客對相關各信息瞭解的情況下，才能做出購買決策。

在洽談之初，推銷員要將自己所掌握的有關信息迅速傳遞給顧客，以幫助顧客儘快認識和瞭解推銷品的特性，及其所能帶來的利益，增強顧客對推銷品以及生產企業的好感，誘發顧客的購買興趣，為顧客進行購買決策提供信息依據。同時，推銷員在向顧客傳遞信息時必須客觀、恰當、實事求是。

2. 針對顧客需求，展示推銷品的功能

從行銷學的角度講，只要能夠發現人們的購買需求和動機，就可以預測和引導人們的購買行為。購買行為是受購買動機支配的，而動機又源於人的基本需要。為此，推銷員在洽談之初就必須找到此時此刻的顧客的心理需要，並投其所好地開展推銷洽談。同時在推銷洽談中，針對顧客的需求展示推銷品的功能，滿足顧客的需求，只有當顧客真正認識到推銷品的功能和利益，感受其所帶來的滿足感，才能產生購買動機。

一種推銷品往往有多種功能和利益，但不同的顧客對該產品有不同的需求。例如，小轎車既是一種代步工具，也是身份、地位的象徵，由於性格、職業、經濟情況、年齡、性別等方面的不同，決定了顧客對小轎車的需求不同。推銷員要善於發現顧客的需求，並緊緊圍繞著這個需求展示推銷品的功能和利益。只有針對顧客的需求傳遞推銷品

的信息，展示推銷品為顧客帶來的利益，才能真正地激發顧客的購買慾望，最終達成交易。例如：象牙肥皂「不強調肥皂品質好，而以象牙肥皂令您身心清爽、愉悅」作為滿足客戶購買需求的利益點。

3. 恰當的處理顧客異議

在推銷洽談中，顧客接受到推銷人員傳遞的有關推銷品的信息後，經過分析會提出一系列的看法和意見，這就是顧客異議。顧客異議處理不好或不排除，就很難說服顧客達成交易。可見，處理顧客異議是推銷洽談的關鍵任務。在推銷洽談中，推銷人員要學會運用各種方法和技巧，解答顧客的疑問，妥善處理顧客異議，幫助顧客認識推銷品，才能取得顧客的信任，才有可能實現交易。

4. 促使顧客做出購買決定

對於顧客來說，做出購買決定通常是重要而又困難的一步。儘管顧客對推銷品發生興趣並且有意購買，但他仍然可能會猶豫，以致沒有勇氣做出購買決定。所以，推銷人員必須強調顧客購買推銷品所能得到的利益，滿足顧客的特殊要求，給予顧客一些優惠，如在價格、結算、交貨期、售後服務等方面給予對方優惠和保證，強化顧客的購買慾望，為顧客最終做出購買決定而努力。

總之，推銷洽談的目標在於溝通推銷信息，誘發顧客的購買動機，刺激顧客的購買慾望，催促顧客採取購買行為，最終目的還在於達成交易，推銷產品。

第二節　推銷洽談工作的內容

推銷洽談涉及面很廣，內容豐富，不同商品的推銷，各有不同的洽談內容，但基本內容如下：

1. 商品品質

商品品質是商品內在品質和外觀形態的綜合，是顧客購買商品的主要依據之一，也是影響價格的主要因素。所以，商品品質是推銷洽談的主要內容之一，推銷員必須全面地向顧客介紹推銷品的品質、功能和外觀特點，讓顧客對推銷品有一個全面的瞭解，可以把商品獲得的品質標準（如國際標準，國家標準，部頒標準，通過了 ISO9001、ISO9002、IS01400 國際認證等）介紹給顧客。

2. 商品價格

成交價格的高低，直接影響交易雙方的利益，所以價格是推銷洽談中最重要的內容，也是洽談中極為敏感的問題。推銷人員應認識到，價格低的商品不一定暢銷，價格高的商品也不一定沒有銷路。因為，任何顧客對商品價格都有他自己的理解，顧客對價格有時斤斤計較，有時又不十分敏感，主要取決於顧客需求的迫切程度、需求層次、支付能力和消費心理等。

在價格洽談中，推銷人員要處理好下面幾個問題：第一，推銷人員要掌握好價格水準；第二，先談商品的實用性，後談價格；第三，推銷人員要向顧客證明自己的報價是合理的。

3. 商品數量

成交商品數量的多少直接關係到交易規模以及交易價格，商品的

數量是指按照一定的度量衡來表示商品的品質、個數、長度、面積、容積等的量。在推銷洽談中，買賣雙方應協商採用一致的計量單位、計量方法，通常情況下是將數量與價格掛鈎的。成交數量大時，通常商品的價格都會有一定的優惠。

4. 銷售服務

推銷人員應從自己企業的實際出發，本著方便顧客的原則，為其提供優良的服務。所涉及的服務項目有：按時交貨、維修、運送、安裝、養護、技術指導、提供零配件等。在洽談過程中，推銷人員和企業應儘量滿足顧客的正當要求，以解除顧客的後顧之憂。

5. 保證條款

保證性條款的主要內容是擔保。在商品交易活動中，賣主對售出的商品要承擔某種義務，以保證買方的利益，這種賣方的義務和責任稱為擔保。一項日期較長，數量、金額較大，風險較大的商品交易，權利方都要求義務方提供擔保。為限制賣方售貨後不執行擔保行為，有必要洽談保證條款。

為了預防意外情況和隨機因素對合約執行的影響，應就合約的取消條件以及履約和違約等有關權利、義務進行洽談，並對合約糾紛中引起的訴訟及處理辦法進行協商，以免引起不必要的麻煩。

第三節　推銷洽談工作的策略

在洽談過程中，採用合適的洽談策略，可以起到事半功倍的作用，創造和保證良好的洽談氣氛，使洽談順利進行。

1. 先瞭解顧客的心理策略

在與顧客進行洽談之前，需要瞭解顧客的基本情況，具體包括顧客的需要、顧客的工作情況、顧客對推銷員的態度、顧客的奮鬥目標等。掌握了這些情況，就能做到心中有數，有準備地與顧客進行推銷洽談。

2. 要為顧客著想策略

在推銷洽談中，如果推銷員能夠設身處地地為顧客著想，即完全理解顧客，知道顧客心裏想什麼，就可對症下藥，使推銷洽談更富有成效。

推銷人員是否真能理解顧客，特別是當顧客行為反常或出乎意料時，推銷人員能想像出顧客在想什麼嗎？知道顧客想什麼，想顧客所想，推銷洽談才會更有針對性，更有成效。

3. 推銷員要察言觀色策略

如果推銷員在洽談中僅是一味固執地按事先定好的計劃行事，不密切注意顧客的反應，推銷洽談就可能無法進行下去。

「處處留心皆學問」，察言觀色是指在推銷洽談中，要密切觀察顧客的言談舉止、態度和意向。根據顧客的反應來調整自己的推銷方案，小心謹慎地進行洽談。

4. 推銷洽談時要注意傾聽

推銷洽談是一項技巧性、藝術性都很強的工作，隨著推銷品、推銷對象、推銷環境的變化，每一次推銷洽談都會有不同的特點和要求，推銷人員應根據具體情況具體分析，靈活機動地做好洽談工作。

推銷人員成為顧客的忠實聽眾，顧客就會感到你是尊重他、重視他的，是真誠的，確實願意與他合作，這樣，顧客就會把你視為知己，在後面的洽談中就會採取友好合作的態度，從而有利於達成協議。相反，推銷人員對顧客談話心不在焉，冒昧地打斷顧客談話，或一味地囉裏囉嗦，不給顧客發表意見的機會，就可能引起顧客反感。

在與顧客從事推銷洽談時，不少推銷人員認為做交易就要有個「商人嘴」，要能說會道，於是口若懸河，滔滔不絕，不給顧客表達意見的機會。這樣一來，很容易引起顧客的反感。日本推銷之王神原一平說道：「就推銷而言，善聽比善說更重要。」因此，推銷人員在推銷中應當做到「多聽少說」。認真傾聽顧客談話是推銷成功的秘訣之一。

有一位汽車推銷人員，經過朋友介紹去拜訪一位曾經買過他們公司汽車的客戶。一見面，這位推銷人員照例先遞上名片：「我是某某汽車推銷人員，我姓……」才說幾個字，就被客戶以十分嚴厲的口吻打斷，並且開始抱怨當初他買車時種種不悅的過程，其中包含了報價不實、內裝及配備不對、交車等待過久、服務態度不佳……講了一大堆，結果這位新推銷人員被他嚇得一句話也不敢說，只是靜靜地在一旁等待。終於，等到他把之前所有的怨氣一股腦兒吐完，稍微喘息一下時，才發覺這個推銷人員好像以前沒見過，於是便有一點不好意思地回過頭來問他說：「年輕人，你貴姓啊，現在有沒有好一點的汽車，拿份目錄來看看吧！」三

十分鐘後，推銷人員拿著兩輛車的訂單高興地走了。

其成功的原因就在於顧客的一句話：「我是看你老實又很尊重我，才向你買車的。」

推銷人員可以從顧客的述說中把握顧客的心理，洞察顧客的態度、意圖和條件，知道顧客需要什麼、關心什麼、擔心什麼。這樣，才便於在其後的洽談中，針對這些情況提出自己的對策，從而增加說服的可能性。

精力集中、專心致志地聽，是傾聽藝術的最重要、最基本的方面。心理學家的統計證明，一般人說話的速度為每分鐘 180 到 200 個字，而聽話及思維的速度大約要比說話快 4 倍多。所以，對方的話還沒說完，聽話者大都理解了。這時，聽者可能就容易「溜號」。如果恰好在此時，顧客提出問題或傳遞了一個至關重要的信息，而推銷人員心不在焉沒有及時反應，就會錯失推銷良機。

要使自己的傾聽獲得良好的效果，不僅要潛心地聽，還必須有回饋的表示，比如點頭、微笑、雙眼注視顧客或輕聲附和。這樣，顧客會因為推銷人員如此專心地傾聽而願意更多、更深地袒露自己的觀點。

有關專家測試，一般的顧客在 17 分鐘後開始對推銷員講解失去興趣，感到厭煩，想起他們要做的或應該做的事來，不再注意聽了。此時，推銷員也有可能失去成交的機會。因此，應在 17 分鐘內給顧客更多的積極感情，爭取取得成功。

當已經明白了顧客的意思時，也要堅持聽完對方的敘述，不要因為急於糾正顧客的觀點而打斷顧客的談話。即使是根本不同意顧客的觀點，也要耐心地聽完他的意見。

5.參與說服策略

在推銷洽談中，如果推銷員把一個意見說成是自己的，可能招來顧客的攻擊，因為攻擊顯示了顧客存在的價值。因此，推銷員總是把自己的意見「裝扮」成顧客的意見，在自己的意見提出之前，先問顧客如何解決問題，在顧客提出自己能夠接受的設想後，儘量承認這是顧客的創見，解決問題的最佳方案是顧客提出來的。這就是參與說服策略的要點。在這種情況下，顧客是不會反對的，因此他們感到自己受到尊重，意識到反對這個建議、方案就是反對自己。

運用參與說服策略必須注意兩點：

(1)讓顧客參與的過程開始得越早越好；

(2)讓顧客參與的難度越小越好。

6.事實運用策略

在推銷洽談中，推銷員用事實支持自己的觀點是取得顧客信任、說服顧客的便捷之道。運用事實時，推銷員應盡可能具體地展示事實、運用事實，實事求是是最基本的要求。不言過其實，不吹牛誇口，是取信於顧客的重要條件。在洽談中，推銷人員口氣小一些，餘地留大一些，更能說服顧客。

7.尋找共同點策略

推銷洽談幾乎無一例外都是從尋找共同點開始的。因為無論推銷員還是顧客，接受不同意見或相反意見的速度都較慢，而從相同部份入手則顯然較快。如洽談剛開始，推銷員可談一些與推銷無關的話題，以形成一種輕鬆的氣氛，談一些雙方感興趣的話題，以形成一種和諧的氣氛，這樣可縮短與顧客之間的感情距離，為推銷洽談打下良好的感情基礎。

8. 妥協讓步策略

妥協讓步也是一種推銷洽談的策略技巧。在推銷洽談中，推銷人員要成功地推銷商品，還必須學會讓步，特別在處於買方市場的局勢下，推銷洽談更應該注意有計劃地實施讓步策略。這種讓步策略以退為進，纏住對方，最終按計劃成交。

讓對方表明成交的要求，使自己的讓步計劃藏而不露，不能讓步太快，晚點讓步比較好一些；注意讓步幅度，即一次讓步幅度不能太大，要與對方的讓步幅度同步或相近；

不做出無謂的讓步，每次讓步應從對方獲得某些益處，有時也做出一些對己沒有損失的讓步，可在小問題上讓步，逼對方在重要問題上讓步。

第四節　推銷洽談工作的步驟

推銷員在實際推銷活動中，總是要面對各種各樣、形形色色的顧客。為了推銷的成功，推銷人員使用的推銷方法、方式也要因人而異，不能千篇一律，推銷員在推銷洽談前，認真準備有關推銷洽談的各種資料和知識，針對不同顧客，擬訂具體的推銷洽談計劃，制定解決顧客異議的方案。只有這樣，推銷人員才能根據不同的顧客將推銷洽談內容分出主次，突出重點，採用不同的方式、方法而進行洽談。

推銷洽談計劃是推銷人員在對顧客的相關信息進行全面分析、研究的基礎上，根據推銷品及企業的特點，為本次推銷洽談制定的總體設想和具體實施步驟。

1. 確定推銷洽談的目標

對推銷洽談取得的成績，作一個預期評價，對洽談將要出現的結果進行預先安排。洽談可能取得的成績，可分為以下兩個層次：

首先，是本次洽談的最低界限。例如，讓顧客確認自己對推銷品有需求，顧客能認同推銷品給其帶來的利益等。

其次，是本次洽談要取得的成績。例如，有效處理顧客異議或達成銷售訂單。

2. 確定推銷洽談的時間、地點

洽談的時間安排是否得當，直接影響到洽談的效果，有時甚至會成為決定洽談成敗的關鍵，推銷人員應根據洽談雙方的日程安排、最後的決定期限等來考慮洽談時間的安排。洽談地點的選擇，需要考慮現場環境佈置和洽談位置安排兩個方面的問題。

一般來說，洽談的現場佈置首先應該注意洽談室內外應寬敞、明亮、優雅、舒適，這樣能夠使洽談人員以輕鬆愉快的心情參與洽談。洽談人員的位置安排是一個非常重要的問題，雙方是面對面坐著還是隨意角度，反映了不同的意義，有著不同的效果。

洽談位置的安排通常有桌角式、合作式、對抗式和獨立式幾種佈置。所謂桌角式，就是指洽談雙方都坐在靠近桌子的同一個桌角，這樣，雙方有自由的目光接觸，介紹資料方便，心情也比較輕鬆。

所謂合作式，是指洽談雙方都坐在桌子的同一邊，位置相對靠近，這樣有利於增強洽談的氣氛，使雙方的合作意識在不知不覺中增強。同時，在介紹第三者加入會談時，在座位上也很好協調。

對抗式是指洽談雙方隔桌對坐，這種安排會給人一種競爭的氣氛，暗示某種對抗情緒，但有時也是表示一種正式、尊重、禮貌和平等。

3. 選擇推銷洽談的策略和方法

推銷洽談的方法是一門技術,更是一門藝術。它需要推銷人員在推銷洽談中針對不同的推銷品、不同的顧客,靈活地採用不同的策略和方法,推銷洽談之前,推銷人員必須準備好洽談的策略與方法。

4. 推銷洽談的工具準備

推銷人員在推銷過程中不能單純靠說話,還需要利用各種推銷工具。

在推銷洽談之前,推銷人員應儘量收集和準備各種有說服力的推銷證明資料。例如,顧客的感受、報紙雜誌的宣傳報導、同類產品性能及特點的對比表等,供在推銷洽談中適時地出示、說明。不同的推銷證明材料,可以從不同的側面增加產品的可靠性,有利於顧客在心理上產生安全感。

包括推銷人員的名片、介紹信、訂購單、合約書、筆記用具、印鑑、小禮品等。

推銷人員應盡可能隨身攜帶一些推銷品,在推銷過程中可以直接展示給顧客,有助於激發顧客的購買慾望。推銷人員要善於利用推銷品,通過直接的操作、演示說服顧客。

推銷人員應攜帶一些文字資料,包括產品種類介紹及說明書、產品價目表、企業簡介等。利用文字資料輔助推銷,一是成本低廉,簡便易行;二是它對推銷品的介紹要比語言詳盡、全面、系統,有較強的說服力。但是,文字資料難以做到因人而異地介紹產品,故應配合其他推銷工具一起進行推銷。

在推銷品難以攜帶的情況下,推銷人員可以利用推銷模型來替代,讓顧客親自看一看,試一試。這也能起到刺激顧客的購買慾望、增強顧客購買信心的作用。

圖片資料主要有圖表、圖形、照片等。在推銷品或推銷模型難以攜帶的情況下,生動、形象的圖片資料能對顧客產生較強的說服力和感染力,使顧客通過視覺加深印象,直接引發顧客的購買慾望。

5. 報價階段

報價階段指的是賣方就商品或服務的價格,向買方提出意見的過程,是洽談過程中的一個重要階段。推銷人員在瞭解了顧客,判明了顧客的真正目標之後,在顧客可以接受的範圍內,並結合自己的推銷目標,正式提出一系列交易條件。在報價的過程中,推銷人員應該嚴肅、認真、果斷、準確、清楚,並留有餘地。

為了進一步摸清對方的原則、態度,可以從主要問題、期望目標、主要原則、變通措施等開始陳述或提出倡議。

摸底階段也通常稱為「破冰」的階段。洽談雙方在這段時間內相互熟悉和瞭解,對於正式談判的開始起到了良好的鋪墊作用。這個階段的時間控制在談判總時間的 5%之內是比較合適的。比如,長達 4 小時的談判,那麼用 10 分鐘的時間來「破冰」就足夠了。如果談判要進行好幾輪,並要持續數日,則「破冰」的時間相應也要增加。在這段時間裏,雙方應按照一定可行的方式進行交往,也可以談談天氣等,增進彼此之間的瞭解。

在磋商階段,洽談的雙方通過公開爭論,並施展各自的策略、手段,說服對方接受自己的條件或做出一定程度的讓步。在洽談過程中,顧客總是首先討價還價,這是符合購買心理的。推銷員必須認真分析顧客討價還價的真正動機,然後再明確自己的態度。在確定必須要做出讓步時,推銷員要注意:不要做無利益的讓步;讓步要把握好時機;在次要問題上推銷員首先做出較小的讓步,以使顧客在一些重要問題上做出讓步;每次讓步幅度不宜太大、太快,應步步為營;在

價格問題上應堅持「報價高，還價低」的原則。總之，推銷員在討價還價中應充分利用自己的能力、智慧、經驗，確保自己始終處於主動地位。

6.進一步再約談或成交階段

成交是推銷洽談的最後階段。經過上述幾個階段的洽談，情況逐漸明朗，雙方意見逐步統一，基本達到自己的理想，便可拍板成交，簽署購銷合約。

第五節　推銷洽談的有效方法

推銷洽談是一門技術，更是一門藝術。在推銷洽談中，推銷人員要針對不同的產品，不同的顧客，靈活地採用適宜的推銷洽談方法，說服顧客，激發顧客的購買慾望，最終達成交易。顯然，推銷人員必須掌握嫻熟的推銷洽談方法。

例如向一個母親推銷一種清潔服務，沒有必要讓她去瞭解使用清潔劑的品牌，只是告訴她，專業清潔人員會把她的家居清理得多乾淨就可以了。要取得一個家庭主婦的信任，一定要強調「家的感覺」而非強調「房子」。房子是由無生命的材料組成的，而家則是由住在裏面的人組成的。一般推銷員過於注重事實，而不注重感情、環境，希望顧客都完全按邏輯來購買東西，那是很難達成交易的。

為了能最終成功地開展推銷洽談，推銷員可以運用的方法很多，可分為提示法、演示法和介紹法。

(一)演示法

演示法又稱直觀示範法，是推銷人員運用非語言的形式，通過實際操作推銷品或輔助物品，讓顧客通過視覺、聽覺、味覺、嗅覺和觸覺直接感受推銷品信息，最終促使顧客購買推銷品的洽談方法。

在推銷過程中，演示法的作用是非常大的。推銷人員在推銷洽談中不僅要向顧客介紹推銷品的優點，還要運用演示或示範的方法，證明推銷品的優點。通過示範表演，能讓顧客親眼看到或親身體驗到，購買推銷品能給他帶來的好處和利益，證實推銷品的性能和特點。這對於喚起顧客的注意力，使顧客對推銷品產生興趣，堅定其購買決心有著重要的作用。

1. 產品演示法

產品演示法，是指推銷人員通過直接演示推銷品來達到勸說顧客購買推銷品的洽談方法。以推銷品本身作為比較有效的刺激物進行演示，既可演示商品的外觀、結構，又可演示其性能、效果、使用方法、維修保養等。這樣可以使顧客對產品有直觀的瞭解，產生強烈的印象。

例如，在車站、碼頭、街口等處常見到一些推銷人員站在顯眼處，從口袋裏掏出一瓶髒油水倒在手帕上，頓時把一塊乾淨的手帕弄得很髒，但還不甘休，又把手帕扔在地上，用鞋底來回搓、踩，然後賣貨人拾起髒手帕，又掏出另一瓶什麼清潔劑倒一點在手帕上搓了幾下，放在一碗清水（先喝了一口，以證明無其他物質）裏洗了洗，取出來又是一塊潔白的手帕。

推銷人員用事實證明瞭推銷品的功能和性能，真實可信，這是語言提示所無法表述的信息。

為了有效地使用產品演示法，推銷人員演示速度適當，一邊演示一邊講解，製造推銷氣氛。

　　推銷人員向顧客演示商品，特別是新產品時，操作演示的速度要放慢；對於老商品或技術含量不高、操作簡單的產品，操作速度可以適當加快。同時，要針對推銷要點和難點，邊演示邊講解，要講、演結合，開展立體化的洽談，努力引起顧客的注意和興趣，充分激起顧客的積極性，製造有利的洽談氣氛。

　　鼓勵顧客參與演示，把顧客放入推銷情景中。推銷洽談作為一個雙向溝通過程，推銷人員和顧客都是推銷活動的主體。因此，在使用產品演示法時，應鼓勵顧客參與表演操作。例如，汽車推銷人員可以請顧客試車，食品推銷人員可以請顧客試嘗，服裝推銷人員可以請顧客試穿等。但是，有些商品是不能交給顧客試用的，也有些顧客不會操作推銷品，這時推銷人員應該親手為顧客演示，充當主角，鼓勵顧客參與演示，邀請顧客做助手。這樣做有利於形成雙向溝通，發揮顧客的推銷聯想，使顧客產生推銷認同，增強洽談的說服力和感染力，提高洽談效率，激發顧客的購買信心和決策認可程度。

2.文字、圖片演示法

　　在不能或不便直接演示推銷品的情況下，文字、圖片演示法是指推銷人員通過展示有關推銷品的文字、圖片資料，來勸說顧客購買的洽談方法。

　　文字、圖片演示法既準確可靠又方便省力，能生動、形象地向顧客介紹推銷品，傳遞推銷信息。這種圖文並茂、生動形象的推銷方法，不僅容易被顧客接受，而且會對顧客產生強大的感染力。

　　在推銷過程中，所演示的文字、圖片資料作為一種推銷工具，應該與推銷目的保持一致。要根據洽談的實際需要，廣泛收集相關的文字、圖片資料，展示給顧客。

　　文字、圖片都是視覺信息媒介，兩者關係十分密切。在演示過程

中，二者相配合，既有實物圖片又有實物說明，既有情景圖片又有情景介紹，圖文並茂，易於顧客接受。

3. 音響、影視演示法

音響、影視演示法是指推銷人員利用錄音、錄影、光碟等現代工具進行演示，勸說顧客購買推銷品的洽談方法。越來越多地運用現代推銷工具，是現代推銷的發展趨勢之一。

許多企業為自己的產品推銷拍系列講座，以及電視直銷、消費嚮導等，都是在為自己的產品做推銷，效果都是不錯的。

音響、影視演示融推銷信息、推銷情景、推銷氣氛於一體，易使顧客產生陶醉、迷戀，留下深刻的印象，並具有很強的說服力和感染力。同時，這種方法還有利於消除顧客異議，提高推銷的成功率。

4. 證明演示法

證明演示法是指推銷人員通過演示有關的證明資料，或進行破壞性的表演，來勸說顧客購買推銷品的洽談方法。推銷洽談既是向顧客傳遞信息的過程，又是說服顧客採取購買行動的過程，成功的關鍵在於取信於顧客。為了有效地說服顧客，推銷人員必須拿出推銷證據來，如生產許可證、品質鑑定書、營業執照、推銷證明等相關證據。

有時，推銷人員也可以通過破壞性、戲劇性的表演來證明推銷品，說服顧客。例如，消防用品的推銷人員推銷防火衣，將推銷品放進一個鐵桶中，再向鐵桶中丟一把火，等火熄滅後把防火衣拿出來展示，產品完好無損，以此來證明該防火衣的品質很好。

一個滅火器的推銷人員，把一定數量的特殊滅火劑泡沫噴灑在自己的手上，然後用噴火槍對著自己的手噴射，以此證明他所推銷的商品的品質。

(二)介紹法

介紹法是介於提示法和演示法之間的一種方法,是推銷人員利用生動形象的語言介紹商品,勸說顧客購買推銷品的洽談方法。

1. 直接介紹法

直接介紹法是推銷員直接介紹商品的性能、特點,勸說顧客購買的方法。這種方法的優點是省時、高效。例如,「這種洗衣機是大波輪、新水流,衣服不纏繞。」直接介紹出商品的優點,提出了推銷重點。「一週年店慶,全部商品一律八折」,這是直接介紹商品的低廉價格,吸引顧客購買。使用這種方法應針對顧客的不同購買心理,抓住推銷重點直接向顧客介紹;

2. 間接介紹法

「這套西裝採用進口生產線縫製,韓國面料,您看這做工……」,通過介紹西裝的製作設備、面料、做工來間接證明其優良品質,這裏採用的就是間接介紹法。這種方法,往往不直接說明產品的品質、能帶來的利益等,而是通過介紹與它密切相關的其他事物來間接介紹產品本身。

3. 邏輯介紹法

邏輯介紹法是推銷人員利用邏輯推理,來勸說顧客購買商品的洽談方法。

「如果少花錢能多辦事,您肯定喜歡。這種產品就可使您做到這一點,所以您肯定會喜歡。」這是典型的推理介紹,是一種以理服人、順理成章、說服力很強的方法。

一般來說,在向專家、技術人員、教育文化水準較高的顧客推銷商品時,應儘量多用這種方法介紹。因為他們懂技術,有專長,具有科學思維能力,注重理性判斷,決策能力強。尤其是推銷複雜產品、

貴重產品和新產品時，有針對性地進行邏輯推理介紹，會激起顧客的理性思維。

(三)提示法

推銷員在推銷洽談中利用語言的形式啟發、誘導顧客購買推銷品的方法。提示法大多用於推銷人員向顧客介紹完商品，顧客還在猶豫時，推銷人員採用提示法則可以進一步引起顧客注意，刺激顧客的購買慾望。

1. 直接提示法

直接提示法，是指推銷人員直接向顧客呈現推銷品的利益，勸說顧客購買推銷品的洽談方法。採用直接提示法，可以節省洽談時間，提高推銷效率，符合現代人快節奏的工作和生活習慣，也是最常用的推銷洽談的方法。

例如：推銷員向顧客推銷手機，在全面介紹完產品後，推銷人員又說：「本週我們公司正在做優惠活動，如果您在我們優惠活動期間購買我們公司生產的手機，就會有四重驚喜：贈送毛毯一件，免費獲得 GSM 卡一張，彩信下載卡一張，並獲得產品終身維修卡，很實惠的。」

推銷人員在運用直接提示法時，一定要實事求是地向顧客介紹推銷品，決不能採用誇大、虛構的方法欺騙顧客。同時，推銷人員還必須注意提示的內容要易於顧客理解和接受。如：對一般的顧客，提示的語言要通俗易懂，切忌使用專業化的語言。而對專業人員，推銷人員的提示則應突出專業化知識。

2. 間接提示法

在推銷洽談過程中推銷人員會遇到各種各樣的顧客。有的顧客性

子急，喜歡直來直去，這樣的顧客應採取直接提示法，對於老成持重、剛愎自用、自尊心較強、感情細膩等類型的顧客適合採用間接提示法。所以，推銷人員應該根據洽談內容和洽談對象來選擇提示方法。

推銷員不直接推銷產品，而是通過其他信息傳遞管道，間接地勸說顧客購買推銷品的洽談方法。在現代推銷環境中，應該盡可能地運用直接提示法，提高洽談效率。但是，在許多特定的情況下，則要避免直接提示法，而應該採用間接提示法，即間接地把推銷品能夠給顧客帶來的利益傳遞給顧客。這種方法有助於營造良好的洽談氣氛，有利於消除推銷異議，有利於洽談的順利進行。

例如：冬季商品的推銷人員在推銷過季商品時，面對顧客的猶豫，說：「現在是換季，冬季商品才會打折的，你看這品質怎麼會打六折呢？在冬季你是不可能花這麼少的錢就買到這麼好的商品的。如果等到明年應季時再買，商品就可要恢復原價了。」

推銷人員沒有直接說明推銷品的價格便宜，而是巧妙地提醒顧客如果錯過季節優惠，將會支付更多的貨幣，暗示顧客現在購買所能得到的利益。又如：洗髮用品的推銷人員對顧客說：「您看，現在的年輕人都喜歡追潮流，前幾年流行離子燙，今年又流行什麼捲髮，叫什麼空氣靈感燙。」顧客：「是啊。」推銷人員：「漂亮是漂亮，就是頭髮這麼來回折騰，髮質就會受損，變得乾枯、易斷，沒有光澤和彈性了。」顧客：「就是的，還枯黃。」推銷人員：「我們公司生產的洗髮用品是專門針對受損髮質研究生產的，效果很好，您買一瓶試試？」

由於一般顧客以為接受了推銷人員的意見，就意味著接受了推銷人員所推銷的產品，故在洽談過程中心存抵觸，故意製造一些異議，設置推銷洽談的障礙，無論如何都不被推銷人員說服。為了減輕顧客

心理壓力，消除洽談的無關異議，製造良好的洽談氣氛，可以虛構一個推銷對象或提及第三者作為推銷對象，使顧客覺得是在討論別人而不是在說自己。

3. 明星提示法

明星提示法也可稱名人提示法，主要是指推銷員借助名人引人注意、強化事物、擴大影響的效應，說服顧客購買推銷品的洽談方法。明星提示法作為一種有效的洽談方法，對於消除顧客的疑慮，充分激起顧客的購買情感，誘發顧客的購買慾望，導致最終的購買行為有極大的促進作用。

例如：「勞力士」牌手錶是瑞士日內瓦生產的一種高檔名表，其設計和推銷的對象是世界各國的上層社會名流，於是推銷商就費盡心思找名人為其說話。

著名登山健將梅斯納曾經就是瑞士「勞力士」手錶的產品代言人。梅斯納說：「我常登山，『勞力士』是最好的手錶。」

使得很多的登山愛好者都傾慕於「勞力士」手錶。

4. 聯想提示法

聯想提示法是指推銷人員通過提示事實，描述某些情景，使顧客產生某種聯想，刺激顧客購買慾望的推銷洽談的方法。

運用聯想提示法，推銷人員的舉止、表情要有助於引導顧客產生聯想。

提示的語言要有感染力，要有助於引導顧客產生聯想，提示的語言必須真實、貼切、可信。

5. 邏輯提示法

所謂邏輯提示法，是指推銷人員根據一系列的事實和論據，使用一定的推理方法，勸說顧客購買推銷品的一種洽談方法。邏輯提示法

主要是針對顧客的理智動機。它是通過邏輯的力量，促使顧客進行理智思考，從而明確購買的利益與好處，並最終做出理智的購買抉擇。

例如：「先生，您看現在房地產的價格天天上漲，如果您將錢存入銀行，再過幾年，您這些錢連本帶息恐怕只能購買這一半大小的房子了，我勸您現在就買下這棟漂亮的房子！」

房地產推銷人員的一番邏輯推理，反映了市場經濟發展的規律，有較強的說服力。

邏輯提示法更多的是針對理智型的顧客，不同類型的顧客具有不同的購買動機和購買行為，因此應分別使用相應的提示方法。對於專業人員、技術專家或知識層次較高的顧客，應儘量使用邏輯提示法，針對顧客的理性動機，以理服人。因為這些顧客具有較高的購買決策能力和分析能力，懂管理技術或產品技術，具有高度科學的思考能力，習慣於理性思維，善於做出正確的比較和評價，不容易受情感因素的影響。在推銷複雜產品、貴重產品和新產品時，也要儘量使用邏輯提示法，在購買這些推銷品時，顧客會進行理智的思考，而不會輕率做出購買決策。

第 **5** 章

產 品 演 示

推銷員要想成功將企業的產品推銷出去,就必須掌握推銷技巧,應掌握產品展示技巧,應清楚並靈活地將產品的特性介紹給顧客,引發顧客的興趣。

第一節　推銷員介紹產品的 5 個 W

推銷員要想成功將企業的產品推銷出去,你就必須掌握推銷技巧,有必要應掌握產品展示技巧。

產品是指能為購買者帶來有形與無形的利益,滿足消費者需求的統稱,推銷員應清楚並靈活地將產品的種種特性介紹給準顧客,引發顧客的興趣。

一、先回答客戶的 5 個「W」

銷售員在策劃如何介紹產品時，可以考慮以下 5 個「W」，這些都是每個顧客非常關心的問題，就是對這 5 個問題都需要進行解答。如果銷售人員不給以解答，顧客未必會主動要求解答。最後，顧客很可能會心生疑慮，而不會購買產品

1. 你為何來

你為何來（Why）這個問題具體包括：

⑴銷售人員為什麼來拜訪顧客？

⑵顧客為什麼要騰出時間聽銷售人員介紹所銷售的產品？

⑶顧客為什麼要買產品？

這幾個「為什麼」的問題在銷售人員去見顧客之前就必須加以注意。若在拜訪開始時即讓顧客明白拜訪原因，往往會產生較好的效果。

2. 產品是什麼

產品是什麼（What is it）是指銷售人員向顧客銷售產品時，必須讓顧客瞭解產品，向顧客說明產品能給顧客帶來的利益。因此，銷售人員在與顧客面談時，應向顧客說明產品與顧客利益之間的關係及其重要性，只有這樣，顧客才有可能靜下心來，專注於銷售人員對產品的銷售。

3. 誰談的

在銷售工作中，銷售人員要使顧客對自己所銷售的產品有信心，並認為與自己交易是可靠的、有保障的。顧客對銷售人員的人格非常重視，他會細心體察銷售人員的談話，並對「誰談的」（Who says so）這個問題相當感興趣。因此，企業的名譽、經驗、信用等是非常重要

的問題，銷售人員應善加運用，不要以為顧客對銷售人員所屬企業已十分瞭解就忽視了這一環節。

4. 誰曾這樣做過

誰曾這樣做過（Who did it）的「誰」是指曾購買過銷售人員的商品並從中獲益的人。若這位顧客與銷售人員原先的顧客是舊識，那麼，這種方法往往更能發揮效用。當然，銷售人員也可列出顧客名單、獲得的表揚、獎狀等來獲取顧客的信任。

5. 顧客能得到什麼

顧客能得到什麼（What do I get）這個問題是銷售人員必須回答的。他要告訴顧客一定可以從這筆買賣中獲得的利益及利益的具體內容，讓顧客相信該交易是值得的。銷售人員應向顧客詳細說明他可以從交易中獲得的好處，如所能節約的時間、所能降低的成本、所能帶來的便利、所能增加的安全性、所能擴大的銷路等。

二、要設法激發客戶的購買慾望

銷售員在向顧客介紹產品之前，一定要作好計畫。計畫內容包括介紹產品各方面性能的先後次序，甚至包括示範動作的一招一式。產品所具有的性能特點非常多，作計畫一方面可以保證介紹時不會有所遺漏，而且可以有效地安排先後次序，及時激起顧客的積極性，避免顧客產生倦怠的心理；另一方面可使示範工作有條不紊地進行，避免手忙腳亂而出現失誤。而且，在作計畫的過程中，經過多次練習，能夠作到熟練操作，使顧客感到銷售人員是這方面的專家，並對其產生信任感。

事先作計畫，還包括要對顧客可能提出的各種疑問作好充分的準

備，並在適當的時刻及時予以說明，解決顧客可能存在的疑惑，使顧客感到銷售人員能想自己之所想，從而對銷售人員產生好感。作好計畫還包括：銷售人員應事先計畫如何控制好銷售的節奏，做到有鬆有緊、有張有弛；要充分激起顧客的積極性，並在顧客注意力分散時及時採取措施，將顧客的注意力重新吸引到你希望他注意的方向上來，在銷售過程中始終把握銷售的主動權。

銷售員在從尋找顧客到達成交易的整個銷售過程中，不可避免地會遇到顧客的各種異議。銷售過程實質上就是處理異議的過程，顧客的異議得到妥善的處理，銷售才能進入下一個階段。否則，銷售工作就會被迫中斷。銷售人員必須隨時作好心理準備和準備，善於分析和處理各種顧客異議，努力促使顧客作出購買行為。

在努力引發顧客的興趣之後，下一步就是激發顧客的購買慾望。讓顧客從感興趣到具有購買欲還有相當一段路程，在這一階段，銷售人員和顧客進行的是一場心理戰，迅速而準確地把握住顧客的心理，並在適當的時機點破顧客的疑慮，激發客戶的購買慾望，都是相當重要的。

刺激對方的購買欲，就是要讓顧客明確地認識到他的需求是什麼，而你的產品正好能滿足他的需求。主動找顧客去銷售與顧客去商店選購是不同的。顧客往往是有了明確的需求才去商店裏尋找需要的商品；而你帶著商品上門時，他們往往並沒有明確地意識到自己是否需要這種產品，有許多顧客或許認為根本就不需要。

這時，就需要你根據顧客的興趣來找出他的需求，甚至為顧客創造需求，然後再將其需求明確地指出。如有可能，還應向顧客描述他擁有你的產品需求得到滿足後的快樂，激發顧客的想像力。例如，你銷售的產品是打字機，當你向顧客展示產品後，顧客對產品各方面都

感到滿意，並且表現出了興趣。但你發現他只是有興趣而已，並沒有購買欲，因為他沒有想到打字機對他有什麼用處，他並沒有對打字機的需求。在整個交談過程中，你獲知你的顧客有一個正在讀書的女兒，此時你不妨來為他創造一下需求，告訴他：「如果你女兒有這麼一台打字機，我想，不用多久她一定能打出一手好字來的。」聽了你這句話，顧客會在心裏想：「對呀！我怎麼沒想到女兒需要一台打字機呢？」如此一來，他就有了購買欲。如果你再刺激他去想像女兒因為能打一手好字而在將來的競爭中處於優勢，那麼你成功的把握就更大了。

促使顧客想像，就是要讓他覺得眼前的商品可以給他帶來許多遠遠超出商品價值之外的東西，一旦擁有，甚至會給他帶來一個新的世界、新的生活。當然，你啟發顧客想像應該基於現實的可能，而不應胡思亂想。為顧客指出他的需求時應委婉，不可過於直截了當，最好不要用諸如「我想，您一定需要……」或「買一件吧，不會有錯的」這樣的話，這會使對方感到你強加於人，不免引起逆反心理。

第二節　選擇適當的展示技巧

演示技巧可以在推銷中發揮巨大的作用,它有助於推銷活動的進行,是成功推銷的技巧之一。

出去推銷產品時,時刻都要注意將產品演示給顧客看,因此就很有必要談談演示技巧的運用。總的來說,有效的演示是經過週詳的規劃、反覆演練以及定期檢查改進而達到的。

1.要針對不同顧客的心理特點

前面說過,消費者的行為心理對購買行為有很大的影響。當顧客對某一商品產生需求慾望時,你就應該抓住這一機會,在向顧客作推銷說明時做好示範的工作。因此,你首先必須對顧客的情況進行瞭解。

要做到這一點,你應該向自己提出下面兩個問題:

(1)為了使產品滿足顧客的需要,應該瞭解那些情況?

(2)為了瞭解情況,應該向顧客提出那些問題?

這時如何處理手頭掌握的資料就變得很重要了。你處理得越巧妙,就越有可能直接與顧客交換意見和看法,越有希望達到目的。

不同的顧客有著不同的興趣愛好和性格特點。因此你的推銷說明和演示示範就不能按一成不變的模式去進行,也就是說,即使你用這種推銷說明和演示技巧在這個顧客這裏取得了很大的成功,也可能在另一個顧客面前敗得一塌糊塗。你應該針對各個顧客的不同性格特點採用能夠吸引顧客的生動演示法。我們在作演示示範時應把顧客的個人興趣與注意力放在中心位置,以最後顧客購買你的商品為最終目的。

2.要安排良好的演示環境

示範商品並非在任何時候任何環境下都能夠產生效果,因此我們在作演示示範前還應選擇良好的演示環境,設法避免一些可能會干擾和分散顧客注意力因素的影響。我們知道,如果是在商店內部進行推銷的話,就可以直接將顧客所購買的商品展示給顧客看,向顧客作主動的推銷說明,但當你在旅途中或走出去進行推銷就要選擇適當的時間和場合了。你可以憑藉自己的判斷,來觀察你週圍的顧客是否都可能買你的產品,週圍的環境是否適合你進行演示說明,特別注意不要在骯髒、雜亂和吵鬧的環境進行推銷演示說明,避免一切可能會打斷你的推銷說明的因素的干擾;當然在演示前,你應該將演示需要的設備準備齊全,還可以使用一些推銷輔助器材,如產品的說明書、圖紙、表格、電影、錄影、錄音、照片等作說明。在進行介紹或示範時,設法將一切可能轉移顧客注意力的東西排斥在視野之外,包括你帶來的資料。

3.示範產品都有保持著最佳狀態

設想一下,當你用產品進行演示說明時,發現所用的產品是一件次品,或在使用放映機時發現設備不知何時損壞而無法向顧客作演示,你將處於一個什麼樣的尷尬境地?你的推銷說明又會有什麼樣的效果?因此當你在作推銷說明和示範演示時,一定要使你所選用的產品或輔助器材處於最佳狀態。

在你作示範之前,可以當著顧客的面,將你的產品和設備仔細檢查一遍,對有些器材如燈泡,可以多準備一些,以免在演示時出現故障而無法挽救。

你還要注意讓你的產品和輔助器材的外觀保持美觀大方,這主要是從迎合顧客的心理考慮的,如果你所示範的產品及輔助器材能在第

一眼就給顧客以好感，你產品推銷成功的可能性就比較大。顧客以外觀來評定你的產品，這一點也不奇怪。

4.要引起顧客的感受與情緒

運用引起顧客的情緒與感受的演示方法，再加上生動的推銷說明，就可以使你的推銷工作難度降低。因此當你在向顧客作推銷說明和演示的時候，要設法運用顧客視覺、聽覺、觸覺、嗅覺、味覺。可產生更清晰、更活潑、更有意義的推銷說明效果。

當你向顧客推銷一種新的速乾墨水的時候，讓顧客把自己的姓名寫在一張紙上，然後馬上用手在紙上揩擦，讓顧客親眼見到這種墨水字跡牢固。

如果你去推銷音箱、擴音器等，可讓顧客親自聽一聽音響設備的效果，還有像花卉的香味、巧克力糖的令人垂涎的口味，都可以讓顧客親自試一試，激起顧客的感覺，引起顧客的興趣，這樣你的產品就很容易推銷出去。推銷員在演示時，不妨多在顧客的感覺方面下功夫。

5.讓顧客參加示範

如果有可能的話，你讓顧客親自作示範，這樣就能達到良好的演示效果。

當你在進行演示時，你應該吸引住顧客的注意力，因此在介紹演示產品時，你不要只顧自己講，自己操作，要讓顧客提出問題，讓顧客一同參加示範，這樣、顧客就能深入到你的產品中去，你的生動演示說明就會給他留下深刻的印象。一般來說，顧客是很願意參加的，特別是對一些機械產品和小型電動機械，顧客總想親自一試，讓顧客參加作示範要比推銷員自己單獨作示範更能引起顧客的興趣。

推銷員在作示範時可給顧客一些必要的指點，直到顧客滿意為止。可以說，顧客對使用機械的興趣越濃厚，他就越樂於擁有這種機

械。許多辦公室的電話系統、微型電子電腦、汽車、家用電器和其他一些產品都是透過這種方式銷售出去的。

如果所有的推銷員在怎樣指導顧客使用某一產品方面得到訓練指導，銷售量肯定會迅速增加。推銷員在示範中所引用的資料要盡可能讓顧客記錄在冊並由顧客親自運算，以求準確可靠。

如果不能讓顧客親自操作的話，也要儘量讓顧客參與你的演示活動，例如要求顧客幫助做某一動作、傳遞對象等。這樣讓顧客有了參與你的行動的感覺，也就容易吸引顧客的注意力，同時這種推銷說明效果遠非口頭說明所能比擬。

6.使演示的動作活潑生動，具有戲劇性

有效的演示技巧應該充滿趣味性，而不應該是內容陳舊、表演平凡的單純推銷說明。

為了使你的產品更具吸引力，作示範時還要適當安排一些小插曲。假設你是推銷一種油污清洗劑，你經常採用的示範方法是用清洗劑將一塊髒布洗淨來說明它的效果好。那麼你也可以改變一下，將你的衣袖弄髒，然後用它將衣袖洗淨。這樣做效果就不一樣了。

如果你在演示具有幽默感的影片時，要經常輕鬆地突出來，這樣也就很容易將愉快的心情傳播給顧客。不管你做過多少次同樣的演示，都要努力使你的演示保持新鮮和活潑生動。如果顧客實在沒有心情繼續看那些令人乏味的表演而走開，就會影響推銷效果。

你的示範表演也應該儘量集中，作示範不要太長，也不要過於全面。太全面、太長的示範會使人感到厭煩不堪。特別是在示範一種顧客不熟悉、結構複雜的產品，或者是工序不易掌握的產品時，更應該多注意這一點。

我們在演示時能找出顧客的需求與慾望，有針對性地做些示範說

明，使推銷說明生動有效。只將顧客感興趣的東西示範出來，其他一切可能干擾顧客並使他們糊塗的細節都可以放棄。

7.充分發揮演示與輔助器材的效果

當你在開始進行產品的推銷演示時，就應該將顧客的注意力吸引過來，不要讓其他因素，特別是推銷員自身造成的因素分散了顧客的注意力。

有時在演示之前就將產品的說明書或輔助器材遞給顧客。這樣，在他進行演示時顧客的注意力仍停留在說明書和輔助器材上，他的表演就收不到效果。正確的方法應該是先透過自己的生動表演，然後再將說明書、產品、輔助材料傳遞給顧客，回答他們的一些還不明白的問題。始終保證顧客有濃厚的興趣，才可能為你的產品打開銷路。當推銷員使用一些印刷的宣傳小冊子作推銷說明時，不要以為把小冊子或紙張送給了顧客就可了事，還要對其中的主要內容加以解釋。同時要進一步強調業務洽談的主要內容，這樣才能引起顧客對你的產品的重視，經過縝密的考慮之後，就會做出決定。這一點每個人可能都有體會吧。

8.要有很好的口才和表演能力

如果推銷員在進行推銷說明時口齒不清，單調乏味，有幾個顧客能耐下心來詳細打聽並接受你所推銷的產品呢？因此，要保證推銷說明的生動有趣，你的說話內容必須是能讓顧客瞭解的。良好的口才是推銷活動成功的一半。但如果你的口才不行，或者你說話時有點吞吞吐吐，口齒不清，無疑會在你進行推銷時給你帶來許多麻煩，不過這些缺點你盡可以透過平時多訓練而改變。這樣，你也會走向成功的。

你在推銷說明及演示中的一舉一動，都深刻地影響著顧客。如果你笨手笨腳地擺弄絲襪，或者小心翼翼地關上車門，好像車門很容易

損壞似的，那樣就會給顧客留下不好的印象。假如你在開車時的示範動作輕鬆自如，那就會給顧客留下一個很好的印象，顧客就很樂意去買你推銷的汽車等產品。如果家庭主婦本來就在抱怨傢俱操作不便；而你在作示範時又顯得沒有把握或不熟練，你就很難做成這筆生意。因此在整個推銷過程中，推銷員應以自己的言談舉止、音容笑貌去鼓動顧客，以增強他們的購買信心。

在某種程度上，根據推銷員的舉動言談，顧客也就能很快判斷出產品的性能特點，從而最終決定是否購買。無論推銷那一種產品，都要作示範，作為推銷員，要永遠記住，示範不是目的，最終目的是達成交易。

第三節　積極使用推銷輔助器材

成功推銷的關鍵在於生動的推銷說明以及演示技巧，但作為推銷員，你還可以借助於你的推銷輔助器材來完成推銷工作。這些輔助器材就是你推銷產品時的必要工具，當你在進行推銷說明或演示時，這些輔助器材可以使你的說明更生動、演示更明白，簡單易懂，使顧客容易接受。推銷的輔助器材可分為視覺的輔助器材和聽覺的輔助器材。

現代社會發展迅速，許多新的推銷輔助器材不斷被開發出來，它們已經對推銷活動產生越來越深刻的影響。成功的推銷員，總是追求最新的輔助器材，伴隨著輔助器材的運用，使推銷活動達到最佳的效果。而推銷輔助器材也在這種競爭中不斷更新，並努力保持最佳狀態，延長自己的使用期限。

推銷員使用視聽輔助器材進行推銷，可以使推銷會談進行得更有效，從而提高推銷的效率。因為視覺輔助器材可以在較短的時間內幫助推銷員使他的推銷說明更完整、更有系統以及更生動活潑，從而提高了推銷訪問的效果。

可以想像，當我們向顧客進行推銷產品的時候，如能附帶一些與產品有關的視聽器材，就可以將顧客的注意力與興趣牢牢地抓住，對那些一時還不能確定是否購買的顧客就是一個深化影響，促使他們迅速作出結論的過程。這些正是視聽輔助器材的威力所在。

當顧客因有要事而沒有時間傾聽你的推銷說明，但他對你所推銷的產品想作更多的瞭解時，你就可以嘗試著將錄音帶或錄影帶留下來，並可對他說：「先生，我把這捲錄音帶留在這裏，如果有時間的話，請你聽一聽，這只需佔用你非常短暫的時間，相信你聽過這個錄音帶後，不會後悔用去了這短暫的時間。這樣吧，我明天早上還要到這兒來，到時候再取回錄音帶，同時很想傾聽您對我所提供的信息的意見。」如此這般，你的推銷多半會成功。利用視聽器材幫助推銷產品無疑是一種時尚。

推銷員們經常使用的輔助器材，可分為以下幾類：

1.產品

推銷員推銷的目的是將產品售賣出去，因此將所推銷的產品作為推銷的輔助器材，是最為真實有效的。推銷員可以直接將產品演示給顧客看，再伴以生動的說明，就能激起顧客的情緒與感受。這是其他推銷輔助器材所無法比擬的。因此，你如果是一名推銷員，就應該注意用實際產品做示範。

用產品作為推銷的輔助器材，實際上就是讓顧客參與你的推銷演示，是讓顧客扮演積極角色的一種最佳方法。因為產品本身就具有強

化推銷的積極效果，當示範與說明同時進行的時候，就有助於推銷員突破推銷上的種種困難。例如，有些產品如汽車、電腦、打字機、照相機，甚至一些外科手術用的設備等，可以交由顧客親自試用或操作，實際演示產品的性能，才能消除顧客對產品說明的懷疑。這方面美國某公司為我們推銷產品作了一個很好的榜樣。該公司為了將本公司專門生產的供外科醫生使用的設備推銷出去，特地邀請一些外科醫生到公司的實驗室來試用各種設備。這樣醫生透過自己的親手操作，對該公司的設備性能有了十分深刻的認識，這就比僅用口頭說明或其他方式(如照片等)更有意義、有效果。而事實也正說明了這一點。

因此，在各種推銷輔助器材中，產品是最直接、最有效的一種形式，誰擁有最新的產品，誰的產品性能最完備，誰就最容易將產品推銷出去。

2.仿製品

有時由於推銷產品的實際原因，推銷員不可能將產品隨身攜帶，隨時向顧客演示。例如當產品太笨重時，就有必要製成該產品的仿製品做示範，以幫助推銷。仿製品可以是該產品的模型，也可以是該產品的一部份或其他內部結構。但有一點需說明，即仿製品必須最接近實際的產品。在有些服務場合，仿製品的推銷也很適用。例如保險業務推銷員，可以將保險所包含的範圍和不包括的項目製成標本，以向顧客進行生動的說明，從而達到推銷的效果。

模型與實際產品一樣，可以形象地將推銷員的推銷說明演示給顧客看。作為推銷員，當你在用仿製品推銷時，要注意經常向顧客解釋所推銷的東西，同時又要避免太專業化的傾向，還要經常提出顧客還不明白的問題，及時解答，以吸引顧客的興趣，使整個的推銷說明生動有趣，簡明扼要。要注意使用恰當的語言，不要將顧客晾在一邊。

3.照片與插圖

由於所推銷的產品是沒有固定的形式，例如有些產品既不能用實物輔助推銷，又不能用仿製品來輔助推銷，這時就應該使用照片與插圖。當然，並不是說照片與插圖只適用於這種情況，事實上，任何產品的推銷都可借助於照片與插圖。

照片與插圖可以幫助推銷員的推銷說明更生動、更清晰，特別適用於一些預先性的推銷工作。

例如，如果現在讓你將美國加州 Carmel 市以北 100 公里以上，總價值為 50 萬美元的一套房子推銷出去，而你的辦公室離那所住房很遠，這時你就不可能向每一位顧客展示那所房子。此時最好的辦法就是使用該套房子的照片與有關的插圖，向顧客作一番生動的說明及演示，讓每一位顧客對那套房子都有一個初步的印象，再來決定與那位顧客簽訂合約，挑選出合適的顧客。

4.廣告作品

廣告，實際上就是廠家為了推銷產品而在報紙、電視、電台等傳播媒介上為企業的產品作宣傳的活動。成功有效的廣告活動，可以吸引顧客購買你的產品。推銷員可借助於刊登在報紙上的廣告來增進推銷說明的生動性，還可收到心理的效果。顧客一般對那些富有吸引力的廣告都能留下深刻的印象，從而可提高公司的「資信評比」級別，有利於公司在競爭中獲勝。因此，作為一名成功的推銷員，你還必須收集到富有吸引力的產品廣告作品，這樣你在推銷時便會容易得多。

5.圖表

圖表的種類是很多的，它是有效演示的一種重要的輔助工具，應用範圍比較廣泛。其中最有效的兩種圖表分別是動態圖表和滑動圖表，而動態圖表的使用最普遍。所謂動態圖表，是指畫在個別紙或卡

片上的一系列插圖。使用動態圖表進行推銷時，有利於保持顧客的注意力和興趣，推銷員進行生動而有計劃的推銷說明時，還通常將圖表上的一些關鍵字詞或重要項目用筆劃出來提請注意。而滑動圖表的推銷效果也是很好的。它們強調產品的性能、大小、特徵等為目的，使顧客瞭解產品，有時還應用於教學上、工程上的計劃、比較，甚至解決各種問題。滑動圖表所反映的內容應該比較全面，至少讓顧客對產品有一明確的感性認識，被看作贈送給別人的一種很好的禮物。當推銷員利用圖表進行產品的推銷時，要選擇使用不同的圖表，以提高推銷的效果。

6.圖形

圖形的輔助作用與圖表很相似，但圖形更側重於推銷成果、價格趨勢、廣告計價日程表、利潤以及其他的各種比較，它是屬於視覺範疇的一種輔助用具。圖形的形式也各異，有直線圖、柱狀圖、繪畫圖等，推銷人員在進行推銷時應選擇特定的模式進行輔助說明。在使用圖形或圖表進行推銷說明時，要詳細向顧客演示，讓顧客能夠明白每一個項目的內容及目的，不能辭不達意。在推銷時還應妥善計劃輔助用具的運用。還要針對不同的顧客採用不同的方法，以達到最佳的效果。值得一提的是，推銷員自己必須對圖表或圖形的內容相當熟悉，否則就不能達到運用圖表或圖形輔助推銷的目的。

7.資料夾

可能你會感到奇怪，資料夾怎麼也會成為推銷的輔助器材呢？我們這裏所說的資料夾就是指那種活頁式的視覺輔助用具。你的許多有用的資料被收集於資料夾中，必要時用以加強推銷訊息在視覺上的生動性。資料夾中收集的資料包括照片、插圖以及其他對推銷說明有用的資料，同時你還應該建立顧客資料夾，掌握與你經常打交道的顧客

的基本情況。資料夾的內容形式以你自己看得懂、說得明白為宜,這樣你就能經常從資料夾上掌握一些最新的信息,促使你的推銷活動成功。

關於資料夾的作用,這裏有一個很好的例子。美國航空公司的運價部門,為了給他們的顧客提供更好更有效的服務,將他們所服務的特定顧客的有關情況,整理成資料,做成活頁式的資料夾,而每個顧客的資料又都是相互獨立的,這樣就溝通了公司與顧客之間的聯繫,使公司的業務水準持續上升。

資料夾的內部結構是根據需要而設計的,有時它的內部結構也相當複雜,但也可以是很簡單的,推銷員在使用資料夾作為輔助器材時也應該很靈活。對每個推銷員來說,當然也應該熟悉資料夾的正確使用方法,讓資料夾在推銷中能發揮更大的作用。

8.產品目錄

如果你是一名細心的顧客,你就會經常發現推銷人員在向你推銷產品時會向你出示他的產品目錄,讓你選擇滿意的產品。這類產品目錄一般都是公司為了方便推銷員的推銷活動而向推銷員提供的一種推銷輔助用具。但產品目錄的作用遠遠不止於作為一種推銷工具,它有著非常重要的參考價值,顧客看了你推銷的產品目錄,對你的產品就有了大致的判斷,也就決定了顧客還有沒有興趣繼續傾聽你的推銷說明,也就是說,產品目錄很快決定了產品的買賣行為。作為推銷員就應隨時攜帶最新的產品目錄去推銷,讓顧客從容選擇。

產品目錄一般應反映那方面的內容呢?我們可以從眾多的產品目錄上加以總結。它一般能反映出產品的規格大小,價格水準,產品的某些插圖和他一些必要的條件。顧客(也就是用戶)透過這幾個項目的綜合比較,就能比較容易地得出自己該買那種產品,數量多少,就

很容易促成交易的成功。

對推銷員本人來說，又有何要求呢？首先你必須對產品目錄上的內容全部熟知，能迅速回答顧客提出的有關產品方面的問題，直到顧客滿意為止。其次你所攜帶的產品目錄必須是最新的，你在推銷過程中經常將顧客的信息回饋給企業或公司，保證隨時滿足顧客的要求，這樣你所提供給顧客的產品目錄才會隨時能派上用場。你的推銷活動也就變得毫不費力了。

9.推銷道具

在成功的推銷活動中，推銷人員還會經常使用一些推銷道具使自己的推銷說明生動活潑，容易吸引顧客的興趣與注意力。這些推銷道具一般是由公司提供的、有助於演示產品性能特點的材料或樣品，它本身應該富於吸引力，且計劃週密詳細。推銷道具應該經常更換，以保證其最新優勢，對於不能繼續使用的要予以淘汰。

推銷員在演示推銷道具時必須十分熟練，這就要求在使用推銷道具之前，都必須認真預演，直到顧客和推銷員自己雙方都滿意為止。

第四節　產品演示的各種方法

一、產品示範法

在發現了顧客的興趣集中點後，可以重點示範給他們看，以證明你的產品可以解決他們的問題，適合他們的需求。當然，如果你的顧客是隨和型的，並且當時的氣氛極好，時間充裕，你可以從容不迫地將產品的各個方面展示給顧客。

讓顧客把產品拿在手中，是產品示範的一條重要原則，有時是使產品滿足顧客獨特需求的惟一辦法。

大部分顧客都不會喜歡你佔用他們過多的時間，所以有選擇、有重點地示範產品還是很有必要的。比如，你銷售新型的食物處理機，而你的顧客已有了一台老式處理機，這時你只要向他示範你的機器的新功能就可以了。而如果你將所有的功能都示範了一遍，則會給顧客造成一種印象：這機器的大部分功能我的機器已經有了，不換也罷。這樣就將於你有利的因素混在冗長的示範中而難以得到突出。如果在示範過程中能邀請顧客加入，則效果更佳，這樣給顧客留下的印象更深。在示範時，你可以請顧客幫你一點小忙，或借用他方便而不貴重的用具等，總之，想辦法讓顧客參與進來，而不是在一邊冷眼旁觀。

如果你銷售的產品使用起來很方便或是人們經常使用的，那麼你可以放心地讓顧客去試用，效果一定不錯。如吸塵器，讓顧客自己使用一下，以感覺它的風力大與雜訊小，效果一定會大於他看你表演。

在示範過程中，銷售人員的新奇動作也有助於提高顧客的興趣。

比如，一般銷售乾洗劑的銷售人員會攜帶一塊髒布，當著顧客的面將乾洗劑噴塗在上，清洗乾淨；若一反常態，先將自己的襯衣袖子弄髒一小塊，然後再洗乾淨，這樣的示範效果一定要好於前者。對於商品的特殊性質，新奇的動作往往會將它們表現得淋漓盡致。如鋼化玻璃，你儘管大膽地將它們扔在地上；若你帶著鐵錘和不同質地的玻璃同時給顧客示範，效果一定會不錯。

在示範過程中，銷售人員一定要做到動作熟練、自然，給顧客留下俐落、能幹的印象，同時也會對自己駕馭產品產生信心。銷售人員作示範時，一定要注意對產品不時流露出愛惜的感情，謹慎而細心的觸摸，會使顧客在無形中感受到商品的尊貴與價值，切不可野蠻操作。謹記你的態度將直接影響顧客的選擇。

在整個示範過程中，銷售人員要心境平和、從容不迫，尤其是遇到示範出現意外時，不要急躁，更不要拼命地去解釋。這樣容易給顧客造成強詞奪理的印象，前面的一切努力也就付諸東流了。一旦出現問題，你不妨表現得幽默一點，讓顧客瞭解這只是個意外罷了，那麼，謹慎地再來一次示範就必不可少。

例如，當你銷售鋼化玻璃時，你的示範動作是舉起鐵錘砸玻璃，理想的狀態是玻璃安然無恙。而當你向顧客介紹了這種玻璃的各項指數並開始示範時，顧客已想像到了結果是玻璃並不會碎，誰知玻璃恰恰碎了。這時你怎麼辦呢？一定不要面露出驚慌之態。你可以平靜地告訴顧客：「像這樣的玻璃我們是絕對不會賣給您的。」隨後再示範幾塊。這樣就化險為夷了，也許還會加深顧客的印象。只要你努力去避免缺陷，再加上你熟練的動作和幽默的語言，一定會精彩地完成示範，達到強化顧客興趣的目的。

二、FABE 介紹法

銷售陳述有兩個主要點,其一是產品特點;其二是產品帶來的利益。作為銷售員在向客戶陳述前應該把兩者準確區分開來,同時在陳述中有所側重。

產品的特點和利益是互相不同的兩個概念。產品特點,指的是產品本身所固有的特徵,如材質、結構、尺寸等等;而產品利益,則是客戶從購買產品上得到的價值,也就是產品的特點能給客戶帶來那些方面的好處。

很多時候,客戶給銷售員陳述的時間有限,銷售員如何在很短的時間裏成功陳述產品呢?最直接最有效的方法之一就是完整地把產品特點轉換為產品利益,讓客戶在第一時間瞭解他能得到什麼。

FABE 法就是教銷售員如何按部就班將產品特點轉變成產品利益,而且這個轉換的過程自成體系,有滴水不漏的完整性。它不但實現了轉化,還同時進行了論證,有理有據,說服性比較強。FABE 法具體如表 5-4-1 所示。

表 5-4-1　FABE 法

類別	具體說明
F(Feature)——特點	產品所具有的各種特點
A(Advantages)——優點	由特點所帶來的各種優點、好處
B(Benefits)——利益	把產品的各種優點演繹成一個或多個購買動機,也就是說明產品如何滿足客戶需求
E(Evidence)——證據	證實產品擁有以上好處的證據

　　FABE 介紹法對推銷人員的產品知識要求比較高，要求推銷人員瞭解與產品有關的多方面知識，具體包括：①瞭解企業的歷史，使推銷員便於與顧客交流，並在推銷中忠誠地代表該企業、該產品。②瞭解產品的生產和製作方法，以便能向顧客介紹產品的性能和品質。③熟悉產品所有的性能，以使用「證據」來說服顧客。④熟悉產品的使用方法，以便向顧客示範。⑤熟悉企業競爭者及其產品，以便進行比較，從而突出自身的競爭優勢。⑥熟悉產品的發貨方式。⑦熟悉售後服務的運作情況，以便讓顧客放心購買，無後顧之憂。

　　一般來說，產品的特點是一目了然的，就拿電磁爐來說，它的特點是電力工作、熱效率高、功能齊全、體積小等等，而這每一個特點又對應著一個利益點，具體如圖 5-4-1 所示。

　　產品特點是其本身所具備的，而利益則是特點所能帶給客戶的好處，這兩方面區分起來其實並不困難。

圖 5-4-1　電磁爐特點與利益點對應圖

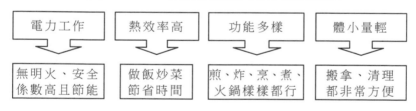

　　銷售員在向客戶介紹產品時，免不了特點介紹，但不能一味地羅列特點，這是很多銷售的偏失。認為特點講得越多，客戶對產品認識就越全，進而購買希望也越大。其實並非如此，客戶最想知道的是產品能帶來什麼好處，也就是產品的利益點，因此在銷售陳述時，特點為輕，利益為重。以電磁爐為例進行說明。

　　銷售陳述一：

電磁爐顧名思義就是用電工作的，熱效率高，功率可達1900瓦。功能非常齊全，能滿足基本的烹飪需求。而且，它的體積比較小，沒有多少重量，符合現代家電輕巧趨勢……

銷售陳述二：

這種××品牌的電磁爐能煎、能煮、能炒、能炸，冬天想吃火鍋也沒問題，真正的一爐多用。功率從 70 瓦～1900 瓦不等，想快就快，想慢就慢，一切都在掌握之中。再說它用電工作，沒有明火，使用起來安全放心……

第一種陳述注重電磁爐的特點，第二種則傾向於利益介紹，對比來看，客戶顯然更喜歡後一種。

三、保證和免費試用期

像產品示範一樣，保證和免費試用期，是向顧客證明產品能使他滿意的方法。以保證的形式支持自己的說明，是一種強化公司產品信息、確保顧客滿意的有效方式。這相當於一種「如果產品有問題，請將其寄回，您不會有任何損失」之類的聲明。儘管免費試用很有效，但銷售人員不可過分依賴它。顧客有時會以要求免費試用為藉口來搪塞銷售人員，如果不能提供免費試用，銷售人員就可能不會達成交易。

獨立測試機構的認可印章或報告，代表著優秀的性能。來自保險商實驗室或消費者聯合會之類機構的滿意審查，也是對產品性能的強有力證明。銷售人員不應忘記提及這種報告。

四、推薦

　　利用推薦故事的方法，講述一位曾經處於相似的購前情況，但已經得到滿足的顧客的故事，銷售人員可以製造一種對比效果。這樣，顧客就不必真正試用產品了，只要想像一下就行了。

　　講推薦故事是很有趣的。當人們自己被包含進一個故事裏時，即使是最枯燥的話題，也會變得有趣起來。如果在一個有關別的顧客解決類似問題的故事裏強調幾點相同的內容，關於產品特性的抽象討論就會變得生動、戲劇化。而有關相似情況的顧客的故事可以提醒潛在顧客，使他們產生同樣的想法。在講故事的過程中，銷售人員還可以做很多事情來增加戲劇性和刺激性。戲劇性的基礎是矛盾，包括個體與個體之間的、個體與其他因素之間的、個體與問題之間的矛盾。戲劇性矛盾應該在推銷過程中講述：與潛在顧客面臨相似問題的主人公解決了問題，在購買了銷售人員的產品後生活得十分幸福。在講故事的過程中，銷售人員可以運用對話，把顧客及其問題描述得詳細一點，使故事更生動。重複顧客說過的話，比僅僅一個人講述發生的事情能使故事更有說服力。

　　推薦故事的有效性，有其堅實的社會科學基礎。人們通常用信仰、態度和其他動作，尤其是相似的動作，作為評估自己信仰、態度和動作的正確性的比較因素。這樣，對個體來說，在給定的情況下，通過查詢與之類似的人們的行為信息以決定自己的行為，就相當普遍了。

　　巴里·J·法伯是一名銷售代表，他有一套提高故事可信度的獨特方法：為顧客錄影。他不是讓顧客說一些事先經過準備的話，

他要的是自然的、未加排練的反應。甚至連電話鈴聲、談話的嗡嗡聲，都可以增加真實感。在推銷拜訪時，帶上最好的顧客好評，再加上一封寫在顧客自備信紙上的證明信，這才是真正的手段。

五、展示投資回報

為使現場演示戲劇化，展示投資回報常常同產品示範或講推薦故事一樣有效；如果與後兩種方式結合起來，則效果更佳。顧客在看過示範、聽完推薦故事後，總會對購買的價值產生疑問。產品示範和推薦故事只是提供產品使用有效的證據，顧客仍會有花這筆錢是否值得的疑慮。只有當銷售人員證實從購買產品中獲得的利益使投資完全值得時，這種疑慮才會消除。廣義地講，也就是要證實回報（或利潤）豐厚，絕對值得投資。

工業銷售代表可以用兩種方法來證明利潤的提高： 證明可以縮減運行成本； 證實顧客能從受所購設備影響的運營中增加產值。

當然，證明經濟價值需要對投資進行數學運算，看看一位設備銷售人員如何證明投資購買一台電子財務計算器的價值。

在調查顧客現有設備的基礎上，銷售人員發現，購買這台計算器後，每天可節省 1 名員工 1 小時的工作量。如果這名員工的工資是每年 2 萬美元，節省的那 1 小時可換算成每天節省 10 美元，1 年可節省 2500 美元。銷售人員可以接著證明，30 天內就可以把計算器的購買成本 295 美元賺回；1 年之內，顧客可賺得 2205 美元；或者，假設計算器預期能工作 9 年，整個回報將是（9×2500）-295，總共是 22205 美元。從另一個角度說，一些顧客在考慮到損失時更容易被打動，因此，銷售人員可以說：「如果不立即訂貨的話，你的公司就會

每月損失 208 美元，幾乎每天損失 7 美元。」

六、比較

　　一種最古老也是最有效的說服方法，就是比較和對照。這是指從顧客較熟悉的事物入手，把它與新的或不熟悉的事物作比較。通過比較相似點和不同點，對方就能理解新東西或新概念。如果你想向一名英國人介紹棒球，你可以從板球說起。同樣，一名推銷電子圖片影印機的銷售代表也可以先拿它和老式影印機做比較。

　　對銷售人員來說，有多種比較推銷的方法，甚至可以在兩個本質並不相似的事物之間做比較。

　　例如，一名人壽保險推銷員可以把投資購買人壽保險比做把錢存入銀行，到需要時再取出。電腦推銷員則可以解釋說，一張磁片就像一張照片，而其信息的含量則像一個文件櫃：一張軟碟像一個有兩個抽屜的文件櫃；一張硬碟則像一個有 10 個抽屜的文件櫃。當我考慮給我的老房子加上鋼板，但在價格上卻猶豫不決時，銷售人員對我說：「如果您用同樣一筆錢買一輛汽車，您能得到 40 年的保證和一項實際上年年都有利潤可賺的投資嗎？」

　　愛達荷州波卡特洛的切特‧安德森是一名電腦銷售人員，他經常使用汽車類推法。當有人為不同型號電腦的價差和功能躊躇時，他會說：「您可以買一輛埃斯科特，也可以買一輛林肯，它們都能把您帶到目的地。但如果您買了林肯，您會有更多的選擇。」當顧客對購買單機後仍需付各種附加費用感到驚訝時，他會說：「電腦和汽車沒有什麼兩樣，您買一輛汽車，也要付修理費和汽油費，不是嗎？」

銷售人員也可以在比較中使用比喻的方法。耶穌是用寓言來教誨人們的。

一位高級保險推銷員正向一位年輕的顧客做推銷，而這位顧客正在考慮從一家不知名的小公司購買保險。他用了比喻及教訓的方法：「比如您和您的家人要橫跨大西洋，長途航行去英國，您可以選擇乘拖船，也可以乘坐伊莉莎白二世女王號。那一個令您感到更安全呢？」

另一種方法是與競爭產品做比較。不過，將自己的產品與競爭產品做比較的基本原則是必須做得得體、老練，而又設法指出不同之處。這一點可以通過聲明自己的產品或服務具有某項特別性質和相關利益，而競爭產品則沒有這些特點來完成。千萬不可誣衊競爭者，也不要使用廉價貨、難看、過時、設計差勁之類的詞。

七、多次拜訪

從顧客與銷售人員第一次會面開始，平均需要五次拜訪才能達成一項交易，銷售人員必須計畫好如何使拜訪持續下去。這就提出了為每次拜訪訂出目標的問題。在有些情況下這是比較容易的：接觸和確認問題可在第一次拜訪中解決，第二次拜訪進行現場演示，第三次消除異議，第四次達成交易。

除了這一點，銷售人員還應為隨後的拜訪找到準確的理由，並圍繞這一重點組織每一次現場演示。如果你是汽車推銷員，你不會在顧客第二次上門時就向顧客「示範」，而是會談一談財務狀況，車型的選擇，或是勸顧客買更貴的車。你會提出一個新的概念，問各種問題，做一次調查，或者詢問一下改變顧客處境的新思路。新的海報、另一

名顧客的使用情況、測試結果、價格變化、產品缺陷、新型號、新的處理過程等等，都為新的拜訪提供了理由。為每次拜訪設定多種目標，對推銷產品很有好處。尤其是關係推銷，可能需要多次拜訪才能達成交易，需要更多次拜訪以鞏固建立起來的關係。拜訪的內容可能包括確定下次會面的日期，更好地瞭解顧客，繼續發掘顧客的需求和問題，進行現場參觀等。除了有助於集中精力做好演示外，多種目標還可以消除銷售人員對失敗的恐懼。擁有較寬產品線的銷售人員，還可以進行循環推銷：第一次拜訪時，重點介紹最受歡迎的一線產品，附帶上一兩件二線產品；下一次拜訪時，再次強調一線產品，附加另外兩件二線產品；以後依此類推，整條產品線很快就詳細介紹給顧客了。

對於需要多次拜訪的推銷，尤其對於關係推銷而言，在最後一次推銷和關係得以鞏固之前，多次「協商」是必要的。例如，在第一次拜訪後，銷售人員可能需要考慮影響購買的其他因素，安排演示，去工廠實地參觀等。為了使這必不可少的一步效果更好，銷售人員可以使用「口頭協議」。口頭協議容易使銷售人員和顧客在下一步行動上互相誤解，特別是搞不清到底什麼時候、由誰作出什麼決定。銷售人員總是希望顧客很快就作出決定，顧客則並不感到著急。由於口頭協定的存在，使雙方都會感到尷尬。這時，銷售人員應當告訴顧客，自己下一步演示時會講些什麼，並在下一步的主要內容上達成一致：

今天我要談幾件事。我有幾個問題想要問您，我相信您也會有問題問我。講過每一點內容後，我們需要決定下一步做什麼。如果您認為我們的產品能滿足您的需要，我們就可以辦理訂貨手續。如果我們需要再次會晤，可以再做安排。這是事物合乎邏輯的發展結果，對嗎？

第**6**章

顧客異議的處理

瞭解顧客異議的概念、類型、產生的原因，正確掌握處理顧客異議的基本原則，能熟練使用異議的處理技術和方法。

第一節　顧客異議的含義

所謂顧客異議,也就是顧客對於推銷人員及其推銷的產品和推銷活動的一種反應,顧客異議也可稱為推銷障礙。如果說推銷提示和推銷演示是推銷人員向顧客傳遞推銷信息的過程,那麼,顧客異議就是顧客向推銷人員回饋有關購買信息的過程。換句話說,就是推銷人員的提示及演示過程,顧客收到訊息,並且提出購買異議的過程,推銷人員處理顧客異議的過程。

從現代推銷學的基本理論上講,所謂顧客異議,也就是顧客對於推銷人員及其推銷的產品和推銷活動的一種反應。這種反應表現為妨

礙推銷活動順利進行的各種阻力。因此，顧客異議也可稱為推銷障礙。如果說推銷提示和推銷演示是推銷人員向顧客傳遞推銷信息的過程，那麼，顧客異議就是顧客向推銷人員回饋有關購買信息的過程。

　　有人說，拒絕是推銷成交的前奏。一般地說，推銷人員和顧客作為現代推銷的雙重主體，他們關心的都是同一個客體——推銷的產品。雙方之間存在著傳遞產品信息和回饋產品信息的溝通。從理論上說，如果顧客非常瞭解推銷的產品，並且具有濃厚的購買興趣，形成了強烈的購買慾望，理論上不應該存在太大的障礙了。但實際情況是，顧客對產品興趣越濃，購買慾望越強烈，反而提出的意見越多。顧客提出異議之時，也正是顧客開始注意產品並發生興趣之時。從這個意義上講，顧客異議可以說是顧客對產品是否感興趣的指示器，是一種或明或暗的成交信號。換言之，在推銷活動中，完全不提反對意見的顧客，則往往是缺乏購買興趣和購買慾望的顧客，或者是未能獲得發表反對意見機會的顧客。西方一些推銷專家認為，推銷進入實質性階段是從顧客說「不」開始的。因此，顧客異議是推銷活動中的正常現象，推銷人員應該正確對待。

　　顧客異議是一面鏡子，它能讓推銷人員及時從顧客那裏瞭解到產品、自己的行為以及推銷活動計畫等方面所存在的問題，促使推銷人員不斷糾正自己的推銷行為，保證推銷活動的順利進行；同時，由於顧客異議反映了顧客對企業產品及其相關要素的意見，為推銷人員向決策者回饋信息準備了條件。因此，顧客提出的反對意見，能幫助企業發現推銷活動乃至整個行銷工作中存在的問題，明確企業所面臨的處境，使企業的行銷工作得到改善和糾正。

　　顧客異議是一面鏡子，它能讓推銷人員及時從顧客那裏瞭解到產品、自己的行為以及推銷活動計劃等方面所存在的問題，促使推銷人

員不斷糾正自己的推銷行為，保證推銷活動的順利進行；同時，由於顧客異議反映了顧客對企業產品及其相關要素的意見，為推銷人員向決策者回饋信息準備了條件。因此，顧客提出的反對意見，能幫助企業發現推銷活動，乃至整個行銷工作中存在的問題，明確企業所面臨的處境，使企業的行銷工作得到改善和糾正。

第二節　處理顧客異議的原則

處理顧客異議是推銷工作的重要組成部份，也是推銷人員最基本的工作任務。怎樣才能處理好顧客異議，是推銷人員最為關心而又最不易把握的問題。

顧客異議一般有主次之分，它們在推銷中會起到不同的作用。因此，推銷人員在處理顧客異議時，應保持清醒的頭腦，分清主次，善於抓住問題的關鍵，提高推銷的效率。

有些異議關係到推銷的成敗，必須認真對待並及時處理；有些異議則無關緊要，不至於阻礙推銷的順利進行，可以暫緩處理或不予理睬。

遵循這一原則有利於推銷人員把握處理顧客異議、排除顧客異議的時機，並從中發現顧客最關心的問題是什麼。

1. 善待異議

顧客異議既有公開的，也有隱蔽的。公開的異議比較容易處理，而隱蔽的異議則不易把握。

顧客異議是推銷活動中的一種必然現象；而且，如果沒有顧客的反對意見，也就不需要推銷員了。處理顧客異議、解決顧客提出的問

題和意見，是推銷人員責無旁貸的職責。因此，推銷人員必須正確對待顧客異議。拒絕接受顧客的反對意見，或者對顧客的反對意見一律加以反駁，是強行推銷的表現。當顧客提出異議時，推銷人員應當表現出極大的關心和興趣，要認真聽取，讓顧客暢所欲言。即使顧客提出的異議非常尖刻，或者反覆提出某種異議，推銷人員也要耐心聽取，不得有輕視或忽視的表情，更不可打斷顧客的話頭。

此外，善待顧客異議還要求推銷人員，不得故意曲解異議的內容和性質。處理顧客異議必須實事求是。如果推銷人員有意無意誇大異議的性質，顧客就可能因此而糾纏不放，從而阻礙成交；如果推銷人員縮小了顧客異議，又可能會引起顧客反感，還可能產生各種新的異議。

2. 避免爭吵

推銷過程中，推銷人員在回答問題或異議時很可能陷入爭論。這樣的事不但極易發生，而且會給推銷工作帶來難以估量的困難。作為推銷人員，應該對顧客的激烈反駁，對顧客的針鋒相對保持冷靜，避免爭論、爭執和爭吵，控制情緒，明確目的，積極設計應對策略，才能贏得洽談的主動權。而一旦與顧客發生爭吵，不管爭吵是因何方而起，也不管爭吵的結局如何，都只能表明推銷的失敗。

作為推銷人員應當時刻牢記自己的職責，推銷是為了消除與買主之間的對立與障礙，尋求合作，而不是對抗和爭吵。這是推銷員必須把握的立場。這種立場不但能幫助推銷員保持良好的情緒，而且能幫助推銷員保持與顧客的友好關係，爭取顧客的合作和支持。

第三節　顧客異議的類型

顧客的異議，按顧客異議的具體內容，可劃分為下述幾種基本類型：

1. 產品異議

所謂產品異議，是指顧客針對產品本身不能滿足自己需要而形成的一種反對意見。

這種反對意見往往表現為顧客對產品有一定的認識，且具有較充分的購買條件，就是不願意購買。

例如，「這種東西的品質太差了！」「這件衣服的顏色不好看！」等。

產品異議是屬於推銷方面的一種異議，也是一種最常見的一種顧客異議。產品異議一般是在需求異議、財力異議和權力異議之後提出來的。當顧客提出產品異議時，往往表明這位顧客有心且有權購買這類產品，只是不願意購買眼下的這種產品。

產品異議的根源十分複雜，例如顧客的認識水準、廣告宣傳、購買習慣以及其他各種社會成見等因素，都可能導致產品異議。就產品異議的性質看，有競爭性的產品異議，也有非競爭性的產品異議。對於前者，推銷人員應該著重說明本產品的特殊性用途，樹立產品形象。對於後者，推銷員則應該著重介紹產品的使用價值及其利益。

2. 價格異議

所謂價格異議，是指顧客以產品價格過高或過低為由，拒絕購買的一種反對意見。

例如「這個價錢，買不起呀！」「別人比你更便宜。」等。

價格異議是推銷談判中最常見的現象，其根源也比較複雜。價格異議也是屬於產品和推銷政策方面的一種異議。當顧客提出價格異議時，往往表明這位顧客願意購買這種產品，只是認為產品價格太高，或者討價還價，千方百計迫使推銷員降低售價。在現代推銷環境裏，顧客也必然會提出各式各樣的價格異議。無論是什麼性質的價格異議，推銷人員都必須慎重對待，分析異議的真實根源，運用各種有效處理技術，妥善地加以處理。

3. 需求異議

所謂需求異議，是指顧客認為不需要產品而形成的一種反對意見。需求異議是屬於顧客自身方面的一種異議，也是一種最常見的顧客異議。其主要根源在於顧客對於推銷人員及其產品的認識水準，或根源於顧客的成見心理。

就需求異議的性質看，真實的需求異議是成交的直接障礙，推銷中若遇到此種異議，表明推銷員在顧客資格認定上出現了失誤，應立即停止推銷，改換推銷對象。虛假的需求異議則是顧客拒絕推銷人員及其產品的一種藉口。

最常見的表現有：「我根本就不需要這種東西！」「我們已經有了。」「這東西有什麼用？」等。

對此，推銷人員應該認真分析，妥善處理。

4. 財力異議

所謂財力異議，是指顧客以缺乏財務支付能力為理由而提出的一種反對意見。

財力異議也是屬於顧客自身方面的一種常見的異議。其主要根源在於顧客的財務狀況和成見心理。就財力異議的性質來看，真實的財

力異議是成交的主要障礙，虛假的財力異議是顧客拒絕推銷人員及其產品的一種藉口。

一般來說，對於顧客的財力狀況，推銷人員是比較容易瞭解的。在顧客資格認定和接近準備中，推銷人員就已經對顧客的貨幣支付能力進行過審查。因此，在掌握推銷對象資料比較準確的情況下，很容易區分推銷中所遇到的財力異議是真是假。

真實的財力異議是推銷難以克服的障礙，發生該障礙是對顧客資格認定的失誤；虛假的財力異議只是一種藉口，只要方法得當是很容易排除的。

5. 權力異議

所謂權力異議，是指顧客以缺乏購買決策權為由而提出的一種反對意見。

例如，「這東西既經濟又實用，只是我愛人不在家！」「你的建議很好，不過，這樣大的事情，我不能做主！」等。

權力異議是屬於顧客自身方面的一種常見異議，其主要根源在於顧客的決策能力狀況和成見心理。

一般說來，推銷員對顧客的決策能力已進行過審查，是比較瞭解的。就權力異議的性質來看，真實的權力異議是成交的主要障礙，虛假的權力異議則是顧客拒絕推銷人員及其產品的一種藉口。對於前者，推銷員應根據自己掌握的有關情況來加以妥善處理，如果推銷人員在進行顧客決策能力審查和出現差錯時，則應該及時糾正。對於後者，推銷員應該有根有據地加以駁回。

6. 貨源異議

所謂貨源異議，是指顧客自以為不應該向推銷員及其所代表的公司購買一種購買異議。

例如,「我要去另一家店買！」「你們交貨不及時！」「我已決定購買一家大公司的產品！」等。

貨源異議是屬於推銷員方面的一種顧客異議。當顧客提出貨源異議時,往往表明這位顧客願意按照推銷員的報價來購買這種產品,只是不願意向眼下這位推銷員及其所代表的公司購買。引起貨源異議的原因十分複雜,例如,賣方商業信譽不佳,推銷態度不良,推銷服務不週,同業競爭激烈等,都可能導致貨源異議。

在一定的推銷環境中,有些顧客會利用貨源異議的方式來跟推銷員討價還價,甚至利用貨源異議來拒絕推銷員的接近。貨源異議具有一定的積極意義。推銷員應該認真分析顧客所提出的貨源異議的真正根源,努力提高推銷服務工作品質,不斷改進服務態度,提高推銷信譽。

7. 推銷人員異議

所謂推銷人員異議,是指顧客因推銷員個人因素而不肯購買的一種反對意見。

例如,「怎麼又是你,請你以後別來了！」「上次就是上了你的當」等。

這種異議屬於推銷員本身造成的,譬如:推銷員態度不好,禮儀不週,信譽不高,人際關係不良等,都能導致推銷人員異議。這種異議有一定的積極意義,可使推銷人員及時發現自己的不足,改進服務態度,提高個人信譽。克服這一異議,一方面要求推銷人員加強自身修養,提高工作品質;另一方面要求推銷人員注意觀察顧客行為,分析顧客心理,想辦法消除誤會,爭取顧客的諒解和合作。

8. 購買時間異議

所謂購買時間異議,也叫拖延異議,是指顧客有意拖延購買時

間，來達到某種目的的一種反對意見。

例如，「讓我先仔細想一想，下個月再告訴你。」「我們還要仔細研究研究，然後再作決定！」等。

購買時間異議屬於顧客方面的一種購買異議。當顧客提出購買時間異議時，往往表明這位顧客願意購買這種產品，只是想推遲購買時間。不過，也有些顧客利用購買時間異議來拒絕推銷人員的接近和面談。因此，對於顧客所提出的購買時間異議推銷人員也要進行具體分析，認真處理。

總之，各類顧客異議都是相互影響、相互轉化的。就顧客異議的內容看，無論屬於什麼類型，都是顧客對於推銷人員及其推銷行為和產品的異議。

第四節　推銷談判中的價格難題

在兩種同類產品的唯一區別僅僅在於價格時，那麼價格就成了唯一促成交易的因素。但從顧客的角度來看，價格的重要性並不是一成不變的。在顧客購買同等品質的原材料的情況下，僅僅一元的價格差異也會影響他的購買決定。但是，在購買尖端技術產品的時候，儘管價格差別大也不一定會成為銷售障礙。因此，懂得使用價格因素的推銷員往往會取得意想不到的效果。

(一)客戶反應「太貴」的解決辦法

顧客在購買時，提出價格太貴了應該清楚地知道顧客為什麼會這樣說。顧客認為產品價格「太貴」了，可能與下列原因有關：

⑴顧客總的經濟狀況。

⑵顧客目前的經濟狀況。

⑶顧客購買產品的支付能力。

⑷顧客購買這一產品的資金計劃。

⑸顧客對產品價格的看法。

⑹競爭對手的類似產品的價格。

⑺同類產品、選擇產品和代用品的價格。

⑻顧客以前購買這種產品的價格。

⑼顧客總愛挑剔，總是對價格提出異議。

⑽顧客想試驗一下你對價格的態度是否堅定。

⑾顧客尋找不購買產品的藉口。

⑿顧客極不願意掏腰包。

⒀顧客企圖阻止你達到推銷目的。

⒁顧客感覺受到你的推銷壓力迫使他向你訂貨。

在沒有調查清楚顧客對價格提出反對意見的原因之前，你不可能據理駁回他們的反對意見。

1. 如果顧客提出上述第⑴種原因，提出他的總的經濟狀況不佳，這種話十有八九是騙人的。其真正的原因可能是第⑵、⑶、⑷甚至可能是⒁。假如他的經濟狀況確實不好，他是不願意讓別人知道的，因為他認為是丟人的事。出現第⑴種原因的情況的真正原因可能是顧客早已決定購買其他別的產品，或者顧客不願意動用存款。如果他對你的產品沒有產生購買慾望，那可能是因為你的說服工作不夠，而他還沒有意識到產品的價值。但是，經過深入細緻的調查，如發現她確實無力購買所提供的產品，在這種情況下，最好的解決辦法是暫時停止向他推銷，等他的經濟狀況有所好轉時再向他推銷。

2. 關於第(2)種原因：如果你懷疑顧客目前沒有足夠的現款，你可以主動建議顧客使用別的支付方式，幫助顧客解決缺少現款的問題。因為顧客有可能不好意思主動提出使用別的支付方式。有些時候，對顧客來說某一產品是十分重要的，為購買這一產品，他可能會向銀行借錢或變賣財產。

3. 關於第(3)種原因：這種情況的出現往往是因為顧客手頭沒有足夠的款項。如果出現這種情況，推鎖員往往也需要得到他的供應商的合作，因為他本人也需要賒賬。他可能安排貨到後付款或者是在將來一個適當的時間再支付貨款。有些時候你可以勸說顧客與你商定一個最遲的付款期限，或者勸他推遲購買別的產品，把所有資金集中起來購買這一產品。這樣做往往要牽涉到其他人。

4. 關於第(4)種原因：這種反對意見時最常見的。如果顧客不準備花太多的錢來購買某一特殊產品，這往往表明推銷員還沒有引起顧客購買這一產品的強烈慾望。這是顧客提出反對意見的真正原因，儘管他自己說是由於他總的經濟狀況不好。

5. 關於第(5)種原因：你要說服顧客接受你提出的價格。當顧客對產品應賣什麼價已有自己的看法時，你應該用大量的具體事實向他進行解釋。否則，你是改變不了他的看法的。顧客對什麼樣產品應賣什麼價錢的看法，往往是完全錯誤的。他們經常過低地估計生產成本，特別習慣於低估那些所謂「簡單產品」、勞務或者大規模生產的產品的成本。如果出現這種情況，推銷員應全力強調產品品質。若是許多顧客都提出這種反對意見，一場大力宣傳、介紹產品各方面情況的廣告戰看來是必要的。通過大張旗鼓的宣傳，可以提高顧客對產品價值的認識。

6. 關於第(6)種原因：在這種情況下，推銷員最好就價格問題作某

些解釋。採用這種方法是上策。在顧客認為競爭對手的價格合理，你的價格太高的情況下，你應該解釋清楚價格不同的原因，並且指出顧客在進行價格比較時所忽略的方面。在顧客看來，某些產品是相象的，但實際上確實存在著差異。顧客可能固執己見，認為他自己的看法是正確的，然而他的看法仍然有可能是錯誤的。如果你不得不向顧客解釋他的看法是錯誤的，那麼，在解釋時一定要掌握分寸。在反駁顧客的反對意見以前，最好還是先進一步調查一下顧客提出反對這種意見的原因，在弄清楚原因之前，可以繼續討論別的問題。

在向顧客解釋你的產品價格為什麼高於同類產品時，要讓顧客看到你的產品的優點。只有這樣，才能促使他與你達成交易。如果你對顧客說，因為競爭對手的公司比你的公司大或者小，所以產品價格相對來說就低一些，那樣說就等於向顧客去屈服、投降。假如你的產品價格比競爭對手的價格高得多，你必須作出下列某種選擇：①向顧客提供一些補償；②調整你的產品價格；③能出售多少產品就出售多少，不能出售就不出售。除上述選擇外，任何推銷技巧都無濟於事。

在很多情況下，有必要向顧客詳細地介紹購買你的產品所帶來的一切好處。如：公司的成就、技術指導、研究成果、顧客服務項目、產品配套、部件更換等。並以此向顧客表明，從各方面的情況看，這樣做，顧客就認為你提供的產品便宜。在這種情況下，你推銷的不是產品本身，而是產品和與產品有關的一切。

7. 關於第(7)種原因：如果顧客想購買某種廉價產品來代替你所提供的產品，或者繼續使用一台過時的機器，你必須設法讓他看到你的產品的優點，刺激他的購買慾望。用一些具體事例強調說明新產品與老產品、貨真價實的產品與徒有虛名的產品之間的區別，以此證明：顧客購買你的產品是會得到好處的。

8. 關於第⑻種原因：顧客要求得到特殊照顧。他們只想到把價格壓下來，並從中得到優惠。如果顧客一再堅持壓價，推銷員必須向顧客作一番解釋，說明推銷的產品價格已經夠低的了，給予顧客的好處已經夠優厚了，或者向顧客提供一些別的好處。如免費提供服務項目或儘快交貨。不要向顧客流露出感激之情，因為他是看在你的面子上才作出購買決定的。相反，要向顧客解釋你的銷售條件、價格與產品優點等各種關係。還要讓顧客認識到他訂購你推銷的產品完全符合他的利益。

9. 關於第⑼種原因：某些顧客總是希望削價。一些職業的討價還價者總是對產品價格提出反對意見。對他們來說什麼東西都是太貴的。在價格上挑毛病已經成為他們的一種習慣。最好的推銷方法是對他們的反對意見置之不理，將你的中心話題集中在所提供的產品的優點上。如果是推銷一些大批量生產的產品或規格化產品，可以先提供一些昂貴的產品，讓顧客把精力花費在討價還價上，然後再推銷價格比較低的產品，這樣顧客就會感到價格比較合理了。總之，要避免與顧客發生爭執，要抑制感情，不要流露出憤怒的表情。

10. 關於第⑽種原因：顧客想方設法迫使你報低價，而他卻把這次報價與上次報價相比較。當然他也有可能是試探一下你是否堅持原則，如果他是在試探你，而你又保持一種禮貌但又不為之所動的態度，他就不會再繼續堅持。最重要的是要把談話中心轉向推銷產品的特點，不要討論價格的問題。在推銷標準化產品的情況下，討價還價很少發生，除非是一些價格隨著市場情況變化而上下浮動的傳統產品。在推銷特製產品或定作產品的時候，討價還價的情況經常發生。因此，合理地制訂價格是非常重要的。所謂合理的價格，就是產品的成本和對顧客的購買作出正確判斷的綜合。在這種情況下，許多推銷

員往往輕易地作出讓步，這次讓步就為下次讓步開創了先例。這種做法是危險的。「我只向顧客作這一次讓步」這種想法是錯誤的。因為有第一次讓步就肯定會有第二次、第三次，甚至更多次讓步，每次讓步的結果只會導致大幅度的降價。

11. 關於第(11)種原因：顧客對價格提出的反對意見往往是不想購買產品的藉口。對顧客就價格問題尋找藉口，推銷員不應予以理睬。業務洽談被顧客在一些價格上提出的反對意見耽擱時間越長，達成交易的機會就越渺茫。如果顧客在價格上提出反對意見，首先應查找其反對的真正原因，但討論價格的時間不要拖延太長。如果不這樣做，業務洽談就會受到影響，顧客的藉口就會轉化為真正的反對意見，成為作出購買決定的阻力。

12. 關於第(12)種原因：如果顧客對推銷的產品沒有興趣，這是因為沒有喚起顧客的購買慾望，或是因為推銷的產品不符合顧客的要求。如果是後一種情況，無論價格多麼公平合理，對顧客來說也是高的。

13. 關於第(13)種原因：如果顧客想把你從主要目標引開，他就會找出某種藉口來掩飾他提出的反對意見。推銷員必須清楚顧客為什麼會提出這種藉口。否則，他就不可能得到顧客的訂單。這些反對意見不是來自顧客，而是來自產品的價格，所以顧客也就最容易對價格問題提出反對意見。在這種情況下，反對意見的背後往往隱藏著其他別的原因，推銷員只有找出顧客反對的原因，他才能獲得推銷的成功。

14. 關於第(14)種原因：最重要的一點是推銷員和他所代表的公司必須讓顧客認識到並沒有任何人強迫他購買。處理這個問題的唯一方法就是同顧客進行坦率的交談，並在交談中詳細地向顧客介紹情況。

(二) 低價策略及其破解

為防止對方殺價,銷售方力圖使對方相信所報價格低廉合理,這種策略就是所謂的低價策略。低價策略可以通過以下手法實現:

(1)利用價格比較

用較高的產品價格與所談的產品價格作比較,那麼,所談的產品價格就顯得低了些。運用這一策略,推銷人員手中至少要掌握一種較高價格的同類產品。

(2)以最小或較小的計價單位報價

不管洽談的交易數量有多大,賣方都應儘量以小的計價單位報價,這樣對方容易接受。例如,有些產品的成交是以集裝箱或噸為計量單位的,但在報價時仍然以每千克多少元的形式報出。以一件產品的單位價格報價要比以一打產品為單位的價格報價更能促成交易,其道理就在於這種報價可以使對方產生錯覺。

(3)抵消法

如果對方認為價格有些高,推銷人員可以強調其他所有能夠抵消價格高的因素。如果價格確實很高,因此而發生了爭議,這種策略可能是唯一的出路。將產品的優點全部列出,有助於補救高價格的欠缺。

(4)採用示範方法

如果對方覺得產品的價格高,難以接受,推銷人員應該把所推銷的產品與一些劣質的競爭產品放在一起示範,藉以強調所推銷產品的優點。示範中所表現出的產品差異,會使對方的反對意見馬上無影無蹤。

(5)從另一個角度討論價格

把產品的價格與使用壽命週期結合起來,是討論價格的一種有效方法。這種方法是把價格分解到使用週期內的每一個月或每一天,從

而使價格數目變得很小。

例如，對方認為 20000 元一台機器太貴了，你可以這樣回答：「這個價格是不高的。你只要每天拿出 18 元錢，3 年後這部機器等於白白送給你了。想一想，我方經營工廠，那一天都可能因為這樣或那樣的疏忽而損失個百十元的。像您這樣的企業，每天拿出 18 元就如同九牛一毛。」經過這番努力後，對方可能真的會認為該價格是低廉的。

（三）最後出價策略及其破解

在推銷談判中，進行到一定的時候，買方會說：「這已是最後的出價了」的說法，聽起來似乎已經沒有迴旋的餘地了。如果相信的話，這筆生意就成交了；如果不相信的話，便只有繼續和對方討價還價了。如果有人向你表示「這是最後的出價」，不要輕易地相信，必須試探對方的決心。如果經過試探，對方決心已定，沒有讓步的餘地了，那麼或者成交或者告吹。如果經過試探，對方只不過是虛張聲勢，那就有必要進行針鋒相對的討價還價了。

對付最後出價策略一般採用以下方法：

⑴仔細地聽對方說的每一句話。

⑵不要過分理會對方所說的話，要以自己的方式去聽。

⑶替對方留點面子，使他有機會收回意見。

⑷讓他明白，如此一來就做不成交易了。

⑸考慮是否擺出退出談判的樣子，以試探對方的誠意。

⑹提出新的解決辦法。

⑺假如意識到對方將採取「最後出價」策略，不妨出些難題，先發制人。

(四)討價還價中的讓步

在迫不得已的情況下，你應該作出讓步。如果通過讓步可以獲得數量較大的訂單，有利可圖的訂單或數份訂單，那當然是最好不過的事了。如果要增加訂單的價值，譬如促使顧客購買更多地產品，或者只購買某種標準化產品，或者購買配套產品，價格差別是一個很好的調節器。在價格上作出讓步，但同時又提出一些條件，說明你沒有完全向顧客讓步。這樣做還可以讓顧客認識到：這次讓步只是一種特殊情況，下不為例。以什麼方式，什麼時間讓步並不容易把握，因為讓步牽涉到利益的分配問題，因此，在讓步時應做到通盤考慮。下列策略與原則供談判者參考。

⑴不要做無端的讓步。在談判中，每次讓步都是為了換取對方在其他方面的相應讓步或優惠。

⑵讓步要恰到好處。在需要的時候，以較小的讓步換取對方的滿足。

⑶在次要問題上可根據具體情況首先做出讓步，以誘使對方在重要問題上做出讓步。

⑷不要承諾同等幅度的讓步。在談判中，一方在某一產品的價格上做出讓步後，也要求另一方做出同等幅度的讓步，這時另一方就應當找出恰當的理由婉言拒絕。

⑸可撤回自己的讓步。如果在價格上做了讓步，又覺得考慮不週，想收回，那就該當機立斷，以免錯過時機，在還價階段完全可以推倒重來。

⑹一次讓步的幅度不宜過大，節奏也不宜過快。讓步幅度過大、過快，對方會覺得你的讓步是件容易的事情，會增強對方的自信心，使對方在以後的談判中掌握主動。在此情況下，要對方回報以同等幅

度的讓步是困難的。

總之，討價還價中的讓步是必要的。讓步有較強的技巧性，應把握好三個方面，即讓步的幅度、次數、速度。一般而言，讓步的幅度應當是逐漸遞減，次數應該盡可能的少，速度應該放慢。

第五節　顧客異議的處理方法

顧客的異議是多種多樣的，處理顧客異議的方法也千差萬別，必須因時、因地、因人、因事而採取不同的方法。在銷售過程中，常見的處理顧客異議的方法有以下幾種。

1. 轉折處理法

轉折處理法是銷售工作的常用方法，即銷售人員根據有關事實和理由來間接否定顧客的意見。這種方法首先承認顧客的看法有一定道理，也就是向顧客作出一定讓步，然後才講出自己的看法。此法一旦使用不當，可能會使顧客提出更多的意見。在使用過程中，要儘量少地使用「但是」一詞，而實際交談中卻包含著「但是」的意見，這樣效果會更好。只要靈活掌握這種方法，就會保持良好的洽談氣氛，為自己的談話留有餘地。比如，顧客提出你銷售的服裝顏色過時了，你不妨這樣回答：「小姐，您的記憶力的確很好，這種顏色幾年前已經流行過了。我想您是知道的，服裝的潮流是輪回的，如今又有了這種顏色回潮的跡象。」這樣你就輕鬆地反駁了顧客的意見。當然，你再類比幾個例子，效果一定會更好。

2. 轉化處理法

轉化處理法是利用顧客的反對意見自身來處理。我們認為顧客的

反對意見是有雙重屬性的，它既是交易的障礙，同時也是很好的交易機會。銷售人員要是能利用其積極因素去抵消其消極因素，未嘗不是一件好事。比如，你銷售的產品是辦公自動化用品，當你敲開顧客辦公室的門時，他對你說：「對不起，我很忙，沒有時間和你談話。」這時你不妨說：「正因為你忙，你一定想過要設法節省時間吧。我們的產品可以幫助你節省時間，為你創造閒暇的機會。」這樣一來，顧客就會對你的產品留意並產生興趣。這種方法是直接利用顧客的反對意見，轉化為合理建議，但應用這種技巧時一定要講究禮儀，不能傷害顧客的感情。此法一般不適用於與成交有關的或敏感性的反對意見。

3. 以優補劣法

以優補劣法又叫補償法。如果顧客的反對意見的確擊中了你的產品或公司所提供的服務中的缺陷，千萬不可以迴避或直接否定。明智的方法是肯定有關缺點，然後淡化處理，利用產品的優點來補償甚至抵消這些缺點，這樣有利於使顧客的心理達到一定程度的平衡，有利於使顧客作出購買決策。比如，你銷售的產品品質有些問題，而顧客恰恰提出：「這東西品質不好。」你可以從容地告訴他：「這種產品的品質的確有問題，所以我們才削價處理。不但價格優惠很多，而且公司還要確保這種產品的品質不會影響您的使用效果。」這樣一來，既打消了顧客的疑慮，又以價格優勢激勵顧客購買。這種方法側重於心理上對顧客的補償，以使顧客獲得心理平衡。

4. 委婉處理法

推銷人員在沒有考慮好如何答復顧客的反對意見時，不妨先用委婉的語氣把對方的反對意見重複一遍，或用自己的話復述一遍，這樣可以削弱對方的氣勢。有時，轉換一種說法會使問題容易回答得多。

但你只能減弱而不能改變顧客的看法，否則顧客會認為你歪曲他的意見而產生不滿。你可以在復述之後問一下：「你認為這種說法確切嗎？」然後再說下文，以求得顧客的認可。比如，顧客抱怨「價格比去年高多了，怎麼漲幅這麼高」，銷售人員可以這樣說：「是啊，價格比起前一年確實高了一些。」然後再等顧客的下文。

5. 合併意見法

合併意見法是將顧客的幾種意見匯總成一個意見，或者把顧客的反對意見集中在一個時間討論。總之，是要起到削弱反對意見對顧客所產生的影響。但要注意，不要在一個反對意見上糾纏不清，因為人們的思維有連帶性，往往會由一個意見派生出許多反對意見。擺脫的辦法是在回答了顧客的反對意見後，馬上把話題轉移開。

6. 反駁法

反駁法是指銷售人員根據事實直接否定顧客異議的處理方法。理論上講，這種方法應該儘量避免。直接反駁對方容易使氣氛僵化而不友好，使顧客產生敵對心理，不利於顧客接納銷售人員的意見。如果顧客的反對意見是產生於對產品的誤解，或你手頭上的資料可以幫助你說明問題時，你不妨直言不諱。但要注意態度一定要友好而溫和，最好是引經據典，這樣才有說服力，同時又可以讓顧客感到你的信心，從而增強他對產品的信心。比如，顧客提出你的售價比別人貴，如果你的公司實行了銷售標準化，產品的價格有統一標準，你就可以拿出目錄表，坦白地指出對方的錯誤之處。採用這種方法時，銷售人員一定要注意態度和藹，以免引起不必要的衝突。反駁顧客時，一定要有真憑實據才會有說服力。反駁法也有不足之處，這種方法容易增強顧客的心理壓力，弄不好會傷害顧客的自尊心和自信心，不利於銷售成交。

7.冷處理法

對於顧客一些不影響成交的反對意見,銷售人員最好不要反駁,不理睬是最佳方法。千萬不能顧客一有反對意見就反駁或以其他方法處理,那樣會給顧客造成你總在挑他毛病的印象。當顧客抱怨你的公司或同行時,對這類無關成交的問題都不予理睬,轉而談你要說的問題。比如,顧客說:「啊,你原來是××公司的銷售人員,你們公司週圍的環境可真差,交通也不方便呀!」儘管事實未必如此,也不要爭辯。你可以說:「先生,請您看看產品……」國外的銷售專家認為,在實際銷售過程中,80%的反對意見都應該冷處理。但這種方法也存在不足,不理睬顧客的反對意見會引起某些顧客的注意,使顧客產生反感。而且,有些反對意見與顧客購買的關係重大,銷售人員如把握不准而不予理睬,會有礙成交,甚至失去銷售機會。因此,使用這種方法時必須謹慎。

8.強調利益法

強調利益法是指銷售人員通過側重並反復強調銷售品能給顧客帶來利益的方法來化解顧客的異議。一般適用於具有某種特點又能為顧客帶來某種突出的利益的產品。如某種冰箱在節電方面的特點比較突出,銷售人員可反復強調該冰箱能給顧客帶來的這方面的利益,從而使這一特點在顧客的心目中不斷突出,超越顧客的不滿而佔據上風。

9.比較優勢法

比較優勢法是銷售人員將自己的產品與競爭產品相比較,從而突出自己產品的優勢來處理顧客異議的方法。如在顧客提出某一異議時,銷售人員可以如此回答:「您說得很有道理,這是此類產品的通病,目前,國內還沒有那家企業能夠徹底解決這個問題。但是,我們

的產品與其他同類產品在這方面是做得最好的。」

10.價格對比法

價格對比法是指當顧客提出有關價格的異議時，銷售人員進行橫向或縱向的對比來化解顧客異議的方法。例如，在顧客抱怨銷售品的價格太貴時，銷售人員可依據不同情況分別應對：「您再去看看其他同類產品，我們的產品已經最便宜的了」或「您是趕著了，要在熱銷時候，別說這個價格，再貴 200 元也買不到」等。

11.價格分解法

價格分解法是指當顧客提出有關價格的反對意見時，銷售人員可以化解計量單位，以此來改變顧客的錯誤看法，化解顧客異議的方法。例如，顧客看到產品說：「你們的產品也太貴了，我看到××公司也賣這樣的產品，比你們便宜將近一半，每千克只 50 元。」銷售人員根據自己的推測，可以這樣說：「您大概看錯了，應該是 500 克吧。我們的產品每千克 90 元，500 克才 45 元，比您看到的還便宜。」聽了這樣的話，顧客很可能已不確定了，並對你的說法將信將疑。銷售人員應進一步說明價格或強調產品的其他優點，使顧客更傾向於你的說法。

12.反問法

反問法是指銷售人員對顧客的異議提出反問來化解顧客異議的方法。常常是銷售人員不瞭解顧客異議的真實內涵，即不知是尋找藉口還是真有異議時，主動瞭解顧客心理的一種策略。採取反問法時，應注意銷售禮儀，並要保持良好的銷售氣氛。

第六節　處理客戶異議的過程

客戶異議並不都是消極的，它是表明客戶對產品是否感興趣的指示器。客戶異議表明客戶希望能更多地瞭解商品或企業。

應把異議看作是對自己的挑戰，是施展才能的機會。事實證明，一位銷售員是否具有豐富而嫻熟的處理異議的技巧，往往是商品推銷能否成功的關鍵。

（一）識別真假異議

1. 真異議

真異議是指客戶不願意購買產品的真實原因。對於銷售員而言，通常真異議比較容易解決，客戶認為價格高，那就進行價格協商；客戶覺得產品款式不好，那就推薦其他款式。見招拆招，容易排除障礙。

（二）分析客戶異議

在處理客戶異議時，銷售人員還要弄清楚異議產生的原因，做到從根本上消除異議。異議的產生主要分兩個方面：一是因客戶而產生的，二是因銷售人員而產生的。

表 6-6-1　客戶異議原因展示表

因客戶而起的異議	因銷售員而起的異議
① 拒絕改變 ② 客戶情緒處於低潮，沒心情進行商談，較容易提出異議 ③ 客戶的意願沒有被激發出來，產品沒能引起他們的興趣 ④ 銷售人員推薦的產品無法滿足客戶的需要，客戶不認同產品 ⑤ 預算不足會使客戶產生價格上的異議 ⑥ 客戶不想花時間會談，因而提出異議作為藉口、異議只是推託之辭 ⑦ 客戶抱有隱藏式異議時會提出各式各樣的異議 ⑧ 客戶的購買經驗與成見 ⑨ 客戶的私利及社會的不正之風，會在價格、折扣和回扣上有異議 ⑩ 客戶的無知和自我表現 ⑪ 客戶企業的性質、經營機制、購買決策程序、購買習慣 ⑫ 客戶沒有認識和發現自己的需要和存在的問題	① 銷售人員無法贏得客戶的好感，其舉止、態度、儀表等讓客戶產生反感 ② 做了誇大不實的陳述，以不實的說辭哄騙客戶，結果帶來客戶更多的異議 ③ 使用過多的專門術語，客戶覺得自己沒有能力使用而提出異議 ④ 事實調查不正確，引用不正確的調查資料，引起客戶的異議 ⑤ 不當的溝通，說得太多或聽得太少都無法確實把握住客戶的問題點，而產生許多異議 ⑥ 銷售人員產品展示失敗，會立刻遭到客戶的質疑 ⑦ 姿態過高，處處讓客戶詞窮，使客戶感覺不愉快而提出許多主觀的異議。例如不喜歡這種顏色、不喜歡這個式樣等 ⑧ 產品品質、價格不能滿足客戶的需求

(三) 客戶的假異議

假異議是指客戶對銷售員所介紹的產品有需求，但不把真正的異議提出來，而以其他理由掩蓋其真實想法，目的是要借此假像創造隱藏異議解決的有利環境。假異議的解決相對就困難一些，銷售員必須識破假的，找出真的，這樣才能說服客戶購買。

對於假異議可採用限制性提問的方法進行辨別。限制性提問的標準句式是：「⋯⋯是這樣（客戶提出一個異議）。那請問，如果我能夠圓滿解決您提出的問題，您會考慮我的建議（購買建議）嗎？」以下舉實例說明。

客戶：498 元，太貴了。(提出價格異議，但不知是真是假)

銷售員：覺得價格貴啊，那如果我能給您一個折扣，您買嗎？(限制性提問辨別真假)

客戶：問題也不是全在價格上，您看款式這麼老土拿在手裏一點也不舒服。(價格異議為假，產品異議為真)

銷售員：沒關係，我們還有其他款式的，您看這個怎麼樣？(積極解決真異議)

客戶：不錯，這個我喜歡⋯⋯(一個真異議消除)

由此可見，限制性提問不但能分辨真異議和假異議，還能循環使用，挖掘出客戶的全部異議。所以，銷售員要熟練運用限制性提問，讓所有的異議無所遁形。

(四) 處理客戶異議

1. 做好準備工作

「不打無準備之仗」，這是銷售員面對客戶拒絕時應遵循的一個基本原則。銷售前，銷售員要充分估計客戶可能提出的異議，做到心

中有數。這樣，即使遇到難題，到時候也能從容應對。

2. 選擇恰當的時機

根據美國對幾千名銷售員的研究，優秀銷售員所遇到的客戶嚴重反對的機率只是其他人的 1/10，原因就在於優秀銷售員往往能選擇恰當的時機對客戶的異議提供滿意的答覆。在恰當的時機回答客戶異議，便可積極地消除異議負面性。

3. 切忌與客戶爭辯

不管客戶如何批評，銷售員永遠不要與客戶爭辯，一句推銷行話說得好：「佔爭論的便宜越多，吃銷售的虧越大。」與客戶爭辯，失敗的永遠是銷售員。

4. 給客戶留面子

客戶的意見無論是對是錯，是深刻還是幼稚，銷售員都不能給對方留下輕視的感覺。銷售員要尊重客戶的意見，講話時面帶微笑、正視客戶，傾聽時要全神貫注，回答時語氣不能生硬。「你錯了」、「連這你也不懂」、「你沒明白我說的意思，我是說……」，這樣的表達方式雖抬高了自己，但貶低了客戶，挫傷了客戶的自尊心。

5. 選用正確方法

儘管客戶異議會阻礙銷售順利進行，但只要掌握正確的方法，打消客戶的疑慮，就可以快速達成交易。

(1) 反駁處理法

客戶：聽說你們的產品故障返修率很高。

銷售員：怎麼會？我們的冰箱在眾多的國際品牌的抽查中，是拿「優秀」最多的。而且，我們的冰箱今年剛獲得了消費者品質大獎第一名。

客戶：你們企業的服務不行，態度也不是很好。

銷售員：這更不可能了，我們在全國有 52 個專營點、369 個維修部、1486 個售後服務網點、4598 位星級服務人員專門從事冰箱的售後服務……

客戶：那這樣的話，我就放心了。

反駁處理法特點是可有效增強銷售說服力，並節省時間，加快銷售進程；但如果分寸把握不好，容易激化矛盾。

銷售員在具體操作時應注意以下幾點：

①始終保持溫和友好的態度；

②反駁必須有理有據，讓對方心服口服；

③以向客戶提供更多產品信息為原則；

④碰到無關異議或敏感性異議時，此法不適宜。

雖然這種方法有一些弊端，但在兩種情況下，銷售員必須直接反駁以導正客戶的錯誤觀點：

其一，客戶引用不正確資料的時候；

其二，客戶對企業的誠信、服務有所懷疑的時候。

⑵「借力使力」處理法

打太極時「借力打力」的方法一樣，利用客戶異議本身來處理有關客戶異議的一種方法，也叫利用處理法。

客戶：你們的冰箱設計過於前衛，不太搭配我們家的環境。

銷售員：正因為設計前衛您才要購買呀，否則過幾天您把房子一裝修，擺個老土的冰箱就會不搭調。

利用「借力使力」處理法的要點是，當客戶提出某些不購買的異議時，銷售員能立刻回覆說：這正是您要購買的理由！所以要求銷售員能立即將客戶的反對意見，直接轉換成客戶必須購買的理由。

(3)補償處理法

補償處理法，就是用產品優點來補償自身缺點的一種異議處理方法。要知道，在這個世界上，完美的東西是不存在的。任何一種產品都有它的優點和缺點，而且這對立的兩方面通常互相關聯。例如，產品使用了最好的材料，具有一流的品質，會導致價格過高。

當客戶針對產品缺點提出異議時，直接否定客戶觀點顯然不明智，聰明的辦法是在認同產品缺點的同時列舉出產品的優點，及時進行「補償」。

客戶：你們的冰箱價格太高了，××品牌的才××錢。

銷售員：與市場同類產品比較，我們的冰箱價格的確高了一點。但是一分錢一分貨，我們的冰箱有液晶顯示，人工智慧控溫，而且有外取冷飲和速凍功能，這些都是其他冰箱所不具備的……

客戶：但你們的冰箱看起來太大了，有點誇張。

銷售員：大是大了那麼一點，但是它功能齊全啊，不但有四種溫區，還內設了自動制冰、碎冰和冷水系統，這樣，您想要冰塊、刨冰、冷飲都沒有問題，多方便啊！

①補償處理法特點

銷售員運用補償處理法，最重要的是讓客戶產生產品優點對自己更重要的感覺，相比之下，缺點倒可以忽略或容忍。

②補償處理法使用應注意點

補償處理法在使用時，要注意三個問題：

第一，首先要認同客戶異議；

第二，認真分析有關客戶異議及其根源，確定客戶異議的性質；

第三，及時展示產品優點，有效補償並抵消客戶異議。

⑷合併意見處理法

合併意見是指將客戶的集中異議匯總成一個意見，或者把客戶的反對意見集中在一個時間討論，目的是削弱反對意見對客戶所產生的影響。

客戶：我再考慮一下吧。

銷售員：您對這款冰箱的價格和體積不太滿意是吧，其實價格高是因為冰箱品質好，體積大是因為功能齊全。您看我們的冰箱液晶顯示，智慧控溫，不但有四個溫區，還內設了自動製冰……

合併意見處理法可以把客戶反對意見一次性排除，並可選擇性地強調產品優越之處。

不要在一個異議上糾纏不清，以免由一個意見派生出多個意見；快速覆述客戶所有意見，並立刻轉化話題，將客戶注意力吸引到產品優勢上去；合併處理時要避免長篇羅列，以免客戶失去興趣。

⑸廻避處理法

廻避處理法是指銷售員根據有關事實和理由來間接否定客戶異議的一種處理方法，因為通常用「是的……如果」句式，所以又叫「是的……如果」法。

客戶：這冰箱體積大了點，有點誇張。

銷售員：是的，在我看來也比較大。如果設計得更小一些，我想那些內設系統就只能放棄，這樣一來，您想吃刨冰，就得買冰盒，還要買個刨冰機，是不是很麻煩呢？

廻避處理法能夠保持銷售員和客戶間良好的洽談氣氛，既不會引起客戶反感，還能有效排除客戶異議。

廻避處理法在具體操作時，提出「如果」假設時，要真正站在客戶立場考慮問題；儘量做到語氣委婉，轉折自然。

第 **7** 章

建 議 成 交

在推銷過程中，推銷員不僅要贏得顧客的信任和好感，而且
要說服顧客接受推銷建議並立即購買推銷品。

第一節　成交的含義

所謂成交，是指顧客接受推銷人員的建議及推銷演示，並且立即
購買推銷品的行動過程。成交也可以理解為顧客對推銷人員及其推銷
建議和推銷品的一種積極的或肯定的反應。

成交是顧客正式接受推銷人員及推銷建議和推銷品，只有正式接
受才算正式成交。在推銷過程中，推銷人員不僅要贏得顧客的信任和
好感，而且要說服顧客接受推銷建議並立即購買推銷品。

成交是一個行動過程，只有顧客購買推銷品之後，才算最後達成
交易。成交的特點是採取購買行動，沒有行動的積極反應不是成交，

沒有行動的接受也不是成交。

總之，成交是顧客接受推銷人員及其推銷建議，並立即購買推銷品的行動過程。成交是洽談的繼續，但並非每次推銷洽談都能成交。成交是推銷過程的終點，但並非每一次推銷工作都以成交來終止整個推銷過程。為了能達成交易，推銷人員不僅要接近顧客和說服顧客，而且應鼓動顧客，促使顧客立即採取購買行動，達成交易。

一、成交的重要性

推銷員要能夠激起顧客購買某一產品或服務的慾望，並使他很快作出肯定的購買決策，這樣也就達成了推銷員與顧客之間的交易。

因此，首先你應該使顧客產生購買的慾望，並繼續向顧客作更深一步的解釋，讓顧客意識到他確實需要你的產品，這樣才能說完成了成功推銷的準備工作。最後，你還要進一步誘導說服顧客作出具體的購買決定，為此你必須掌握結束銷售談話的技巧和方法，使交易順利地進行下去。當然，除非你透過其他方法刺激了顧客的興趣與慾望，否則，不管你在銷售談話的最後階段多麼地出色，一般也很難與顧客達成交易。只有在顧客認真考慮你的銷售建議這一前提下，你在推銷談話的最後階段的努力才能促使顧客與你達成交易，採取購買行動。

有時候，顧客本身就有很強的購買慾望，而不需要太多地借助於外部因素的刺激，這時推銷員的主觀作用幾乎不那麼重要了。即便如此，推銷員仍然要做好推銷說明工作，更多地為顧客著想，吸引顧客的注意力，喚起顧客的購買興趣，刺激顧客的購買慾望，增強顧客的個人信念，最終促使顧客主動地作出購買決定。

達成交易對於推銷員來說是一項關鍵性的工作，但在達成交易前

還會存在一些困難，因此我們有必要討論一下達成交易的條件、達成交易的提示及方法。

在推銷過程中，成交是一個特殊的階段，它是整個推銷工作的最終目標。成交過程是一種表明顧客接受推銷人員的意見和建議並實施購買的行為。推銷人員必須能夠識別顧客所發出的各種成交信號，並能運用一定的成交方法和策略，積極地促成交易。

在推銷過程中，成交是一個特殊的階段，它是整個推銷工作的最終目標，其他階段都只是達到推銷目標的手段。如何實現成交目標，取決於推銷人員是否真正掌握並靈活運用了成交的基本策略和成交技巧。一個積累了豐富的經驗、掌握了有效策略和方法的推銷人員，懂得應該在什麼時候、以什麼方式把握成交的機會。

二、成交的基本策略

成交是推銷工作的根本目標。在推銷工作的這個階段，推銷人員不僅要繼續接近和說服顧客，而且要幫助顧客做出最後購買決定，促成交易並完成一定的成交手續。如何實現成交目標？取決於推銷人員是否真正掌握並靈活運用成交的基本策略和技術。

1. 保持積極的成交態度，努力促成交易

成交的障礙主要來自於兩個方面：一是顧客異議，二是推銷人員的心理障礙。推銷人員由於自身知識、經驗、性格、愛好以及所面對的顧客特點的不同，在推銷過程中難免會產生或多或少的退縮、等候、觀望、緊張等不利於成交的消極心理。這就是所謂的推銷心理障礙。一般來說，來自顧客異議方面的障礙比較明顯，而來自推銷人員自身對待推銷的心理態度則比較隱蔽，是影響成交的重要障礙。

　　推銷人員應以積極、坦然的態度對待成交的失敗，真正做到不氣餒。而實際上有些推銷人員在經歷了幾次失敗之後，擔心失敗的心理障礙愈為嚴重，以致於產生心態上的惡性循環。實際上，即使是最優秀的推銷人員，也不可能使每一次推銷洽談都導致最後的成交。在推銷活動中，真正達成交易的只是少數。應該充分地認識到這一事實，推銷人員才會鼓起勇氣，不怕失敗，坦然接受推銷活動可能產生的不同結果。坦然、平靜的心態有利於推銷人員取得心理上的優勢，讓顧客感到推銷這種產品對你來說是一件十分平常的事情。你的產品和服務很受歡迎，交易成功對雙方都有利可得。

　　「失敗是成功之母」，這是一句真理。成功正是在失敗中發酵孕育的，它隱藏在你對挫敗的否定並堅持不懈之中。做推銷一定會遇到許多的拒絕，重要的不是聽到多少個「NO」而是要聽到多少個「YES」。失敗了多少次不重要，重要的是即將要採取那些行動去幫助自己成功。一次的失敗並不重要，重要的是永遠不放棄成功的念頭，只要堅持永遠不放棄，就一定可以成功。從某種意義上來說，沒有失敗的推銷，只有推銷員的失敗。

2.掌握成交時機，隨時促成交易

　　一個完整的推銷過程，要經歷尋找顧客、推銷接近、推銷洽談、處理顧客異議和成交等階段。但並不是說每一次成交都必須逐一地經過這些階段。這些不同的階段相互聯繫，相互影響，相互轉化，在任何一個階段裏，隨時都可能達成交易。推銷人員必須機動靈活，隨時發現成交信號，把握成交時機，隨時促成交易。

　　通常，下列三種情況可能是出現促成交易的最好時機：

　　⑴重大的推銷障礙被處理後；

　　⑵重要的產品利益被顧客所接受時；

⑶顧客發出各種購買信號時。

　　總之，顧客的情緒、態度和成交的機會複雜多變，推銷人員不應坐等顧客提出成交要求，而是要及時把握成交時機，講究一定的策略，堅持一定的成交原則，並配合相應的成交技術和成交方法，促成交易，完成推銷任務。

3. 識別顧客的成交信號，把握住最佳成交時機

　　成交信號是指顧客在接受推銷過程中，有意無意地通過表情、體態、語言及行為等流露出來的各種成交意向，可以把它理解為一種成交暗示。在實際推銷工作中，顧客為了保證自己所提出的交易條件，取得心理上的優勢，一般不會首先提出成交，更不願主動、明確地提出成交。但是顧客的成交意向總會通過各種方式表現出來。對於推銷人員而言，必須善於觀察顧客的言行，捕捉各種成交信號，及時促成交易。

　　顧客表現出來的成交信號主要有語言信號、行為信號、表情信號和事態信號等。

第二節　銷售員要捕捉到購買信號

　　所謂購買信號，是指客戶在銷售洽談過程中所表現出來的各種成交意向。有利的成交機會往往稍縱即逝，雖然短暫，但並非無跡可尋。顧客有了購買慾望，往往會發出一些購買信號，有時這種信號是下意識地發出的，顧客自己也許並沒有強烈地感覺到或不願意承認自己已經被你說服，但他的語言或行為會告訴你可以和他做買賣了。對銷售人員來說，準確地把握時機相當重要。顧客沒有發出購買信號，就說明你的工作還沒有做到家，還應該進一步刺激而不宜過早地提出交易。

　　當顧客聽完推銷員的推銷說明之後，一般都會在表情或行動上多少表現出一些決定購買的信號。推銷員可以抓住這些信號促成同顧客的交易。有時信號是很微妙的，如顧客摘下眼鏡，重新坐回到椅子上，或者明確地問你：「這些產品什麼時間能交貨？」從顧客的語言和行動上你可以瞭解顧客的興趣程度。當然這些購買信號是不十分明確的，這就要求推銷員細心地留意顧客的一言一行，主確理解顧客的意思，大膽向顧客提出簽訂供貨合約或定單，抓住機會促成交易。

1.詢問上的購買信號

　　顧客對你所推銷的產品發生興趣時，會透過顧客的身體或語言將購買信號表現出來，推銷員可透過細心觀察，把握住顧客的購買信號。有時，顧客的購買信號是透過直接向推銷員詢問一些情況而表達出來的。例如，顧客可能會這樣問推銷員：「我再試一試你的產品好嗎？」「你們公司什麼時間能交貨呢？」「對這個產品你們公司可有什

麼保證措施？」「貴公司對付款有什麼限制嗎？」「這種產品在其他情況下也適用嗎？」「沒有附屬設備不會影響它的效果吧？」「我們是否可以用舊的換新的？有何條件？」

　　以上是顧客通常的問話內容，推銷員可以以這些問題為線索，一舉達成與顧客的交易。

2.顧客透過某些措辭反映出來的購買信號

　　顧客購買信號的表現是很微妙的，有時他可以透過某些措詞而將這些信號傳遞給推銷員。例如顧客會說：「這件產品確實非常漂亮！」「不錯！我就是喜歡這種樣式，它很適合我們的需要。」「我早就想擁有一件這樣的產品。」「這種椅子坐起來確實非常舒服。」「別人也曾經建議我買一件這樣的產品。「我認為這個不錯，親愛的，你呢？」

　　總之，顧客如果將購買信號隱藏在他們的措辭中，這時推銷員更要具有很強的辨別能力，從顧客的字裏行間找到顧客的真實感受，促使與顧客之間的交易。

3.透過顧客的身體語言表現出來的信號

　　顧客的身體語言是無聲的語言，它也能夠表現顧客的心情與感受，它的表現形式更微妙，更具有迷惑性。例如：當顧客聽完你的說明時點頭表示同意的信號；顧客表現得很輕鬆，並專心傾聽你的說明；顧客開始拿出支票或信用卡準備簽字；顧客正在專心研究你帶去的樣品或有關的資料；顧客臉上顯示出高興的表情。

　　以上幾點表現就是顧客在準備接受你的銷售建議而作的動作。顧客的購買信號正是掩藏在這些動作的背後的，因此推銷員應該爭取這個時機和顧客達成交易。

　　有經驗的推銷員會捕捉顧客透露出來的有關信息，並把它們作為促成交易的線索，勇敢地向顧客提出銷售建議，使自己的推銷活動趨

向成功。而這些購買信號對促成推銷員與顧客之間的交易也發揮了重大的作用，作為推銷員對購買信號要具有高度的靈敏性。一般來說，觀察顧客的購買意圖是不難的。透過察顏觀色，根據顧客的談話方式或由面部表情的變化，便可作出判斷。

有時，雖然顧客有購買意圖，但他仍會提出一些反對意見。這些反對意見也是一種信號，說明雙方很快就有可能達成協定，促成交易的順利完成。例如顧客可能還會向你提出：「這種產品在社會上真的很流行嗎？」「這種材料是否經久耐用？」「如果你是我的話，你是怎樣看待……」以及「你能保證產品的品質嗎？」「如果有事的話我怎樣和你聯繫？」等等，這些反對意見一般來說都不是根本的反對意見，顧客一般也不把這些反對意見放在心上。如同作出其他任何一種決定一樣，在決定拍板時，心裏總是犯嘀咕，認為這是決定性的時刻，成敗都在此一舉。因為顧客有各種各樣的顧忌，如：費用、購買後果、購買後出現的困難、產品使用方面的困難等等。有時甚至擔心感情衝動而導致蝕本生意。

總之，對顧客所表現出來的購買信號要善於獲取，利用它作好最後的成交，還要處理好這時顧客提出的反對意見，確保交易能順利進行。

第三節　要克服成交的心理障礙

一切推銷活動都是以達成交易為最終目標的。所以，成功地運用銷售技巧，解除顧客的顧慮，抓住當前時機促成交易，是銷售過程中的關鍵環節。

在銷售成交階段，週圍環境對成交與否有重要影響。它會影響成交的氣氛，並在無形中影響顧客的心情，甚至改變交易的結果。

在建議成交的過程中，氣氛往往比較緊張，銷售人員容易產生一些心理障礙，阻礙了成交。所謂成交心理障礙，主要是指銷售人員心中所存在的不利於甚至阻礙成交實現的銷售心理因素。這些因素應當是屬於銷售人員方面的成交障礙，必須由銷售人員通過自己的主觀努力加以克服。常見的成交心理障礙有擔心失敗的心理障礙、職業自卑感的心理障礙、成交期望過高的心理障礙等，下面一一加以說明。

1. 擔心失敗的心理障礙

有些銷售員害怕提出成交要求後被客戶拒絕，破壞洽談氣氛，有些新手甚至對提出成交要求感到不好意思。

有位銷售清潔用品的銷售員好不容易才說服公寓的主婦幫他開了鐵門，讓他上樓推銷他的產品。但當他在主婦面前展示完他的產品後，見主婦沒有表現出購買的意思就逕自下樓離開了。該主婦的丈夫下班回家後，主婦將銷售員向她展示的產品的優良性能重述一遍，她丈夫說：「既然你認為那個產品這麼實用，怎麼沒有購買？」主婦答道：「是相當不錯，性能也很令我滿意，可是那個推銷員並沒有開口叫我購買！」

顯然，這位銷售員因為沒有主動請求客戶購買而失去了一次成交的機會。

在銷售工作實踐中，許多銷售人員害怕主動接近顧客，更怕遭到顧客的奚落和拒絕，這是剛參加銷售工作的人常常遇到的一種最大的心理障礙，它起源於銷售人員缺乏足夠的銷售工作經驗，對顧客可能的拒絕還無法坦然接受，因而造成了恐懼的心態。特別是剛參加工作的銷售人員，由於比較重視自己的面子，一旦受損，會自然而然地產生羞愧心理，因而在銷售工作中處於擔心害怕的狀態。大量的銷售實踐證明，大多數的銷售努力都因種種原因以失敗告終，只有極少數能達成交易。因此，如果一個銷售人員不能學會應付顧客的拒絕，不能從屢次遭到顧客拒絕的經歷中取得經驗並保持心理平衡，最終將喪失自信心，一事無成。因此，銷售人員應清楚認識到只有少數銷售可能成功的事實，不怕失敗，要有成功的信心，同時作好失敗的心理準備，並能適時調整自己的心態，主動向顧客提出成交意向。

2. 等待客戶先開口。

有的銷售員認為客戶會主動提出成交要求，自己主動提出交易好像是在向客戶乞討，因此，他們在銷售中總是等待客戶先開口。這是一種錯誤的想法。銷售員要正確看待自己與客戶之間的關係。銷售員向客戶銷售自己的產品，獲得了金錢收益，但客戶從銷售員那裏獲得的是產品和服務，是實實在在的利益和滿足，雙方完全是互利互惠的友好合作關係。

還有的銷售員怕自己主動提出成交請求，客戶會以此為藉口討價還價。其實不管誰先開口，討價還價都是不可避免的。

一位銷售員多次前往一家公司銷售。一天該公司採購部經理拿出一份早已簽好字的合約。

銷售員愣住了，問客戶為何在過了這麼長時間以後才決定購買，客戶的回答竟是：「今天是您第一次要求我們訂貨。」

這個故事說明，絕大多數客戶都在等待銷售員首先提出成交要求。即使客戶有意購買，但是如果銷售員不主動提出成交要求，買賣也難以達成。

擔心客戶誤會自己是為了個人利益而欺騙他。

這是一種明顯的錯位心理，銷售員錯誤地把自己和客戶放在了一起。作為銷售員應把著眼點放在自己公司的利益上，不要以自己的眼光和價值觀來評判公司的產品。沒有十全十美的產品，只要符合客戶的需要並能夠滿足客戶的需求，對客戶來說就是好產品。

3. 職業自卑感的心理障礙

有些銷售人員認為自己的工作低人一等，存在很強的自卑感，這也是一種常見的成交心理障礙。這些銷售人員認為主動上門銷售形同乞討，是懇求別人買東西，因而自覺羞愧。他們沒有意識到職業不分尊卑貴賤，銷售與餐飲業、批發業一樣，是一種服務業，它提供的是一種對顧客和銷售人員都有好處的互惠服務。職業自卑感的產生主要在於社會對銷售人員存在極大的成見，認為銷售人員都是騙子。當然，這也與銷售人員自身知識水準有限有關。銷售人員應加強學習，豐富自己多方面的知識，認真掌握銷售理論和技巧，提高自身的素質。同時也要注意自己的服裝和言談舉止，做到不急不火、彬彬有禮，改變社會對銷售人員的錯誤認識。另外，銷售人員對待顧客要和藹可親，要善於察言觀色，但不要卑躬屈膝，在必要的時候要不卑不亢，堅持原則，並維護自己的人格尊嚴。

4. 成交期望過高的心理障礙

銷售人員對成交的期望過高也會構成一種成交的心理障礙。有些

銷售人員在成交前期的工作完成得非常出色,而且與顧客談得比較投機,形成了良好的人際關係,因而認為成交是水到渠成的事,從而放鬆了警惕,不主動促成交易,而是被動地等待顧客提出成交。事實上,顧客主動提出成交的情況往往很少,顧客多等待由銷售人員提出成交,特別是顧客抱著可買可不買的心態時更是如此。一方面,顧客自以為有一定的優越感,不應主動提出成交而失了身份和面子;另一方面,由銷售人員主動提出成交,顧客就掌握了敦促銷售人員進一步讓步的主動權。銷售人員若一味等待下去,不但浪費時間,而且有可能引起顧客的反感,最終喪失促成交易的有利時機。因此,銷售人員必須改變上述錯覺,適時主動地提出成交,並適當地施加壓力,積極促成交易。

第四節　要建議成交

最好的漁夫是懂得何時收網的,好的銷售員也要懂得把握促成交易的最佳時機。

(一) 要捕捉購買信號

客戶產生了購買慾望,常常不會直接說出來,而是會不自覺地將其心態通過各種方式表露出來。無論客戶是有意還是無意表露出來,銷售員都要及時發現。

（二）瞅準成交最佳時刻

1. 客戶認同了銷售員所展示的產品價值的那一刻

當客戶說「嗯，這個產品確實不錯」或者銷售員介紹完產品後客戶頻頻點頭、表示認可時，銷售員沒有理由不做出「促成購買決定」的嘗試。此時，銷售員應及時地問客戶「既然感覺不錯，您準備選那一種呢」等。

出現這種情況時，銷售員最好不要與客戶繼續交談，給對方一個思考的空間。因為如果繼續交談，可能會使客戶產生更多的疑慮，或者引發「購買危機」。

2. 交談出現和諧的沉默時

當銷售員感到所有需要說明的事項都已經交代清楚，而客戶則問完了自己關心的所有問題並得到了滿意的答覆，雙方都在思考下一步如何行動時，此時正是促成購買決定的好時機。

比如，銷售員可以說：「我們的印表機很適合貴公司的辦公要求，性能又好，您還猶豫什麼呢？我看這一款就不錯！」(給客戶看樣機圖片)

3. 客戶對銷售員就某一項異議的解答非常滿意時

當銷售員解答完客戶的異議，而客戶也表現出滿意的神情動作時也是「促成購買決定」的適當時機。

此時客戶可能會說「這個問題一直困擾著我，沒有好辦法解決，今天你的建議給我提供了很好的解決辦法」、「真如你所說的倒是很不錯啊。」

銷售員要抓住這樣的時機，幫助客戶下決心購買。比如：

「您看，我們的售後服務這麼完善，您就決定吧」！

4.客戶對產品產生濃厚興趣時

當客戶的言辭中表現出對銷售員所展示的產品有濃厚興趣的時候，銷售員要停止進一步的產品介紹，並立即進入「促成購買決定」階段。

客戶的這種興趣通常的表達方式包括提問與表述。例如：

「這種車型看來很適合我。」

「貴公司對付款有什麼規定，我怎樣付款？」

「如果我改變主意將會怎樣？」

當銷售員在與客戶的交談中出現以下內容時，也表明銷售員應該啟動「促成購買決定」的策略了：交付條件、交貨日期、要求報價、要求提供詳細資料、再次商討已經涉及過的問題，如「你能否再說明一下合約的履行方式」等。此時，銷售員千萬不要坐失良機，而是應適時地主動提出購買要求，促使客戶表態。

5.當客戶以非語言的方式表示對產品感興趣時

當出現下列情況時，表明客戶可能已經做好購買的準備了。

⑴再次審視產品。

⑵拿起筆作思考狀。

⑶離開會客室，與其他人交流產品情況。

⑷客戶頻頻點頭，表情變得友善，屈身俯視商品簡介、說明，而且邊看邊念念有詞等。

（三）引導客戶購買意向

購買時機的出現是銷售員前期辛勤工作的結果，銷售員一定要把握好這樣的機會，善於利用各種技巧把客戶引導到購買的意向上去。不管客戶如何反應，銷售員都要準備好妥善的應付言辭，讓對方感覺

「我已經買下來了」。

⑴銷售員要不失時機地提出購買建議，促使客戶做出購買決定。

⑵交談中，銷售員除要耐心詳細的說明外，還要引導對方提問，以打消客戶的顧慮，使其迅速做出購買決定。

⑶向客戶提問或提出購買建議時，銷售員語氣要自然、態度要隨和，不要讓客戶感覺你很急躁或迫切地想成交，也不要讓客戶感覺到壓力。

（四）提出成交要求，達成交易

對於銷售員而言，得到訂單才是最後的成功，但是這最後一步往往也是最艱難和最關鍵的環節。因為，在實戰中，有些銷售員努力了半天，也知道客戶有購買需求，但到了此時卻不能勇敢且主動地提出成交要求；而客戶雖然有意願購買，卻也不願意主動提出，雙方僵持下去，最終導致銷售失敗。

第五節　想要達成交易的具體提示

顧客在決定是否與推銷員達成交易之前，推銷員看準時機給顧客適當的提示有利於顧客儘快作出決定。下面就來具體分析推銷員在最後的洽談階段該做些什麼。

1.對你所推銷的產品要有自信心

你所推銷的產品如果確是顧客所需要的，那麼你就應該有這樣的自信心：顧客的購買是必然的。即使顧客在聽完你的推銷說明之後沒有馬上作出購買決定，你也不要驚慌。以平靜的口吻同顧客繼續進行

討論，向顧客說明你的產品正是他所需要的。不要採用乞求的方式請求顧客購買你的產品，如「幫幫我的忙吧！」「看在咱們多年打交道的分上你就買一點吧！」，這類語言容易讓顧客感到你是在哄騙他上當，進而懷疑你的產品的性能和特點。

如果你感到顧客馬上會作出購買決定，你更要穩住陣腳，不要流露出任何慌張的跡象。因為推銷員的慌忙只會亂自己的陣腳，導致顧客對你產生懷疑而取消他的購買決定。在最後階段，更要注意控制住節奏，讓顧客有充分考慮的時間，不要催促顧客，說話做事要表現出一種輕鬆有信心的樣子，儘量避免同顧客談論有關購買決定。不說「如果你購買了它⋯⋯」而代之以「當你在使用它時⋯⋯」更容易和顧客達成交易。

2.針對顧客情況給顧客直接的表示

推銷員如果知道顧客對自己的產品印象不錯，只不過對是否作出購買決定不願作過多的考慮，就可以針對這種情形，給顧客以直接或間接的表示，再向顧客提出一個誘導性的問題，暫時轉移顧客的注意力，讓顧客作出有利於推銷的回答，從而很快與顧客達成交易。例如，假設你在推銷冷凍設備，你面前的顧客是一家食品店的老闆，你可以說：「今年的春天來得早，氣溫回升得真夠快的是嗎？如果你今天就作出購買我們廠的設備的決定，我們將在三天之內將冷凍設備安裝好。請問您的冷凍庫面積多大？」這個例子就是先讓老闆作出購買決定，來得直接！然後將話題轉到冷凍庫面積上，誘使老闆作出回答，再準備同老闆討論冷凍設備的型號大小，這就很容易促使老闆作出購買的決定。

3.向顧客說明購買你的產品的好處

顧客購買你的產品就是看中了你的產品的優點，如果顧客不能決

定是否購買你的產品只是因為對你的產品的優點認識不足。因此作為推銷員的你，要把你的產品的所有主要優點一一展示給顧客看，並且大膽地將你的產品的不足或值得改進之處坦率地告訴顧客，顧客就可以對你的產品的優缺點作一個比較，並將你的產品和他正在使用的用品作一個比較，他會明白買了你的產品將給他帶來那些便利。

4.試探顧客是否有購買意圖

推銷員在顧客對產品發生興趣時，要多向顧客提一些檢查性的問題，以試探顧客的真實感受。透過這種方法，推銷員有時可以得到意外的定單，並且能縮短顧客決定的時間。例如如果顧客對於你推銷的洗衣機發生了很大的興趣，你就可以這樣問顧客：「這台洗衣機值得買，對嗎？」你可以再根據顧客的回答，採取相應的對策，要麼馬上促使顧客作出購買決定，要麼繼續深入推銷談話，進一步激起顧客的興趣與購買慾望。

一般地，顧客對這種檢查性質的問題的回答，大都不外乎三種：肯定的回答，這時推銷員應該儘快促成顧客作出購買的決定；不確定的回答，說明顧客並沒有全部接受你的推銷建議，他還在考慮著其他的什麼因素，推銷員此時應和顧客繼續洽談下去，讓顧客排除其他干擾因素，作出明確的答覆；否定的回答，雖然顧客的回答是否定的，但這種否定回答並沒有給推銷說明帶來危害，推銷員此時就應該重新處理好顧客的反對意見，為達成與顧客的交易清除障礙。

5.誘導顧客同意你的觀點

推銷員可對顧客提出一系列問題，而對這些問題顧客一般都應該肯定地回答。最後以一些小問題來誘導顧客作出有利於推銷員的決定。這要求推銷員具有嚴密的邏輯思維能力，同時不要讓顧客感到你是在誘騙他。

6.儘量去滿足顧客的特殊要求

每個人都有自己的個人偏好，或者有自己的特殊要求，推銷員所面對的顧客也是如此。因為我們的推銷所面對的是全部顧客，不可能每個顧客的愛好對你所推銷的產品要求都相同。為了能與顧客達成交易，在條件許可的情形下，應該儘量滿足顧客的特殊要求，這樣，顧客就會對你的產品保持濃厚的興趣，有強烈的購買慾望。如果你真地能夠滿足他的特殊要求，那麼這筆交易是肯定能夠成功的。

為了迎合顧客的心理，推銷員還可以主動提出改變產品的式樣，以滿足顧客的要求，讓顧客感受到你確實是在為他服務，這樣顧客就會更專心於購買你的產品。因此對於推銷員來說，有這種能夠滿足顧客的特殊要求的機會就應該充分地利用來為顧客服務，建立好同顧客的關係。

7.向顧客提供幾種選擇

向顧客提供幾種選擇是一種很好的方法。在顧客猶豫不決的時候，給顧客提供兩種選擇，促使顧客在兩種選擇中決定出一種，可有效地防止顧客的第三種選擇——什麼也不買。例如，一個推銷煤的推銷員這樣問他的顧客：「我們給您送 10 噸煤還是送 15 噸煤呢？」這比問他：「我們給您送 10 噸煤來，好嗎？」效果會好得多。

向顧客提供選擇的方式可以是多方面的，從數量到品質、型號等各方面，還可適用於其他的推銷方式，這種方法往往能收到意想不到的效果。

8.不要問一些容易導致顧客反對的問題

顧客在購買商品的活動中習慣於以自己為中心，而不願意接受令自己感到尷尬的問題，如果推銷員向顧客提這方面的問題如「你還不作購買決定？」，很容易導致顧客的斷然拒絕。在提問中儘量用肯定

的形式而避免用否定的形式。

9.試用四個步驟程序的方法進行推銷說明

這是瑞典的一個推銷員在推銷實踐中總結出來的經驗,他的四個步驟程序是這樣的:「第一,儘量總結和強調顧客和我的看法的一致性。第二,引導顧客同意我的觀點,從而達到雙方看法的一致。第三,把所有尚未解決的問題和有爭議的問題擱置在一邊,暫不討論。第四,與顧客一起商定怎樣進行討論,共同商量怎樣闡明一些重要問題。考慮到顧客有不同的看法,所以應該在下一階段再進行討論。」四個步驟程序理論著重以怎樣和顧客達成一致入手,引導顧客接受推銷員的銷售建議。在整個推銷說明中,和顧客進行了充分的交流,讓顧客自己決定自己。因此,四個步驟程序在推銷工作中有利於儘快和顧客達成交易。

10.有步驟地向顧客說明,爭取讓顧客部份地作出購買決定

如果顧客對你所推銷的產品還有顧慮,這時就不要急於讓顧客作出購買決定,而應該分階段有步驟地向顧客介紹你的產品,讓顧客對你的產品一步步地作出決定。隨著你的洽談的繼續,顧客對你的產品的興趣也會變得越來越濃厚,最終接受了你的銷售建議。這種推銷方法很適合部件多、結構複雜、價格也不低的產品的推銷。例如汽車的推銷,顧客可能會對顏色、對具體的構造都有不同的意見和要求,因此不可能一下子作出購買決定,需要推銷員向顧客作一步步深入的介紹,才能促使顧客作出購買決定。

分階段分步驟的說明還有一個好處,就是即使顧客對你的某一個推銷要點提出了反對意見,也不會危及整個洽談的繼續。你可以把顧客的注意力巧妙地轉移到另外一個要點上,這樣,透過顧客自己的綜

合比較，就會對某些方面的反對意見不再堅持，從而使交易順利進行。

11.直接請求顧客購買

如果你的推銷說明達到了一定的成就，眼看就要到與顧客達成交易了，這時你可以直接請求顧客購買你的產品。但你的請求應該注意莊重、大方，不要提出一些有損於個人身份和人格的請求。你可以對顧客直說：「您已經瞭解到了我們產品的性能和特點，買一個吧，它會使你獲益匪淺。」顧客也許基於你的直率而聽從了你的請求。另外，對於比較熟悉的顧客，由於他已經對你產生了信任，就更不必拐彎抹角地與他進行洽淡，直接請求他購買你的產品是最有效的辦法。「喲，老主顧！今天我又有一種新的產品，性能挺好的，來一個吧！」多乾脆！不過有一點要特別注意，千萬不要去坑騙顧客，特別是熟悉的顧客，只要有一次騙了他們，你就會永遠失去他們的信任。

12.一鼓作氣，促使顧客作出決定

推銷員不要寄希望於一次洽談就能促使顧客作出決定，但經過你的一次推銷說明後，你就可以判斷出顧客是否有意於購買你的產品，從而一鼓作氣，促使顧客早早地作出購買決定。因為推銷員的第一次說明是有計劃的行為，能夠比較全面地讓顧客瞭解產品，其中有些顧客就能直接與你達成交易，而大部份顧客還會存在不明白的地方，他們會向你提出問題和反對意見，這時推銷員就可針對顧客的問題和反對意見，給顧客一個更具體的答案，而不要因為害怕遭到顧客的拒絕就放棄努力。如果你在條件成熟的時機還不向顧客提出購買請求，不誘導顧客定貨，就會錯過合適的銷售機會。因此推銷員在作推銷說明對，發現顧客對產品產生了興趣，就應該一鼓作氣說服顧客購買你的產品，注意把握適當的成交機會，使整個推銷活動最後或功。

另外，推銷員在推銷過程中應審時度勢，把你的推銷說明集中到

說服影響顧客的購買決定這一最重要的因素上。使用這種方法，就可以節省大量時間並使推銷工作簡單化，省去了對顧客解釋和說明你的產品的其他優點的工作。

13.引出顧客的反對意見

當你向顧客作完系統的推銷說明之後，顧客依然沒有作出購買決定，這時你就要瞭解顧客不敢馬上決定的原因了。一般的，有可能會有以下幾方面的原因：顧客還有反對意見沒有提出來；顧客沒有最後決定權；顧客認為有必要再全面考慮一番等。這時推銷員可以透過對顧客提出問題，誘導顧客提出反對意見。例如推銷員可以問：「您還有不明白的地方嗎？」「你還不太相信，對嗎？」到了這最後階段，顧客往往能夠說出原因，否則顧客也會覺得尷尬的。一般顧客可能會有以下的回答：

①「我沒有什麼好說的，只是我對定貨還要考慮。」這說明顧客雖對你的產品有興趣，但他的購買慾望沒有受到充分的刺激，因此他還得考慮是否馬上購買你的產品。這時，推銷員應該選擇推銷要點對顧客進行說明，進一步刺激顧客的購買慾望，消除顧客的猶豫心理，使顧客認識到應該下定決心，馬上購買，否則將是一種失策行為。

②「我不能否認它的優點，但我覺得價格太貴了。」這些是顧客對你的產品真正的反對意見，是導致顧客遲遲不作決定的原因。顧客這時還會提出這類反對意見，說明推銷員一開始就沒有做好推銷說明工作，沒有做好同顧客的溝通或者沒有處理好顧客的反對意見，因些推銷員有必要重新向顧客作推銷說明，這次可要抓住顧客的心理和一些實際問題，使顧客改變以前的觀點，同你達成交易。

③「這件產品的買賣我一個人不能作出決定。」這表明你所面對的顧客不能算是真正的買主，但他能在這件產品的買賣中發揮一定的

作用,推銷員應該繼續對他施加影響,並尋求機會同決策者直接打交道,將你的產品銷售出去。

推銷員在顧客沒有作出購買決定的時候,應該從瞭解原因入手,促使顧客提出真正的反對意見,然後分別對待之,這是推銷員在最後階段掃除障礙的一個有效的辦法。

14.與顧客保持聯繫

如果顧客沒有作出決定,你又確信顧客對你的產品產生了興趣,現在最好的方法是建議與顧客保持業務上的聯繫。當然,你必須瞭解顧客不敢作出決定的真正原因,如果顧客本身沒有購買能力,與他保持聯繫也不會達成交易。如果顧客還想回去同別人商量一下,或者希望能有更多的考慮時間,你就應該理解顧客的行動,尊重他的決定。這時你就應該建議顧客與你保持著聯繫,並儘量贈送給顧客一些補充材料供參考,顧客將會更加相信你,這樣在以後與顧客聯繫時,透過再向顧客提供一些有價值的資料或信息,將很容易與顧客達成交易。

同顧客聯繫的方式很多,可以透過給顧客打電話,再次對顧客進行拜訪和直接給顧客寫信,其中以親自對顧客進行拜訪效果最好,因此當你再次光臨的時候,顧客就會從你的行動上感受到你的認真態度和負責精神,這會影響顧客的情緒。另外你在拜訪顧客時可以參加他們的討論,為他們提供其他有用的信息,直接徵求顧客的意見,這樣在你再次對顧客進行拜訪時,一般都能使顧客作出決定——買或是不買。而電話聯繫是一種最迅速的手段,它可以最快地獲得信息,但它沒有感人的效果,顧客會把它當作一般性的洽談業務。至於給顧客寫信,效果也不錯,書信可以給顧客提供一份書面材料,可以在一段時間內持續影響顧客。在同顧客進行聯繫時應根據需要選擇不同的方式,以取得最佳效果。

第六節　誘導顧客成交法

　　找到合適的時機便可立即提出成交建議。建議的最終目的是令顧客自動說出要買的商品。通常，令顧客自動購買你的商品的策略有多種。

一、請求成交法

　　請求成交法是一種最簡單也最常見的建議成交的方法，也叫直接成交法。它是指在接到顧客購買信號後，用明確的語言向顧客直接提出購買建議，以求適時成交的方法。一般來說，銷售人員和顧客經過一番洽談以後，對主要問題一般已經達成一致的看法，這時，銷售人員應抓住時機，主動向對方提出成交請求。比如，銷售人員對客戶說：「既然沒有什麼問題，我看我們現在就把合約訂下來吧。」這種方法一般適用於銷售人員對最後成交很有把握，或顧客已有購買意圖，但因某種原因不便主動開口的情況。當然，若對方是非常熟悉的老主顧，也可採取這種方法。該方法運用的關鍵是把握恰當的時機，注意運用語言技巧，要讓對方感到順理成章，而不要帶有勉強之意。

　　請求成交法的優點在於，若能正確運用該法，能夠有效地促成交易。因為從顧客心理來看，他一般不願主動提出成交要求。為了有效地促成交易，就要求銷售人員把握時機，主動提議，說出顧客想說而又不願說的話，從而促進交易。另外，採用請求成交法可以避免顧客在成交的關鍵時刻故意拖延時間，貽誤成交時機，從而有利於節約銷

售時間，提高銷售活動的效率。

　　請求成交法又稱為直接成交法或直接請求成交法，是指推銷人員直接要求顧客購買推銷品的一種成交方法。這是一種最簡單、最基本的成交方法，也是一種最常用的成交方法。

　　運用請求成交法應注意態度誠懇。在提出直接請求時，銷售人員要十分注意自己的態度。態度誠懇會加深顧客對銷售員的信任，從心理上更容易接受你的成交請求。

　　要求推銷人員具備較強的觀察能力，把握好成交時機。因為請求成交法要求推銷人員主動提出成交要求，所以推銷人員必須儘量引導顧客，使洽談局面朝著成交的結果發展。推銷人員應時刻觀察顧客，適時開口提出成交要求。在適當的時機要求成交，會令顧客自然、順利地接受。反之，在時機不成熟時要求成交，則會導致顧客的迴避甚至反感而錯過了機會。

　　請求成交法是推銷人員應該掌握的最基本的成交技術。採用請求成交法，要注意時機，要觀察顧客是否已經出現成交信號。如果時機未到就魯莽提出，會給顧客造成壓力，讓顧客覺得你只想著把東西推銷出去，根本不是替他著想。

　　使用請求成交法的時機體現在以下幾方面。

(1)老客戶或熟人

　　銷售員已經與這類顧客建立起了良好的人際關係，瞭解其需求。例如：「老陳，最近我們生產出幾種新口味的冰淇淋，您再進些貨，很好銷的！」

(2)顧客已發出購買信號

　　顧客對推銷品產生購買慾望，但還未拿定主意或不願主動提出成交時，推銷人員宜採用請求成交法。例如：一位顧客對推銷人員推薦

的冷氣機很感興趣，反覆地詢問冷氣機的安全性能、品質和價格等問題，但又遲遲不做出購買決定。這時推銷人員可以用請求成交法。「這種冷氣機是新產品，非常實用，現在廠家正在做促銷活動，享受八折的優惠價格，同時，您還會享受終身的免費維修，這些一定會讓您感到滿意的。」

⑶在解除顧客存在的重大障礙後

當推銷人員盡力解決了顧客的問題和要求後，是顧客感到較為滿意的時刻，推銷人員可趁機採用請求成交法，促成交易。例如：「您已經知道這種電熱水器並沒有您提到的問題，而且它的安全性能更好，您不妨就買這一型號的，我替您挑一台，好嗎？」

二、利弊說明成交法

讓我們先來看一個故事：

卡耐基一生致力於成人教育，有一段時間他向紐約某家飯店租用一個舞廳進行一系列的講課，每一季大概要用 20 多個晚上。

有一次，他突然接到經理的一張通知，告訴他必須付出幾乎高出原來三倍的租金，否則要收回他的使用權。卡耐基接到這個通知的時候，入場券等都已經印好，並且分發出去了，而且所有的通告都已經公佈了。

當然，誰也不願意多給別人租金，即使你再怎麼有錢也會對這種無理增加租金的事感到憤怒，卡耐基也同樣如此。可是他跟飯店的人交談又有什麼用？他們關心的是金錢，只對自己所要的感興趣。

幾天之後，他直接去見了飯店的經理。

「收到您的來信，我感到非常吃驚。」他說:「但是我理解你的做法，如果把你換成我，也許我會發出一封類似的信函。每一個人都希望增加自己的收入，您作為飯店的經理，有責任盡可能地增加飯店的收入。現在，我們來做一件事:如果您堅持要增加租金，請您允許我在一張白紙上將你可以得到的利與弊寫出來。」

卡耐基拿出一張白紙，在中間劃一條線，一邊寫著「利」，另一邊寫著「弊」。

他在「利」這邊這樣寫:「將舞廳空下來，租給別人開舞會或開大會將有更大的好處。因為像這類的活動，比租給別人當課堂，收入會更多。如果把我佔用 20 個晚上的時間去租給別人開舞會，當然比我付給你的租金多得多。租給我用，對你來說是一筆不小的損失。」

在「弊」的一邊他寫下如下的一段:不租給我，你有兩個壞處:

其一，你不但不能從我這兒增加收入，反而會使你的收入大大減少。事實上，你將一點收入也沒有，因為我無法支付你所要求的租金，而只好被迫到別的地方去開課。當然這個壞處，你可以從其租給別人來彌補而變成你的一個好處。

另外一個壞處就是這些課程吸引了不少受過教育，水準特高的群眾來您的飯店，這對你來說是一個很好的宣傳，您不這麼認為嗎?事實上，即使你花費幾千美元在報上登廣告，也無法像我的這些課程能吸引這麼多高層次的群眾來光顧您的飯店。這對一家飯店來說，不是一件很有意義的事嗎?你不讓我在您這兒講課，就使您的飯店失去了那麼多的觀眾啊?作為一個經理，應該用長遠的眼光看問題，而不應只顧眼前!

　　寫完之後，他把紙遞給飯店經理說：「我希望你好好考慮這其中的利弊，然後再將您的最後決定告訴我。」

　　第二天，他就收到一封信函，告訴他租金只漲 50%，而不是原來的 300%。兩者相距是何等之大！

　　亨利‧福特說過一句話：「如果成功有任何秘訣的話，就是瞭解對方的觀點，並且從他的角度和你的角度來看事。」

　　這段話，對推銷來說應該成為「經典」。因為世界上幾乎有 90%的人在 90%的時間裏，卻忽視了這其中的道理。

　　卡耐基運用理論說明的方式使飯店經理減少了 250%的租金，而對推銷來說，運用同樣的方法，會使你推銷大獲成功。

　　有許多顧客在購買商品時，太過於小心從事。對於這種顧客運用理論說服方法最有效果。

　　其實，這種方法是美國一位叫佛蘭克林的推銷家發明的。卡耐基只不過是在工作中運用了這種方法，就獲得了成功。佛蘭克林的推銷法如下：

　　每當他要決定一件事情之前，總是拿出一張紙，兩邊分開，左邊寫表示肯定，右邊寫表示否定。也就是說將一切買之有利的因素寫在左邊，右邊寫出一切買之不利的理由，看那邊理由充分而做決定。然後請顧客也寫出一張，權衡利弊，決定是否購買。

　　推銷員用此種方法進行推銷時，也可併用暗示法，如在肯定欄，當他填寫時，你可以多建議一些；在他填否定欄時，你不可多做「輔導」，最好是緘口不言。這樣一來，對你有利的肯定因素大大增加了。因為一個人叫他突然之間想出那麼多的否定因素是很難的。讓顧客寫完之後，再讓顧客從左到右再看一遍，看看是有利還是不利的因素多，同時試探性地徵求：「您看怎麼樣？」

三、不斷追問成交法

顧客在購買商品之時，左思右想，舉棋不定，無法決定購物行動。對待這一類顧客，用這種推銷方式最有效。

這一種方法首先對顧客要有耐心，充滿熱情，專心致志地傾聽他們對你講的話。對於他們所說的，千萬不可妄加評論。譬如他們說：「我想我還是再考慮考慮」，「考慮」就意味著不想買，這只不過是一種推脫之辭，你追問一句，他們往往會說：「如果不好好考慮……」還是一種婉轉的拒絕。像他們說出這樣的話，毫無意義可言。怎樣才能把他們那種模棱兩可的說法變成肯定的決定，這就是推銷員應該來完成的事。

假如一個推銷員能夠做到這一點，那麼他就無愧於做一個職業推銷員。

當顧客對你說：「如果不好好考慮……。」你就表現出一種極其誠懇的態度對他說：「你往下說吧，不知是那方面原因，是有關我們公司方面的嗎？

若是顧客說：「不是，不是」，那麼你馬上接下去說：「那麼，是由於商品品質不高的原因？」

顧客又說：「也不是。」這時你再追問：「是不是因為付款問題使您感到不滿意？」

……

追問到最後，顧客大都會說出自己「考慮」的真正原因，「說實在話，我考慮的就是你的付款方法問題。」

不斷地追問，一直到他說出真正的原因所在。在這期間，不可間

斷給對方說話的機會。追問也必須講究一些技巧，而不可順口答話。譬如，你接著他的話說：「您說得也有道理，做事總得多考慮一些。」

這樣一來，生意成功的希望則成為泡影。

四、假定成交法

假定成交法又稱假設成交法，是指推銷人員假定顧客已經接受推銷建議，只需對某一問題做出答覆，從而要求顧客購買的一種成交方法。

假定成交法也叫假設成交法，即不管成交與否，只要對方仍持有疑問，銷售人員就假定顧客已接受了銷售建議而直接要求其購買的一種策略。比如，你已將一部汽車開出去給顧客看過了，而感到完成這筆交易的時機已經成熟，這時，你就可以進一步處理這個問題，使顧客能真正地簽下訂單。你可以這樣對他說：「李先生，現在你只要花幾分鐘工夫就可以將換取牌照與過戶的手續辦妥，再有半個鐘頭，你就可以把這部新車開走了。如果你現在要去辦公事，那麼就把這一切交給我們吧，我們一定可以在最短時期內把它辦好。」經你這樣一說，如果顧客根本沒有決定要買，他自然會向你說明；但如果他覺得換取牌照與過戶等手續相當麻煩而仍有所猶豫的話，那麼，你的這番話可使他放心了，說明手續不成什麼問題。這種方法重要的是那種推動的力量。儘管顧客遲早總會下決心的，但如果沒有這種推動力，他也許要下慢一點，或者根本不想買了。

在推銷洽談過程中，推銷人員根據時機，可以假定顧客已經接受推銷建議，從而主動提出成交要求。假定成交法運用的關鍵是推銷人員有較強的自信心，這種自信心，也會感染顧客，增強顧客的購買信

心。例如：

推銷員已將一部汽車開出給客戶看過了，並且感到完成這筆交易的時機已經成熟，這時推銷員就可進一步地處理這個問題，使客戶能真正地簽下訂單。可以這樣對他說：「賀先生，現在您只需花幾分鐘時間，就能將換取牌照與過戶的手續辦妥，再有半個鐘頭，您就可以把這部新車開走了。如果您現在要去辦公事，那麼就把這一切交給我們吧，我們一定會在最短時間內把它辦好。」經你這樣一說，如果客戶根本沒有決定要買，他自然會向你說明；但如果他覺得換取牌照與過戶等手續相當麻煩而仍有所顧慮的話，那麼現在他就可以放心了，這些手續不成什麼問題。

假定成交法的優點是節省推銷時間，效率高。它可以將推銷提示轉化為購買提示，適當減輕顧客的成交壓力，促成交易。假定成交法是最基本的成交技術之一，是選擇成交法、小點成交法等其他成交技術的基礎。

假定成交法也有一定的局限性。這種方法以推銷人員的主觀假定為基礎，不利於顧客做出自由選擇，甚至會令其產生反感情緒，破壞成交氣氛，不利於成交。所以，在使用這種方法時，要注意適時地使用假定成交法，一般只有在發現成交信號，確信顧客有購買意向時才能使用這種方法，否則會弄巧成拙。

應有針對性地使用假定成交法，使用這種方法時，推銷人員要善於分析顧客。一般來說，依賴性強、性格比較隨和的顧客以及老顧客，可以採用這種方法。但對那些自我意識強，過於自信的顧客，則不應使用這種方法。

五、選擇方式成交法

對待那些沒有決定能力的顧客，運用此種推銷法最恰當。這種方法是向顧客提供幾種供他們選擇的方法，讓他們挑其中之一。

與這類顧客交談，你只需向他們提出問題，讓他們回答即可。

運用此種方法，推銷員可以使用下列這樣的一些問題，譬如：

①「這種商品，共有三種樣式，您看那一種合適？」

②「您是想一次性付清，還是想分期付款？」

③「您是準備自己出錢買，還是想向我們公司進行貸款？這兩種方式都可以，您看著辦！」

④「像這種您需要幾種？還是要全套的？」

⑤「用正式簽名，還是用假名？」

等等這一類選擇性問題，讓他們稍微思索一下就可回答。這種顧客是最容易接待的。只要你問題提得恰當，不論他們怎麼選擇，反正生意成交絕對沒問題。

六、攜帶方式成交法

這種推銷方式簡單的說來，就是老顧客向公司介紹新顧客，而自己獲得購買的優惠。

這種方式對於那些只付過頭期款或期間款，或者是那些確實想買而苦於經濟拮据的顧客，有實實在在的效果。

當推銷員瞭解到現在面對的是一個確實想買，只不過是沒有足夠錢的顧客。那麼，推銷員應該這樣對他們說：

「我們公司很早以前就實施了一種優惠方案,只要老顧客能將具有購買能力的顧客,帶到我們公司來購買商品,我們公司都會付給一定的報酬。」

「如果每個月能帶一位新顧客來購買我們的商品,則可免除老顧客當月分期付款的利息,並對頭期款也將優待。」

「透過這種口口相傳的方式,一方面可以使我們公司獲得新顧客;另一方面,也解決了你們由於經濟問題而帶來的困惑,兩全齊美!」

一邊說,一邊拿出介紹單給顧客。接下來又緊問他們:「您覺得誰合適就寫誰。」

如果顧客有表示寫的意願,則說明他同意用你推薦的方式購買商品;假如顧客仍不願意,那你仍必須從另一方面來宣傳你所推薦方式的優點,直到他們同意為止。

七、為他著想成交法

推銷員在剛開始進行推銷時,就要事先準備一番。

當你在和他們洽談之時,應儘量讓他們知道你是誠心誠意為他們著想,而不是為自己能賺更多的錢。譬如,M 想購置一套私人住宅,而你去向他推銷,於是你對他說:

「我聽說您打算購置一棟住宅,不知是真是假?」

「是有這個打算。現在住房太擠,住著一點也不舒服。因此,我想另找住處!」

「我們公司現在有幾棟房子,正準備出售,不知您有沒有興趣?品質和樣式肯定能使你稱心如意!」

　　然後，你帶 M 去一趟你所說的地方。你可邊介紹邊說，「這棟房子總價才 XX 元，這在市區內已經十分便宜了，你認為怎麼樣？」

　　「太貴了，太貴了！」

　　「您等一下，我和主管商量商量。」

　　隔一段時間，你又回來對 M 說：「剛才，我和主管商量一下。主管說，我們在 XX 地也有一處類似的房子，樣式和這也差不多，週圍環境也不差，而價格適合於你的要求，您覺得怎樣？」

　　當 M 顧客和你簽定了訂購單之後，對他說：「我們公司設計的房子，裝飾我們公司的產品，將會使您的新居更加豪華，怎麼樣，是否要購買我們的裝飾材料？」

　　一般來說，顧客既然已經把房子都買下了，還怕些不值多少錢的裝飾材料？

　　附帶買上是他們一定會幹的事。

八、意向引導成交法

　　如果顧客有心買，只是認為商品的價格超出了自己預定的水準。這時，你只要向他們進行「意向引導」，一般都能使洽談順利地進行下去。「意向引導」在買賣交易中的作用很大。它能使顧客轉移頭腦中所考慮的對象，產生一種想像。這樣，就使顧客在買東西的過程中，變得特別積極，在他們心中也產生一種希望交易儘早成交的願望。

　　「意向引導」是一種催化劑，一種語言「催化劑」。化學當中的催化劑能使化學反應速度迅速增快，同樣，在顧客交易中，賣主使用催化劑也能使顧客受到很大影響。

「意向引導」所有的一切行動都是你安排的。但在顧客看來，一切都是按照自己設計的，一直到交易成功之後，他（她）都以為自己佔了便宜。

推銷員在開始進行推銷時，一開始就要做好充分的準備，向顧客做有意識的肯定暗示，使他們從一開始就走進你的「圈套」。例如：

「您的客廳如果使用我們公司的裝飾材料，一定會滿屋生輝，可以說，必定是這附近最漂亮的房子之一！」

「我們公司目前正在進行一項新的投資計劃，如果你現在進行一筆小小的投資，過幾年之後，你的那筆資金足夠供您的孩子上大學。到那時，您再也不必為您孩子的學雜費發愁了。現在上大學都需要那麼高的費用，再過幾年，更是不可想像。您說，那會怎麼樣呢？」

「現在，市場不景氣，經濟衰退，如果您在這時候買下我們公司的產品，保證您在經濟好轉之後，能賺到一大筆錢！」當然，你對他們進行了如上的種種暗示之後，必須給他們一定的時間去考慮，不可急於求成。要讓你的種種暗示，滲透於他們心中，使他們的潛意識接受你的暗示。

推銷員要擅長把握住進攻的機會。如果你認為已經到了探詢顧客是否購買的最佳時間，你可以立刻對他們說：

「您肯定對這一帶特別熟悉，難道就沒有看出，您的房子是最高級的？俗話說：『名劍佩高手，好物佩佳人』，怎麼樣？買我們公司的產品吧，到時你就知道其中的妙處！」

「每個父母，都希望自己的孩子接受高等教育。『望子成龍，望女成鳳』，這是人之常情。不過你是否考慮過，怎麼才能避免將來這種沉重的經濟負擔，而對我們公司現在進行投資，則完全可以解決你們的憂慮。對這種方式，您認為如何？」

「當然，每個人都有充分的權力，對自己的資金自由支配，購買最好的產品。我不是強迫你買我的產品，而是想提醒您，這是一次賺錢的機會，怎麼樣？」

只要推銷員一開始就運用這種方式，給顧客各種各樣的「意向」，就會使他們對於購買你的產品產生一種積極的態度。當買賣深入到實質性階段時，他們有可能對你的暗示加以考慮，但不會十分仔細，一旦你再對他進行購買意願試探時，他們會再度考慮你的暗示，堅信自己的購買意圖。

顧客進行討價還價，會使你們之間洽談的時間加長。在填訂購單時，又會花一些時間，這一些煩瑣的小事使得顧客不知不覺地認為你的種種「意向」是他自己所發現的，而不知這是你對他們運用的推銷技巧。這時，推銷員必須耐心地、熱情地和他們進行商談，直到買賣成交。

九、步步為營成交法

這種方法的技巧就是牢牢掌握顧客所說過的話，來促使洽談成功。例如有一顧客這麼說：

「我希望擁有一個風景優美的住處，有山有水。而這裏好象不具備這種條件。」

那麼，你可馬上接著他的話說：

「假如我推薦另外一處山青水秀的地方，並且以相同的價格提供給您，您買不買？」

這是一種將話就話的方式，這種談話模式對推銷有很大好處。就上面一段話，顧客是否真的想擁有一個山青水秀的地方姑且不管。你

抓住他所說的話而大作文章，給他提供一個符合他條件的地方。這時，他事先說過的話就不好反悔了，否則就會感到十分難堪。這樣的情況在我們生活中也時常發生。譬如我們上街去買衣服，走進一個服裝店裏挑選，其實這時你還無心購買，只不過是看看而已。這時營業員就會上來對你說：

「您喜歡那一件？」

「把這件拿給我看一看。」

「這衣服不錯，挺合您身的，穿上會顯得更瀟灑。」

「不過，這衣服的條紋我不怎麼喜歡，我喜歡那種暗條紋的。」

「有啊，我們這裏款式多著呢。你看，這是從美國 XX 服裝公司進口來的，價格也挺便宜的，和您剛才的差不多，做工更好一些。怎麼樣？試一試吧！」

「嗯……啊，還行吧，大概要多少錢？」

「一點也不貴。像這種物美價廉的外品貨還真不多。你到那邊去看看就知道了，一件卡傑裏尼牌的襯衫就要五六百塊。就連一塊手帕，也要 100 多。其實用起來也是差不多。這件才 90 塊錢呢！」

「還是這麼貴啊！」

「再便宜穿起來就沒有這麼挺了，現在稍微好一點的也就是這麼一個價格。」

「好吧，我買了。」

這個推銷員就是運用了「逼迫式成交法」。想要什麼款式的，推銷員就給你提供你信口想說的那種，逼迫你不得不買。

譬如一個推銷員推銷小轎車，如果碰到一位顧客，他這麼對你說：

「這部車，顏色搭配不怎麼樣，我喜歡那種黃紅比例配調的。」

「我能為你找一輛黃紅比例配調的，怎麼樣？」

「我沒有足夠的現金，要是分期付款行嗎？」

「如果你同意我們的分期付款條件，這件事由我來經辦，你同意嗎？」

「唉呀，價格是不是太貴啦，我出不起那麼多錢啊！」

「您別急，我可以找我的老闆談一談，看一看最低要多少錢，如果降到你認為合適的程度，你買嗎？」

一環套一環，牢牢地掌握他的話頭。運用這種戰術，一般成功的希望比較大。

十、限期成交法

限期成交法是指銷售人員通過限制購買期限從而敦促顧客購買的方法。如許多商店貼出「存貨有限，欲購從速」、「三週年店慶，降價三天」等，都是典型的限期成交法的實例。它是利用顧客「機不可失，時不再來」的心理，推動顧客購買商品。人們往往對各種各樣的機會，特別是那些一去不復返的機會給予極大的關注，而且特別希望抓住這樣的機會，因而，採取限期成交法往往能製造出有利於成交的環境氣氛，吸引顧客的注意力。而且，採取這種方法確實能給顧客帶來實際的好處，故比較受顧客歡迎，從而能取得較好的效果。

但是，限期成交法有可能使未在優惠期間購買的顧客感到氣憤，而且有些商店不斷貼出「最後一天」的標誌，使顧客感到上當受騙，從而喪失了銷售的信譽。如果限期過短，還會使顧客喪失購買信心而放棄嘗試購買。

十一、小點成交法

小點成交法又稱為次要問題先成交法或避重就輕成交法,推銷員先通過次要問題的解決來促成交易的一種成交方法。

小點是指次要的、較小的成交問題,小點成交法利用了顧客的成交心理活動規律。一般來說,重大的購買決策問題往往產生較大的成交心理壓力,而較小的成交問題則產生較小的成交心理壓力。顧客在較大的成交問題前,常常比較慎重、敏感,一般不輕易做出明確的決策,甚至故意拖延成交時間,遲遲不表態。而在處理較小的、具體的成交問題時,則心理壓力較小,比較果斷,容易做出明確的決策。小點成交法正是利用了顧客這一心理活動規律,避免直接提出重大的、顧客比較敏感的成交問題。先小點成交,後大點成交;先就成交活動的具體條件和具體內容達成協定,再就成交本身達成協定,從而促成交易實現。

一個辦公用品推銷人員到某局辦公室推銷一種紙張粉碎機。辦公室主任在聽完產品介紹後擺弄起這台機器,並自言自語道:「東西倒很適用,只是辦公室這些小青年,毛手毛腳,只怕沒用兩天就壞了。」

推銷人員一聽,馬上接著說:「這樣好了,明天我把貨送來時,順便把紙張粉碎機的使用方法和注意事項給大家講一下。這是我的名片,如果使用中出現故障,請隨時與我聯繫,我們負責修理。主任,如果沒有其他問題,我們就這麼定了?」

辦公室主任很容易地接受了這個條件,實際上他也就接受了推銷人員的推銷建議。

　　推銷人員在假定顧客已經做出購買決定的前提下，就紙張粉碎機的使用和維修與主任達成協議，而避開了重大的成交問題，使辦公室主任輕鬆地接受了成交。

　　小點成交法運用的是成交心理減壓原理，它的優點體現在可以創造良好的成交氣氛，減輕心理障礙。另外，小點成交法為推銷人員提供了與顧客週旋的餘地。一個小點不能成交，可以換其他的小點，直至達到成交。

　　小點成交法運用較廣，但仍須合理使用，因為推銷人員在面對顧客時，迴避重大問題，而尋找枝節問題，其目的是消除壓力，與顧客達成共識，從而推動大問題的成交。如果濫用此方法，會分散顧客的成交注意力，不利於成交。因此，在實際推銷工作中，推銷人員應審時度勢，根據顧客特點，合理運用小點成交法。

十二、用途示範成交法

　　在所有交談之中，推銷員都要保持一種自信的態度，相信顧客會買，不可灰心喪氣。親自將商品的用途進行演示，會使顧客獲得一種安穩的感覺，增強他們對商品的信任感。

　　像顧客買房子，你可以先對他說：「如果我找到一處像您所想像的那種風景優美的地方，您要嗎？」

　　「只要價格合適，當然可以。」只要顧客這麼說，你就可以親自帶他去你找到的那地方參觀，讓他觀看那地方的風景。當然，在價格方面要合乎顧客的要求。這時，你就對他說：「怎麼樣，成交了吧！」並且立即拿出訂購單。

　　或許顧客會阻止你和他辦理手續，說出他還是不願意買的種種合

理的情況，那麼你可以反問他：

「您剛才不是說過，只要是找到你滿意的地方，並且價格合理，你就要買嗎？怎麼現在又不同意了？」

利用這種推銷方式十分有效。我們再來看兩例。

例一：買玩具。

顧客去玩具店給小孩買玩具，售貨員首先對他說：

給您孩子挑選玩具吧，最近新上市的有 XXX，XXX，XXX……這些玩具設計得非常奇妙，能給孩子無窮的樂趣和豐富的想像力，對開發您孩子的智力有很大的幫助。」

「那『變幻圍棋塊』怎麼樣？」

「您可是慧眼識物。這是 M 公司最新研製出來的智力方塊，有多種功能。你看，使用一號功能，按 A 鍵，然後可進行手工操作，這是初級部份。當達到一定水準之後，可以玩二號、三號功能。圍棋能開闊視野，培養他們嚴謹的思考能力，計算能力和猜想能力。購買這種玩具對您小孩的健康成長確實有很大的幫助。買了吧。花幾百塊錢！這比請一位家庭教師好多了，並且您可以直接輔導他。」

「聽您這麼一說，用處還真大，我就買這個吧！」一項買賣成交了！

例二：買車。

一位顧客想買車，推銷員對他說：

「這種型號的車，採用了德國進口的發動機，高級彈簧和合金材料，並且大部份零件也是大眾公司提供的。起動快、耗油量少，並且最為得意之處就是開起來特別舒服。」然後，你讓顧客坐進車內，讓他自己去試開一下，接著說：「價格很便宜。可以說，

同一類型的轎車中沒有這麼便宜的。怎麼樣？」

　　這時，顧客一方面被你說得心早已動，另一方面又親自體會了這輛車的特點，也就不再猶豫，會與你簽訂訂購單。

十三、隔靴搔癢成交法

　　假如你是推銷玩具之類，有時你向他們父母說明，倒不如向小孩方面打主意。利用他們子女的無知與興奮。這種隔靴搔癢的作用效果非常明顯。不過，用這種方式推銷失敗的可能性很大。用法得當，你根本就無需花費過多的時間，就會使他們毫不猶豫地買下。

　　這種推銷方法必須是對那些有子女的家庭，它有著特殊性，不可一概而用。

　　當你初次到一家有孩子的家庭去推銷時，首先準備一些小朋友們特別喜歡的小動物，例如：蟋蟀，松鼠，小狗之類的小動物。只要是他們喜歡的就行。

　　第二天，你就可以帶上你的小動物，問：「你喜歡不喜歡上次和你玩的那小狗？」

　　「嗯，好喜歡，叔叔那裏有？」

　　「有啊，你看這個玩具小狗多可愛，喜歡不喜歡？」

　　「嗯！」

　　「那叫你爸爸媽媽給你買呀，其他小孩都有啦，他們玩得好開心喲！你爸買下這個，這就歸你啦！」

　　這時，你才和顧客說：「我們過幾天一起商量購買這件事吧。」隨後，立即離開現場，讓顧客家中的小孩來幫助你「推銷」。

　　一般小孩，不會考慮到是否買與不買，他們只要看到是自己喜愛

的東西，都想要。和他們的父母哭鬧和糾纏，而身為父母的，卻又不忍心看到自家的小孩那麼傷心，總會千方百計地去滿足他們，安慰他們。

而推銷員呢，不用花大氣力去和小孩父母解釋、說明，讓小孩去說服他們，就可做成交易！

顧客絕不喜歡上門訂購，但在這種情況下卻是讓他門購買的最佳策略。

過了幾天之後，你再去這位顧客家，肯定不用說多少話，訂購單就會填好！

十四、加壓方式成交法

對顧客施加壓力並不是強迫顧客來買你的商品，而是運用一種心理戰術，使顧客無形中感到一種壓力，這種壓力是他們自己產生的，他們感覺不出這是由推銷員造成的。

推銷員在進行商品推銷時，要設法先使顧客感到慌裏慌張，沒有陣腳。然後，再進行你的推銷，這就是本法的基本內容。

當然，推銷員應該具有高度的說服力，要使你的話深得人心，能引起他們的共鳴。

使用這種推銷法，事前必須小心從事，做好充足的準備。在洽談的過程當中，恰到好處地改變當時的氣氛，如果說中間有一步弄錯，則會滿盤皆輸，生意泡湯。

這種方法，對那種說服力極強，應變能力好的推銷員特別適用。因為此法要求推銷員說話要有感染力，對於環境有極強的控制能力並能靈活地加以變換。

　　下面是應用此法的一些語言技巧，涉及各個方面，請看：

　　(1)「這麼昂貴、豪華的衣服，我覺得不適合於你工作的環境，看看便宜一點的吧，也許會更適合你的需要。」

　　(2)「這件商品的價值，如果按天計算，每天只需要三四塊錢，而每天那地方不能省三四塊錢。讓您孩子少吃一點那種不利於健康的食品，把節省的錢用在這件有意義的商品上多划算！」

　　(3)「我認為您應該再做一些考慮，而不必去找我們上司的麻煩，他的業務非常繁忙，您不需要去打擾他。您自己仔細想一想就可以理解像您這麼年輕，經濟支付能力恐怕夠不上買這一類型的商品，您考慮週全之後，再來怎麼樣？」

　　(4)「假若我沒記錯的話，您在結婚時，曾經在我們公司為您妻子訂購了兩件商品，現在，聽說您妻子已經不大喜歡了，不知是不是這麼回事？」

　　(5)「如果您認為從我們公司進貨，比從別的地方進貨，能賺到更多錢，那麼，您可以先拿出 XX 錢，來資助我們公司進行更大規模的建設。」

　　運用此種推銷方法，在進行過程之中應該注意如下兩點：

　　(1)掌握自己說話的口氣，連續不斷提出問題，一直到顧客對談論的問題有所表示。

　　(2)對特殊情況，例如談論問題的焦點，應首先進行解決。

十五、最後機會成交法

　　所謂最後機會法，又稱機會成交法、限制成交法、無選擇成交法或唯一成交法，是指推銷人員直接向顧客提示最後成交機會而促使顧

客立即購買的一種成交方法。機會成交法是推銷人員針對顧客害怕錯過良好的購買機會的心理動機，向顧客提示成交機會。「機不可失，時不再來」，一去不復返的機會，必然會引起顧客的注意和濃厚興趣，從而產生一種立刻購買的心理傾向。在最後機會面前，人們往往由猶豫變得果斷。所以這種方法的最大優點是促使顧客立即購買的效果比較好。例如：

「今天是我們五週年店慶優惠活動的最後一天，同樣的商品如果明天購買，你就要多花費 20％請勿錯過機會。」

又如：「由於鋼材價格不斷上漲，這種商品的出廠價已上漲 10％，我們是在漲價前進的貨，所以售價不變，下一批貨的價格肯定要上漲了。」

機會成交法能吸引顧客的成交注意力，它利用了人們對各種機會表現出一定的興趣並給予一定的注意，尤其對一去不復返的機會就會更加注意這一心理特點。正確地使用機會成交法，可以增強成交說服力和成交感染力，從而打動顧客，利於成交。使用這種成交方法應注意的問題是，要講究推銷道德，實事求是，絕不可採用欺騙的手段來換取顧客的購買。

十六、誘導方式成交法

這種方法的最大特點就是給顧客造成一種幻覺，讓他們知曉我們推銷是為他們特別設計的。或者說，我們現在推銷給你，是給你一個賺大錢的機會。要讓顧客一直這麼認為：「自己的運氣太好了，總是在適當的時候出現。」或「總是在適當的場所碰上」。只要讓他們能產生這樣的感覺，你對此法運用得就十有八九了。

推銷員要有這樣的本事：你不是為自己的推銷而推銷，而完全是為他們著想，好像你的職責就是如此。

譬如，一筆交易快要結束時，你可以添上一句：

「跟您實說了吧，大概您不會相信我的話。但是，我還是想說出來。其實，像這樣根本就不叫什麼生意，而完全是為你們著想。我們只不過向你們收夠成本費和勞務費就是了，而你們卻可因此而發大財。初次和您見面之時，我向您說這些話沒有多大必要。不過，現在可就不一樣了，因而我還是說出來了。」

像這些話是從心裏上來誘導的，具有間接作用的意味。有些則是直接去誘導顧客，如：「這是新上市的書，剛一推銷就賣出去好多，一睹其中之內容，定會感到舒暢無比，非常有用。怎麼樣，買不買？對您的說明可就大了。」

現在，市場進行各式各樣的有獎競猜，摸獎之類的，說透了，也就是引誘。群眾只注意那些特等、一等的獎品，對他們感到眼饞，希望能花一張彩票就能摸到特等獎。他們不去看這些摸獎的命中率多麼低！果真你就有那麼好的運氣？

下面講一個運用此法成功推銷的事例：

每年，H公司都要舉行一次規模盛大的有獎銷售大競賽，推銷最多的人不僅可以得到大筆獎金，而且還可以全家免費去瑞士旅遊三個星期。M先生過去曾經拿到銷售第一，而嘗到了這種甜頭。

今年，有獎銷售活動已經快接近尾聲了，而在幾小時之前，K先生連續推銷了幾件產品，一下子就超過了M先生。

在競賽結束前一個小時，兩人的推銷成績差不多，如果誰能在這一個小時內賣出三件商品，誰就有資格去旅遊了。

獎品的誘惑力太大，誰都想登上冠軍的寶座。這對一個推銷員來說很重要，一方面證實自己的推銷能力，另一方面則有大筆獎金，並且可以全家免費旅遊。這是人人求之不得的事。

為了在關鍵的時刻佔據主動權，M 先生就靈活地運用了此法。

「說句實在話，在最近幾年裏，像這樣的比較高一層的旅遊還是第一次。我確實想去旅遊！如果您能幫助我的話，我將會感謝您，否則，我只好望獎興歎了。如果您買我的商品，您不必付全部款額，我願意從得到的獎金中，讓您分享一部份。同樣一件商品，你從我這裏購買比從別處購買要便宜幾百美元。商品是同一公司的，絕沒有兩樣，這您可絕對放心。這樣一來，您可以買到沒有比這更便宜的商品。而我呢，也可以利用剩下的獎金，還可免費旅遊。為了我們彼此的利益，買下吧！」

每位顧客都有一種貪財心理，只要是有利可圖的事情，他們都願意幹，即使那些他們不需要的商品。如果不是因為品質緣故而只由於公司獎金週轉不過來而進行五折銷售，他們都會蜂擁而至，形成一種搶購潮。

M 先生抓住他們這種心理，讓利進行銷售，終於又一次實現了自己的願望。

十七、機率方式成交法

這種推銷方法是向顧客灌輸概率方面的簡單知識，消除他們購買時的心理障礙，而下決心購買你的商品。

這種推銷方法看起來似乎可笑，但卻有實效，特別是對那些年輕的顧客，簡直是一試即靈。

有些顧客，在詢問他們是否購買時，他們顯示出一種茫然的神態：「真的，我自己現在都糊塗，不知道是否要買。」

對於這一類顧客，你盡可能用此法向他們友好的解說。

有些老年顧客，由於上了年歲，意志力往往衰退，不能獨立自主地決定自己的意向。他們購買東西時，左看右看，躊躇不決。對這一類顧客也可儘量用此種方法。

總之，對於以上這一類無法以自己的意志來作決定的顧客，用一種簡單類比的事例，以略有著急的語氣向他們講述：

「看得出，您對我們的商品是很滿意，只不過您無法下決心，這是正常現象。您不要過於憂慮。每個人都是這樣，在購買商品時，都會考慮是不是應該買。其實，這種情形和乘火車、搭飛機沒有什麼差別。每個火車脫軌，飛機失事的悲慘事件多得很，傷亡的也大有人在。對於這些事您一定從電視或報導上經常看見。然而，您絕對不會因為經常有火車、飛機失事而不敢去搭飛機、乘火車吧？現在您買東西也是一樣，您在決定之前會遇到種種因素的困擾。其實，您根本就不用擔心。假如這種商品對您真的有很大幫助，您將會十分感激我的，您就買下這種商品吧！」

運用類比，使顧客與之進行比較，是這種推銷方法的根本技巧。

十八、抓住習慣成交法

這種成交法分為兩種形式：第一種是簽字習慣成交，即是以書面填訂購單的方式來成交。第二種是憑口頭約定，並以握手的方式來表示成交，即握手習慣成交法。

1.簽字習慣成交法

在與顧客的洽談中，當顧客的購買意願已經達到一定程度時，你就可以開始準備訂購單，並且可以對他們這樣說：「現在讓我們來共同討論訂購的事吧！」

在說的同時拿出訂購單，並且繼續說：「請把您的姓名告訴我，好嗎？」

在這樣的情況下會出現兩種現象，一是不表示拒絕；二是阻止你的行為。

對於第一種現象，不用多作說明，生意顯然成交了。

第二種現象，則表示顧客還存在一定的原因阻止做出決定。這時，你作為一個推銷員，最好是順從他，等到把他存在的顧慮解決之後，你再表現出一種好像你倆已經達成協定的神態，胸有成竹地對他說：「我已經在上面簽好了。您也得在上面簽名，這樣才表示我們交易成功了！」

推銷員的精神對顧客有很大的影響，你越是顯現一種高度的自信，他們越是對你產生信任感。當他們看到你充滿著一種自信的態度，也就不會感到什麼不安而果斷地簽名。

運用這種推銷方法應注意的一點是，當你們進行商品交易談判時，推銷員應事先讓顧客熟悉訂購單。這樣，在簽字時，他們就不會對訂購單感到陌生，內心也就不會對此感到有什麼不安，更不會感到有壓迫感。

2.握手習慣方式成交法

這種推銷法要求推銷員充分理解顧客的意願。對顧客所講的話，進行仔細地研究，並加以判斷。發掘僅包含在他話中的購買意願。當你初步瞭解了他的購買意圖之後，你可以充滿自信地對他們說：「您

是不是需要買一些試試看。」

與此同時，為了表示你對他能買這商品的感謝之意，你伸出手作出要和他握手的狀態。而顧客一般他說不會去考慮握手有什麼後果，對這種日常表示友好的方式會條件反射似的伸出手和你握手。這是人的一種本能，在一般無準備情況下機械地進行的。

握手就意味著默認購買商品-這是人們通常的看法。顧客會為突然發生的事而驚慌，沒有主見，只覺得受到了推銷員的控制。在這種情況下，推銷員根本不必說多餘的話，只要拿出訂購單就會成功。

十九、變換語氣成交法

當你用同一種方式和顧客進行交談而毫無結果之時，你就要考慮怎樣才能打破僵局。即改變自己說話的語氣和方式。

譬如，A 顧客是你多年來的老主顧，這次卻無意購買你的產品。無論你從正面怎樣勸說也無效果。這時，你就要運用旁敲側擊之術。

對於這一類顧客，由於你和他們關係比較熟，自己在購買商品上有種種因素制約，但他們又不好意思和你明說，因而只是重複一句話「我不想買」，其他一概不談，避而不答。面對這種情況，你可假設讓他是一個推銷員，問他對自己親戚朋友進行推銷而無結果有何感覺，經過這樣一反轉。他們都可體會出你的苦衷，而說出自己不想買的真正原因所在，這樣，你就有源可溯，幫助他尋找解決的辦法，而使他購買你的商品。

對待這種顧客，態度要誠懇，要充滿理解。

改變當時的氣氛，可以使顧客得到一種精神上的解脫，激起他們的購買慾。

二十、形式變化成交法

有一類顧客考慮問題太多，一直不能下定決心，總是以「還要多加考慮」為藉口。如何使這一類顧客脫離他的思維圈子，而沿著你的思路走下去，這是本方法所要講述的。

就上一例買房子來說，當顧客舉棋不定之時，你可以用一種令他們感興趣的話題去刺激他們另外一根神經。譬如，顧客說：「我還是不能下決心。」

你可以接著說：「是啊，這是人之常情，對於這樣一件大事，誰都要仔細考慮一番。誰也不願意武斷地下論斷——買一處自己不喜歡的房子。不過，我們公司考慮到你們這一點，特別實行一項特殊方案，解除你們的後顧之憂。」

「我們公司幾個月前就做出一項決定：凡是顧客購買本公司房地產，當交納了頭期款之後，可以試住一段時間，如果能對所住的房子感到滿意，則分期付款就可以了，如果對房子不滿意，公司將幫助你出售房子。」

「按照這種方案，您可以在很長一段時間作出自己的決定，您覺得這種方式怎麼樣？」

如果顧客仍是不能決定，你就再等一會，注意提醒他去想你們公司特殊方案的好處，而不要讓他再度回到自己的窠臼之中。

二十一、「假敗方式」成交法

這是一種「敗中求勝」的戰術。

把自己當作一個失敗者，從中掌握顧客不願購買的原因，以及從他們口中套出怎樣才能和他們成交。

人的本能就是這樣。當你被別人鬥敗，你會感到十分惱怒。例如在一次辯論之中，你會使盡渾身解數去說服對方，讓對方聽從你的觀點。如果說你被別人講得無話可言，你會感到無比懊喪，強烈地感到不服氣。但是，如果你獲勝了，當看到別人悲傷之色，你定會走上前去表示安慰。同樣如此，如果你在推銷過程中與顧客交談，裝出一副沒有理由說服顧客的悲傷之狀，顧客往往會認為自己的道理是正確的，已經說服了你，因而內心喜氣洋洋。

在他們沒有防備的情況下，你可快速地向他們「請教」。一般來說，他們都會告訴你應該怎樣怎樣才行。譬如你可以這樣問他們：

「那您認為怎樣才能使顧客購買呢？」

或「您能告訴我為什麼顧客不願意購買我推銷的商品？說真的，如果你肯不惜賜教，我將誠懇的接受！」

你抬高他們，把他們捧為這方面的「老師」。這樣他們獲得了一種是重要人物的感覺，往往會改變自己原來的主意而購買你的商品。

這些人，或許沒有被他人注意，只不過默默無聞，總是希望別人能注意自己，而你在這方面卻恰恰滿足了他們的虛榮心。

二十二、「對抗方式」成交法

世界之大，無奇不有，因而出現各種各樣的人也就不足為怪。在商業買賣中也會有奇形怪狀之士。有的顧客兩句話不對頭，就會對你大動肝火，好象你欠了他什麼似的。對待這種顧客，要以強硬對強硬，不可手軟。只有從氣勢上壓住他，才能使他低頭就範。

使用這種形式，只是在萬不得已的情況之下運用。

舉一例：假若你現在對王先生談交易。沒說多久，王先生就發火了，大聲對你說：

「不買就不買，你說那麼多廢話有什麼用？」

而你可用同樣的語氣對他說：

「你不買就不買，你對誰發那麼大的脾氣，我並不是缺少訂購單，現在請您馬上填好，你可以帶回家給你家孩子玩，要麼，就藏起來，好好保留！」

「總會有那麼一天，也許是您的某個孫子翻起您的材料，說不定會感激您給他們留下了一份寶貴的遺產呢！」

你要把他的思路向遠處引導，讓他們想一想將來。因為將來誰也無法預測，這樣，成功的希望也很大。誰都希望能為後代造福，不願自己的子孫整日為生活而奔波。

以上是 18 種對待顧客的方法，每種方法都是針對不同類型的顧客。但千萬不可死記、照搬，因為世界上沒有同樣的事情發生，也不會有象以上同一類型的顧客。因此，在推銷過程中，不可一條一款地原裝去應用，而應該把各種技巧綜合起來，融匯在一起，靈活運用。這樣才能收到事半功倍的效果。

二十三、冷淡方式成交法

這種稱呼，看起來特別奇怪，一般的情況是，推銷員應該是懷著滿腔的熱忱去對顧客遊說。對顧客採取冷淡的方式，不更是激起顧客對你反感嗎？何談去推銷？

其實，這是沒有真正理解這種推銷方式的內涵，只不過是望文生義。這種推銷方法要是能很好地去操縱、掌握它，其發揮的作用會越來越大，其推銷效果可以說是所有推銷方法中最奏效的。若是推銷員能適當地加以發揮，則效果更大，即使是最頑固的顧客，也會對你俯首稱臣。聽從你的安排，在一種不知不覺的狀態下答應成交。

運用這種技巧，往往會出現令你想像不到的順利。

有這樣一類顧客，恃才而傲，自以為無所不知，無所不曉，更是無所不能。你說什麼他會馬上接著你的話說出你下一句想說的。在他們看來，根本就不用什麼推銷員，就可以買到最好的商品而完全不必與什麼推銷員打交道。

遇到這一類顧客，怎麼辦？最好的方法就是運用冷淡方式這種推銷方法，壓住他們的盛氣，使他們乖巧地與你合作。對待這種類型的顧客，當你和他們交談時，你可以表現一種客氣態度，但在這客氣之中包含著一種對成交是否成功漠不關心的神情，就好象你根本不在意這件事一樣。

譬如說，你對他施以冷淡。在他們看來，覺得你並不在乎和他談生意，因而一定會引起他的興趣和好奇心。

其實，產生這種心理作用的道理很簡單，一語道破你就會恍然大悟。

作為一個推銷員對自己的推銷感到漠不關心，在他人看來，要麼是失職，要麼就是沒有推銷能力。因此，你對他們顯示出一種冷淡，他們就很想瞭解推銷員的失職情況。在他們頭腦中，總認為自己是一個了不起的人物，理應受到他人的尊重和注意。你對他們表示冷漠，他們就會惱怒，最終以購買你的商品而告終。這樣，你的表演就可到此為止。

與他們談話，你盡可用下列這樣的語氣：

「尊敬的先生，您大概不知道吧，我們的商品，並不是隨隨便便地對任何人都進行推銷，這會影響我們公司的榮譽！」當你說出這一段話，你再也不必對他們說什麼，就會使他們發生反應。不等他們開口說話，當他們還處在一種驚奇的狀況時，你又接著說：

「我們公司只對特殊的顧客服務，對顧客和服務項目都要經過嚴密的核查和選擇。這一情況，相信大家都略有所聞。」「在選擇推銷對象上，首先，我們要求顧客必須符合一定的條件。話又說回來，能符合這種條件的顧客不是很多。因此，總會有例外情況，我想，像您這樣的有知識的人一定能夠理解我話中的含義，是吧！」

說了這麼多之後，你可以稍微對他們談及一點生意上的事情：

「如果您想瞭解我們對顧客服務事項，我可以提供一些資料給你們。不過，在這之前您是否需要先申請一下付款的手續問題？這對我們兩者都有利，既可節省您的寶貴時間，同時也方便了我們。」

顧客同意你的意見，並表示出想買的意願，而你仍應裝出一種滿不在乎之神態。

等到時機成熟。你就改變推銷策略，熱誠地為他們服務，直到填好了訂購單。

第七節　成交之後的工作要求

在達成交易的最後階段——簽訂合約階段，銷售員也不可放鬆，還有一些必要的工作事項要關注。

為了使成交更為圓滿，在正式達成交易即簽訂合約後，銷售人員還應做好以下幾項工作。

經過你的生動推銷說明，顧客終於與你達成了交易。成交之後，你怎樣對顧客施加長期影響呢？雖然你已和顧客道別，你的行為仍然是非常重要的。要知道，你和顧客達成的交易，並不是憑藉著幾句花言巧語騙來的，因此推銷員應該記住對顧客所作的承諾，答應顧客提供什麼樣的產品，就應該送去什麼樣的產品，答應什麼時間交貨，就不要推遲一天。良好的信譽是推銷員推銷生命的基礎，如果你在同顧客的交往中不守信用，就會影響到你以後推銷活動的成功，影響你的公司的發展。

推銷時既然和顧客之間達成了交易，那麼剩下的事該是同顧客道別了。但道別這一簡單的過程並不是每一個推銷員都能做得很好的。有的推銷員和顧客達成交易後就喜形於色，有的推銷員達成交易後就急匆匆地想要儘快離去，這些往往都會給顧客留下不好的印象，以至於在推銷員前腳出門，顧客就後悔簽訂了訂貨合約或不該買你的產品，尤其是那些勉強作出購買決定的顧客更有一種驚恐不安的感覺。因此推銷員在和顧客道別時千萬注意自己的形象，要自始自終保持著

一種自信，要使自己的行為舉止很自然得體。

1.始終保持自己情緒的平靜

推銷員在進行推銷說明時有時會感到緊張，這是很正常的反應，特別是對於那些初次推銷毫無經驗的推銷員來說更是如此。如果在這種情形下成功地推銷出去一大批產品，推銷員可能會異常興奮，例如當著顧客的面就表現出欣喜若狂，不能自已。這些行為對推銷活動都會產生不良的影響，因為此時仍有失去交易的可能。所以對於推銷員來說要時刻保持清醒的頭腦，要善於控制自己的情緒波動，對顧客的購買行為要表現出很感激很欣賞的樣子，這樣即使在你離去以後也能給顧客留下很好的印象。因此推銷員無論何時都要善於穩定自己的情緒，否則顧客會對你失去信任。

2.給顧客一顆「定心丸」

人們經常會對某件事產生懷疑，有不安全感，這是人們很自然的反應，顧客有時就會對剛剛作的購買決定產生懷疑，產生後悔的心理。為了消除顧客的最後顧慮，推銷員應該對顧客作一個明確的保證，向顧客承諾對自己的銷售業務承擔責任，這樣有利於消除顧客的最後懷疑心理，讓顧客感受到他的購買決定是一個明智的決策，也就是說給顧客一顆「定心丸」。這是推銷員在成交之後應該做的一項工作，並且在向顧客作保證時必須態度認真，語言誠懇，才能促使顧客相信自己。如果推銷員採取敷衍的態度，容易引起顧客更大的懷疑，從而有可能使交易失敗。

3.確保下次來訪時仍受到歡迎

推銷員在同顧客達成交易後，應該鄭重地向顧客道謝，千萬不可流露出對這筆交易的無所謂甚至不賞識的態度，否則當你下次再訪時顧客一定會還你以冷淡的態度。推銷員隨時都要注意做到謙虛有禮，

不要表現出一種舉止輕浮的氣質，不然你就得不到顧客的歡迎。特別是在與顧客之間沒有達成交易的情況下，推銷員不要怒氣衝衝而去，因為起碼顧客接見了你並和你進行了洽談，何況你還得考慮與顧客下次打交道呢！總之，推銷員的行動影響著自己的形象，影響到公司的聲望，還影響到下次與顧客打交道的受歡迎程度，因此你要隨時注意友好地同顧客交往，不理智的行為只會是自找麻煩。

4.選擇適當的時機和顧客道別

　　當推銷員和顧客之間達成交易以後，推銷員剩下該做的事就是要選擇適當時機和顧客告別。如果顧客很忙，你不妨在達成交易之後從容地同顧客告別，但如果顧客有心同你交談幾句，你就不應該匆匆而去，特別是對那些經過長時間考慮後才決定購買的顧客，你的匆匆離去會使他對你產生懷疑，因此推銷員應該選擇適當時機同顧客道別。另外，在同顧客的交談中，應盡量少說話，特別是盡量少談論產品的事，「言多必失」，否則後悔也就來不及了。在同顧客的閒聊中不要因為交易的成功而忘乎所以，誇誇其談，這樣容易引起顧客的反感。在離去時應該同顧客有禮貌地告別，對顧客購買你的產品要表示感謝。這一切，都是成功的推銷員的經驗之談，應該加以注意。

第 **8** 章

貨 款 回 收

　　貨款回收是銷售工作的重要環節，也是企業考核推銷人員銷售業績的主要依據之一。推銷員對已發生的應收賬款，應採取有力的措施，加強管理，努力爭取按時收回貨款，避免因拖欠時間過長而發生壞賬，使企業蒙受損失。如果只是把產品給了客戶而貨款不能收回，這樣的推銷是沒有意義的。

第一節　貨款回收

　　在現實中，企業由於受到市場競爭的巨大壓力，堅持錢貨兩清原則往往會削弱其競爭能力，喪失有可能爭取到的市場佔有率。因此就採取了一些信用政策，允許賒銷部分產品給顧客，保證對市場的充分佔有，這就形成了貨款回收問題。

一、貨款回收的原則

　　貨款回收是銷售成交後最基本、最重要的工作，是銷售工作中永恆不變的話題，也是一個企業和老闆衡量一個推銷員是否合格的主要標準之一。「千好萬好，沒有回款就是不好；千能萬能，沒有回款就是無能」。由此可見，貨款回收是硬道理，推銷員必須重視並認真做好貨款回收工作。

1.「預」

　　未雨綢繆，做好貨款回收的預防工作。包括兩個部份：一是加強預防性監管，防止貨款回收問題出現；二是做好貨款回收預案，當貨款回收問題出現後，立即進行相關處理。

2.「快」

　　債務發生後，立即要賬，討回欠款的成功率是與時間的長短成反比的。

表 8-1-1　欠款時間與討回欠款的成功率關係表

拖欠時間/月	1	2	3	6	9	12	24
討回欠款成功率	93%	85%	73%	57%	42%	25%	13%

　　欠款時間越長，討回欠款的成功率就越低。所以，推銷員應該學會設立「最後收款期限」，督促自己及時採取行動。通常「最後收款期限」的設立標準為回款期限的 1/3，如回款期限是 30 天，「最後收款期限」不能超過 40 天；如期限是 60 天，「最後收款期限」不能超過 80 天。如達到了「最後收款期限」，推銷員應馬上採取行動追討。如果推銷員不及時追討，相當於將回款的機會讓給別的公司，就會大

大提高本公司的經營風險。

3.「勤」

勤快,多跑,多要。勤快也包括兩方面:一是勤發貨,為避免出現收款問題,應該減少發貨批量,多批次,小金額;二是勤收款,為避免貨款回收期過長而收不到款,須及時催討,經常要賬。

4.「纏」

對某些總是想方設法不還錢的客戶,討債人一定要有不達目的不甘休的精神。如果經過多次催討,對方還是拖拖拉拉不肯還款,一定要表現出相當的纏勁功夫,有時候可以全天候盯守。

5.「變」

要學會不斷根據市場情況和客戶情況的變化,適當變通回收賬款策略、討賬的方法等。

二、要防範欠款

「防患未然」是解決回款問題的第一法寶。推銷員必須長一雙「火眼金睛」,以識別可能會出現回款問題的客戶。客戶的各種異常情況是欠款危險出現的前兆,推銷員必須及時發覺這些情況,瞭解異常情況的發生原因,及時從源頭上解決回款問題。客戶的異常情況主要有以下幾種。

1. 經營不正常

任何行業、任何企業的經營都有定規,如果出現反常的經營舉措,雖然不一定是經營出問題,也不一定會出現回款的問題,但「小心駛得萬年船」,這些信號出現後,推銷員必須及時瞭解情況,防止回款問題的出現。

(1)不正常進貨

優秀的推銷員平時應深入瞭解客戶的銷售能力、庫存數量以及當前的市場情況,對該客戶的每月進貨量、進貨種類、進貨時間心中有數。對於客戶的不正常訂貨,應深入瞭解。例如,一向精明的客戶老闆,卻選擇較不利的時點訂貨(在結賬的前幾天訂貨),且訂貨量超出其以往的銷售量甚多。

(2)貨品流向有問題

若客戶門市生意並沒有比以前好很多,但最近進的貨一下子就不見了,而且訂貨次數增加。此時,推銷員要注意該客戶是否有「轉售同行」,或「填支票洞」等問題。

(3)削價求售

客戶的削價求售,依正常情形,顯然是赤字經營。這種客戶雖未必於近期內倒閉,但是長期以債養債的結果,當宣佈倒閉時,其倒賬的金額可能高得出乎意料。

(4)不正常的經營方式

如果客戶不是以正常經營賺得利益,而是以迂迴方式獲利(例如:削價轉售而換取現金,然後轉放高利貸,用這種方式圖謀高額的利潤)。這種不正常的經營方式,風險太大,應趁早終止交易關係。

(5)不務正業

如果客戶由原來經營的行業,突然轉向投資或兼營其他高風險行業(例:炒股票、炒地皮),在財力和人力上顯然較容易出問題。

2. 財務不正常

正常情況下,企業的財務制度都應該是比較嚴謹的,其支付方式、支付時間、支付銀行等都是有規律的。如果,發現對方在財務上有反常情況出現,則必須立即警惕起來。主要財務異常有如下幾種。

⑴會計人員突然離職

若客戶財務出問題，最先驚覺到大勢不妙的必然是會計人員。因此，當會計人員突然離職時，推銷員須趕緊追查該會計人員的離職原因，同時從各種角度衡量該客戶財力是否出問題。

⑵延期付款

如果付款比過去延遲，經常超出最後期限，或多次破壞付款承諾，則顯然其資金週轉不良。

⑶改變支付方式

原來及時轉賬的方式變成了票據的方式；銀行票據變成了商業票據；現金支票變成了匯票等，這說明企業極有可能支付出現困難。

⑷出現票據不能及時兌現的情況

如果客戶開出的票據到期不能兌現；出現空頭支票等，就說明客戶支付出現了嚴重的問題。

⑸財務人員找各種藉口，迴避支付

找客戶兌現貨款時，客戶企業的財務人員找各種理由來拖延支付，比如印表機壞了，無法打單；出納不在，或財務經理不在等。財務人員經常性的迴避行為，可以判斷出該企業的財務已經出現問題。

⑹正常的營運費用無法支付

如果發現客戶房租、水電、工資等正常的營運費用都無法支付，基本可以斷定企業的財務問題嚴重。

3.行為不正常

推銷員除了能找到「蛛絲馬跡」，還應學會「察言觀色」。有時候，客戶的內部情況不易調查。但他們內部的不正常的情況，一定可以從相關人員的神態或舉止中表現出來。

(1)老闆常不在

如果某客戶由過去的隨時可見,突然變成經常不在,甚至在家裏也是早出晚歸,找不到人。

(2)員工大量離職

「春江水暖鴨先知」,當企業出問題,員工多數時候是會感覺到的。如果企業出現員工離職率超過正常水準,可能是企業經營出了重大問題。

(3)態度轉變突然

原來一向趾高氣揚、態度惡劣,最近突然一反常態,對推銷員巴結討好;或者原來親如兄弟,現在卻形同陌人;或者一向與本公司不甚重視,最近卻一反常態,對本公司非常捧場等。

(4)企業突然搬遷

正常企業如果需要搬遷,一般都會知會相關企業。如果企業沒來由就突然搬遷,或者傳出搬遷的風聲,或者有明顯搬遷的跡象。這都要引起推銷員的高度警惕,推銷員必須立即開展調查行動,防止客戶非正常失蹤。

4.其他不正常情況

其他不正常情況包括老闆私生活不正常、風評不佳、第六感出問題等。

第二節　企業對貨款的實施信用管理

1. 徵信調查

徵信調查是欠款防範的首要措施。顧客的資信狀況往往決定著貨款回收的難易程度。資信等級高的顧客，一般能及時結清貸款；相反，資信狀況差的顧客，則有可能拖欠貸款，甚至造成呆賬與壞賬，對單位的生存與發展造成災難性的後果。

(1)徵信調查類型

以企業的角度看，信用調查可分為兩大類，一類為第三方調查，包括專門的資信調查機構、往來銀行、同行等的調查，這是一種有償調查，即企業要支付一定的調查費用。另一類為企業自己調查，包括本企業專門機構進行的調查和推銷人員進行的調查。選擇那一類調查方式，企業可以根據具體情況而定。

(2)信用調查的時機

信用調查的時機主要有五種，即：

①交易條件發生變化時，如交易價格、數量、金額、交貨期限與付款方式、付款期限等發生變化時；

②開拓新顧客時；

③當聽到顧客的經營狀況惡化時；

④接獲大批定單時，發現老顧客一反常態大量或連續不斷地訂貨時，或初次與對方接觸，對方就不假思索地要求大量訂貨，或自己未曾訪問過的訂貨單位或自己不知底細的公司訂貨時，等等；

⑤交易對方擴大經營範圍進行多種經營時。

(3)信用調查的內容

主要包括：

①客戶方工作人員及其工作態度，如對方內部機構的變更、對方職工的工作態度變化情況以及是否離職，對方產品或勞務的銷售秩序等；

②客戶進貨量與庫存量的變化，如進貨對象變化情況、訂貨數量變化情況、庫存積壓等；

③客戶財務狀況，如付款方式的變化、職工工資的發放情況、遠期支票開列情況、與其交易的其他公司的情況等；

④客戶經營者的生活態度，如生活的奢華程度、對公司經營的熱情程度、人際關係等。

2. 加強對銷售與財務的監管

(1)在銷售合約中明確各項條款

簽訂銷售合約時，要注意以下事項，以避免日後與客戶產生分歧而帶來回款風險。

①明確各項交易條件，如價格、付款方式、付款日期、運輸情況等；

②明確雙方的權利和違約責任；

③確定合約期限，合約結束後視情況再行簽訂；

④加蓋客戶的合約專用章（避免個體行為的私章或簽字）。

(2)定期的財務對賬

財務要形成定期的對賬制度，每隔三個月或半年就必須同客戶核對一次賬目。

(3)減少賒銷、代銷運作方式

推銷員有時為了迅速佔領市場、完成銷售目標而常採取賒銷、代

銷的運作模式。這種銷售模式是客戶拖欠應收貨款的土壤,並極易造成呆賬、壞賬的出現。企業要制訂相應的銷售獎勵政策,鼓勵客戶採取現款現貨方式,儘量減少賒銷、代銷的方式。

(4)建立信用評定、審核制度

對不同的客戶給予不同的信用額度和期限並採取動態的管理辦法,如每半年根據前期合作情況,對客戶的信用情況重新評定。

3.加強對經銷商的監管

(1)建立完善的經銷商開戶制度

當廠家開拓新的市場或對目標市場進行細分時,對經銷商選擇時進行充分、科學的評估,這不僅是為將來的銷售尋找一個合作夥伴的需要,同時也是降低在日益激烈的市場競爭中經營風險的需要。這是一項事半功倍的工作。

(2)加強對已合作經銷商的監管

主要監管措施有如下幾種。

①強化經銷商的回款意識。一個經銷商一般同時經銷多家公司的商品,經銷商對各個公司的應付賬款會有一定的支付順序原則,要經常性地強化經銷商的回款意識,將本公司的付款列為其第一付款順序。

②控制發貨以減少應收賬款。按照經銷商實際的經營情況,採用「多批少量」的方法可以有效地控制應收賬款。

③建立經銷商的庫存管理制度。通過對經銷商庫存的動態管理(銷售頻率、銷售數量、銷售通路、覆蓋區域等),及時瞭解經銷商的經營狀況,保證銷售的正常運轉,有效地控制應收賬款。

4. 加強自家推銷員的監管
(1)強化推銷員的銷售原則性

推銷員如何處理廠家與經銷商的關係是一個重要課題。在實際的銷售管理過程中，推銷員為了銷售業績，常幫助經銷商向廠家索要更多的利益。所以，要強化推銷員的銷售原則性，推銷員在跟經銷商維持良好的客情關係的同時，必須不折不扣地執行公司制定的銷售政策與應收賬款管理政策。

(2)培育推銷員的回款意識與習慣

推銷員應該養成如下良好的回款習慣：貨款回收期限前一週，電話通知或拜訪負責人，提醒其結款日期；期限前三天確定結款日期，如自己不能如約，應通知對方自己的某一位同事會前往處理；如對方不能如約，應建議對方交待其他人負責；在結款日一定按時前往拜訪。「收款重於一切」是推銷員必須紮根腦海的基本信念。

(3)加強推銷員終端管理、維護能力

建立一套行之有效的終端維護的管理辦法，不僅可以降低經銷商的經營風險，確保廠家貨款的安全；同時也可以提升銷售業績，提高公司形象、產品形象在經銷商中的地位，這對及時清欠應收賬款都是有益的。要想確保廠方的銷售回款，就要先確保經銷商的銷售回款。要廠家的生意提高，就要先確保經銷商的生意。

(4)提高推銷員的追款能力

推銷員在成功追收賬款中扮演著很重要的角色，在日常工作中要加強推銷員在這些方面的培訓。

(5)制定合理的激勵政策

要將應收賬款的管理納入對推銷員考核的項目之中，制訂合理的應收賬款獎罰條例，即個人利益不僅要和銷售、回款業績掛鈎，也要

和應收賬款的管理聯繫在一起。

第三節　貨款回收的技巧

1. 領先一步，收款容易

要準確瞭解客戶的結算週期，盡可能擠進客戶貨款支付預算頭班車。要想辦法全面瞭解客戶的經營狀況，包括進貨週期、結賬週期。爭取每次比其他企業領先一步拿到應收的賬款。因為大多數客戶的週轉資金總是有限的，對各賣主的貨款支付自然有先後順序，因此要瞭解客戶的結算週期和資金流，想辦法擠進客戶貨款支付計劃的頭班車，讓其他企業的回款等下一班車。

如果沒有抓住客戶的進貨規律和週期，收款自然就會十分被動。推銷員在向客戶提出結款時，往往得到的回答是：「這兩天資金週轉不靈，能不能過幾天再說。」

2. 協助經營

純粹的討債者是不可能與商人合作成功的，協助客戶一起去經營好其貨款，這才是降低企業應收款的根本所在。

3. 收款前及時提醒

對於支付貨款不乾脆的客戶，如果只是在約定的收款日期前往，一般情況下收不到貨款，必須在事前就催收。事前催收時要確認對方所欠金額，並告訴他收款日一定準時前來，請他事先準備好這些款項。這樣做，一定比收款日當天來催討要有效得多。如果距離遠，可通過電話催收；或者把催款單郵寄給對方，請他簽字確認後再寄回。

4. 利用主管作當事人去追債

主管親自出馬威力大，他們講策略又有指導能力，如能和經辦人一起去追討債務，可以引起對方的重視，互相催促拿出解決問題的方法，減少下級敷衍拖賴踢皮球。

5. 利用第三者回款

登門催款時，不要看到客戶處有另外的客人就走開，一定要說明來意，專門在旁邊等候，外人在場本身就是一種很有效的催款方式。因為客戶不希望他的客人看到債主登門，以免弄砸他別的生意，或者在親朋好友面前丟面子。在這種情況下，只要所欠不多，客戶一般會趕快還款，打發你了事。收款人員在旁邊等候時，還可聽聽客戶與其客人交談的內容，並觀察對方內部的情況，也可找機會從對方員工口中瞭解對方經營現狀與資金現狀，說不定會有所收穫。

6. 利用還款擔保追債

企業可以在簽訂銷售合約時，要求客戶尋找第三者(或上級單位)擔保，擔保書最好能經過公證。確保在未來出現客戶無力還款情況時，有擔保單位代為償還。第三方擔保也是一種對客戶的約束行為。

7. 利用還款保證追債

如債務人公司較有實力又是長期合作者，只是一時資金週轉困難，那麼推銷員可在每次討債無果時，要求客戶寫下分期還款保證書、欠條或開出定期支票匯票，這樣既保證訴訟時效連續，又給客戶一次次加上緊箍咒。如果債務人在外地，上門討債花銷費用大又不方便，債權人可每月寫信索債，發出律師函追債。但所發信件均要掛號，保存好郵政單據作為有效證據。

第四節　貨款回收的方法

1. 直截了當法

對於付款情況不佳的客戶，一碰面不必跟他寒暄太久，應直截了當地告訴他你來的目的就是專程收款。如果推銷員對收款吞吞吐吐、羞羞答答的，反而會使對方在精神上處於主動地位，在時間上做好如何對付你的思想準備。如果只收到一部份貨款，與約定有出入時，推銷員要馬上提出糾正，而不要等待對方說明。另外，要注意在收款完畢後再談新的生意。這樣，生意談起來也就比較順利。

一般來說，大部份欠款的客戶也知道欠款不應該，他們一面感到欠債的內疚，一面又找出各種理由要求延期還款。如果遇上一開始就認為延期還款是理所當然的客戶，待結清這筆貨款後，最好不要再跟他有業務來往。

2. 情感感化法

情感感化法是指通過與客戶建立良好的客情關係或私交，運用情感打動客戶使其幫助推銷員給公司回款，達到回款的目的。如通過與客戶交談或利用個人的表演，告訴客戶如果不能完成回款任務，公司會怎樣怎樣處罰自己，讓客戶明瞭推銷員也很為難，利用客戶的同情心和朋友關係完成回款任務。

商場上，買賣雙方之間歷來提倡重合約、講信譽、誠信無欺好商量的人際關係。而信守合約按期付款是雙方長期合作的基礎，追債人應先盡力說服對方講人情、重友誼、看發展，在他的付款能力之中優先考慮付你的款！

3. 高頻次，小金額法

對新客戶或沒有回款把握的老客戶，無論是代銷或賒銷，交易的金額都不宜過大。寧可自己多跑幾趟路，多結幾次賬，多磨幾次嘴皮，也不能圖方便省事，一次性大批量發貨給對方代銷或賒銷。須知欠款越多越難收回，這一點非常重要。很多銷售人員都有這樣的經驗：有些新客戶，一開口就要大量進貨，並且不問品質，不問價格，不提任何附加條件，對賣方提出的所有要求都滿口應承，這樣的客戶風險最大，應特別警惕。

4. 限量發貨法

限量發貨法是指針對已有欠款未回收的客戶，採用限量供應貨物的辦法，迫使客戶妥協進行回款。但要注意這種方法只能適用於供不應求的產品。

5. 軟硬兼施法

軟硬兼施法又稱雙簧表演法，指和同事搭檔，雙方互相配合，一個對客戶發脾氣，另一個則好言相勸，以求達到收款的目的。

6. 死纏硬磨法

對某些總想方設法不回款的客戶，推銷員一定要有不達目的不甘休的精神。

有位推銷員經常用此方法：他在每次要求客戶匯款時，就採取盯人的辦法，你到那跟你到那，什麼事都放下，就是看客戶每天收多少錢，讓你說沒錢都無法說，直到打款。

7. 聲東擊西法

聲東擊西法是指想要客戶回款卻什麼都不說，去做其他的工作，比如和其他的廠家客戶頻繁接觸，造成另選客戶的假像，並通過第三方管道傳出該客戶回款不利、企業發展困難的消息，逼使客戶回款。

8. 欲擒故縱法

欲擒故縱法是指當客戶提出一些問題和要求需要推銷員解決時，推銷員就有意表示難度很大，幾乎不可能。待對方著急解決這些問題和要求，並提出只要問題解決就會回款作為交換條件時，馬上確認，使對方無迴旋的餘地，實現回款的目的。

9. 協銷回款法

協銷回款法是指在找客戶回款前，先和客戶一起下市場，幫助客戶收幾筆他的下線客戶的欠款；對於客戶的經營困難，就利用自己的知識，幫助客戶分析市場，制訂策劃促銷方案等，以自己的誠心和服務打動客戶，往往可以收到很好效果。

10. 以物抵債法

以物抵債法是指有時客戶因市場競爭不力，經營不善，導致產品積壓，資金週轉困難，要求以商品或貨物來抵債，這也是一個辦法。不要因為覺得不值得而拒絕。對於的確無力付款的客戶，往往稍一延遲連物品也沒有了。

第五節　收回貨款的具體管理工作

銷售員只有把應收賬款悉數收回，銷售工作才算圓滿結束。收款之道，貴在擁有堅定的信心，貴在有效地洞悉客戶的心結，掌握客戶的性格及其心理狀態，然後針對不同的情況，輔之以有效的收款技巧。

（一）分析款項拖欠原因

一旦客戶有款項拖欠的情況發生，必須先分析其原因。通常而言，客戶之所以拖欠款項，主要原因有以下幾種：

1. 資金緊張

由於客戶方投資擴大業務、運營較大項目或者企業經營不善等原因，很有可能造成資金緊張，沒有富餘資金支付如廣告費、貨款等費用，從而產生拖欠款的現象。

2. 還沒到付款時間

這個原因很可能是客戶的一個藉口，故意忘記付款時間而與銷售員捉迷藏；或者是銷售員自己記錯時間提前結款。

3. 沒有審批

這涉及公司的審批制度問題。一般公司付款都要有總經理或總監簽字，若他們出差暫時不在，其他人員亦不敢擅自作主結款。銷售員要事前瞭解客戶公司的審批制度。

4. 出納不在

因出納有事外出或者休假，可能造成銷售員無法結款。不過，此種情況一般發生在小公司，大公司制度很完善，若出納休假會安排其

他人員負責此項工作。有時，這是客戶拖延付款的藉口，出納可能就在辦公室內。

5.產品未銷完、銷路不好或者客戶的客戶尚未結款

這個原因主要是針對管道商，有時候，他們會以產品的銷路為藉口，故意不按時結貨款或者以此要求銷售員加大折扣力度，提高自己的利潤率。

6.故意不付款，信用差

有些客戶故意耍無賴，就想欠款，態度還極其惡劣。銷售員應重點注意這類客戶，寧可不簽單，也不要委曲求全，否則最終會給己方企業帶來損失。

（二）制定款項催收要點

(1)把握好時機

銷售員在催收貨款時，一碰面不必跟客戶寒暄太久，要趕在客戶向你表功或訴苦之前表明態度。銷售員可直接告訴客戶自己是專程來收欠款的，讓客戶打消任何拖、賴、推的思想。

(2)掌握好時間

根據拖欠款客戶還款積極性的高低，銷售員在收取欠款時要掌握好時間，對待不同的客戶應在不同的時間收取。

另外，還要注意，給拖欠款客戶打電話的時間也是有學問的，選擇他們情緒最佳的時間打電話，效果可能會好些。比如，下午 3～4點這個時段打電話可能比較好。因為客戶們上午一般忙著做生意，下午是他們點鈔票的時候，此時間段心情都較好，收取拖欠款容易被接受。

表 8-5-1　銷售員收取拖欠款時間解析表

情況＼辦法	時間策略	備註
還錢較積極客戶	在約定的時間必須前去，且儘量將上門的時間提早	避免客戶反咬一口，說：「我等了你好久，你沒來，我要去做其他更要緊的事了」
還錢不積極客戶	必須提前去等候，或先打電話過去讓客戶準備，催客戶落實款項	當對方答應還款時，可讓其通過銀行匯款，以免前去催收花費差旅費和浪費時間
故意拖欠客戶	經常聯繫，軟磨硬泡，擺出長期作戰的姿態	亦可安插內線，在探知對方有現金或帳戶上剛好有一筆進款時，就立即趕去
拒不付款客戶	出其不意，上門催討；實在不行，訴諸法律解決	注意有禮有節

⑶胸有成竹

　　銷售員在收拖欠款的過程中還需歸納整理賬目，做到胸有成竹。如果銷售員自己都不清楚應收賬款的明細的話，收款效果肯定不佳。同時，必須與客戶對清賬目，留下其簽字依據，為以後結清欠款時避免爭議。

⑷有禮有節

　　在收到拖欠款後，銷售員要做到有禮有節。在填單、簽字、銷賬、登記、領款等每一個結款的細節上，銷售員都要向其具體的經辦人真誠地表示謝意。

　　如果只收到一部份貨款，與約定有出入時，銷售員要馬上表現出一副不依不饒的態度。如因對方的確沒錢，也可以放他一馬。發作的

目的主要是讓他下一次別輕易食言。一般在此時,不要耐心地聽對方說明。

如客戶的確因重大原因缺乏資金,銷售員在理解客戶難處的同時,也要向客戶闡明自己的難處。例如因沒收到拖欠款,已被扣發一個月的工資,還連累銷售部經理也被扣發了半個月的獎金。在訴說時,銷售員要做到神情嚴肅,力爭動之以情。

(三) 收款的原則

1. 捷足先登

永遠要比自己的競爭對手早到幾分鐘,早到早收錢,晚到就有可能被客戶拖延或根本收不到錢。

2. 加強聯絡

多打幾個電話、多拜訪幾次,這樣不但可以增強彼此的交情,更重要的是能夠隨時掌握客戶的經營情況,防患於未然。

3. 事前核對

收款前,銷售員應把「對帳單」傳真或以電子郵件方式傳給對方,讓對方核對所登記的應付賬款是否一致,當然,最好再用電話和對方確認一下,並告知前往收款的時間,如此一來,可以使客戶有所準備。

4. 保持警覺

收款時,客戶如果一味奉承,一定有所企圖,一定要提高警惕,保持警覺,小心應付,不要輕易答應對方延期付款或開立長期票據的要求。

5. 反覆催討

客戶總是有「能拖就拖」的心理,因此,當客戶藉故拖延付款時,絕對不能心軟,一定要多開幾次口,反覆催討。

6. 態度堅決

在涉及實質性問題時，要表現出「公事公辦」的態度，語句要堅決，但語氣要溫和。

7. 大倒苦水

「倒苦水」、「念苦經」是客戶拖延付款時最常用的伎倆，遇此情況，銷售員絕不能輸給客戶，應跟著客戶大倒苦水、大念苦經，一定要道高一尺、魔高一丈，這樣，才能順利收回貨款。

（四）收款作業實施

A. 做好收款前準備工作

銷售員的收款工作是根據合約約定的付款方式和時間來進行的，其困難程度不亞於銷售工作，所以銷售員收款時也要做好規劃，協調好各方面的關係，以減少障礙，順利完成工作。在收款之前，銷售員要做好以下準備工作。

1. 整理資料

⑴根據客戶情況採用信函、電話或電子郵件的方式事先知會客戶。以下是一份信函收款通知，供銷售人員日常工作中參考。

⑵整理好客戶銷貨或者往來交易的統計，包括交易時間、交易數量，約定的付款時間、該收款金額等。

不同行業、不同客戶，統計的內容有所不同，下面介紹兩種統計方法，各有側重，銷售員可根據自己的業務情況選擇使用。

表 8-5-2　收款通知書

編號：　　　　　　　　　　　　　　　　　　　　　　　　年　　月　　日

承蒙貴公司賜顧，深為感謝。

茲送上貴司本月應付賬款明細一份，敬請查收核對為荷。

公司將於　　年　　月　　日起至　　年　　月　　日派工作人員到貴公司結算款項，屆時敬請協助與指導，深表感謝！

月	日	品名	等級	數量	單位	單價	總金額										說明
							千	百	十	萬	千	百	十	元	角	分	

公司：

表 8-5-3　客戶銷貨收款統計表

銷貨日期	銷貨單號	客戶姓名	產品名稱	單價	數量	金額	貨款回收			
							日期	金額	日期	金額

備註：此表以貨款回收期限為重點。

表 8-5-4　客戶銷貨管理統計表

客戶名稱		地址		電話	

銷貨狀況							貨款回收				備註
日期	售貨清單	品名	規格	單價	數量	金額	日期	金額	日期	金額	

2. 聯繫客戶

　　銷售員在去收取貨款之前或者貨款到期前，要先跟客戶聯絡，確定好收款時問和數額，讓客戶對自己應付的貨款有所瞭解和準備。通常而言，銷售員聯繫客戶的方式有以下三種，具體表 8-5-5 所示。

表 8-5-5　客戶方式分類表

聯繫方式	釋義	聯繫要領	適用範圍
電話聯繫	通過打電話來跟客戶確定收款工作的相關事宜	注意電話中語氣要誠懇，態度要自然	主要用於老客戶、同城客戶或規模較小的客戶
電子郵件聯繫	用 Email 的方式來提前通知收款工作的相關事宜	內容要詳細說明收款時間、收款數額、具體收取那一款項、由誰去收等，然後懇請客戶確認、回覆並安排相關事宜	主要用於新客戶、異地客戶或規模較大的客戶企業
信函聯繫	通過傳真將收款信函發到客戶處	利用信函時語言一定要委婉誠懇，書寫要清楚工整，內容要齊全。包括：以前購買產品時的銷貨日期、品名、數量、金額；之前已收貨款的日期、金額和尚欠金額；前往收款人的姓名和時間等，都要一一列明，讓客戶有一個準備。同時，也避免了客戶因為銷售員的疏忽而製造拖欠款的藉口	主要用於新客戶、異地客戶或規模較大的客戶企業

B.正式向客戶收取貨款

銷售員向客戶收取貨款時應注意以下事項：

⑴客戶付款，不論是支票還是現金，都要當面點清，另外還要防止假鈔，留心支票的各種有效憑證及填寫是否正確等。

⑵若客戶不能一次支付全部貨款時，銷售員要將尚欠的款項再列入「欠款確認書」裏，並請客戶簽字確認。如下表所示。

⑶若客戶對售貨清單內的貨款整筆支付時，應將客戶簽名的「收貨回執聯」交還客戶，表明錢貨兩清。

⑷若客戶在付款時要求折讓，銷售員可在權力允許的範圍內同意客戶的請求，但要先向自己的主管彙報請示，同時請客戶填寫「折讓證明單」。

⑸收取貨款時，如果客戶因有事外出，可向其他有關人員收取；如對方因手續問題或權限上不允許，而客戶短時間內無法趕回時，銷售員可暫時離開並留下字條，待稍後或改日再拜訪並收取貨款。

收款後，若無其他事件需辦理，最好及時禮貌致謝道別。

C.收款後登賬、交款

貨款收回後，銷售員還要繼續做好以下工作。

1. 登錄記賬

銷售員對於每天回收的貨款要逐一做好記錄，以免日後發生分歧；一般企業都有「貨款回收登記表」，銷售員要認真填寫，如果沒有，銷售員可自行設計。

表 8-5-6　貨款回收登記日報表

銷售員姓名：　　　　　　　　　　日期：　　年　　月　　日

項次	客戶名稱	售貨清單號碼	銷貨金額	貨款回收		折讓	合計	尚欠金額	預計回收時間	備註
				現金	支票					

2. 及時交款

銷售員收回款後，無論是現金還是支票都要及時交到財務部門，以免發生意外。若是支票，更要及時送交財務查證是否為空頭支票，以儘快採取解決辦法。

另外，交款時還要填好「回款單」，表明是那家客戶的那筆貨款；若收的是客戶以前的欠款，還要跟本公司財務部門打招呼，劃掉這筆未回款。

第 *9* 章

售 後 工 作

　　成交後的工作，包含內容是非常豐富的，包括回收貨款，售後服務，與顧客保持良好的關係。

第一節　銷售成交後

　　成交後跟蹤所包含的內容是非常豐富的，包括回收貨款，售後服務，與顧客建立和保持良好的關係。

一、成交之後，不要忘了說「謝謝」

　　很多銷售人員認為與客戶簽訂了訂單，收回了錢款，銷售工作就算完事了，從此以後再也不與客戶聯繫了。他們認為不需要，也沒有必要向客戶說「謝謝」，這是我們現行銷售人員的通病。其實，無論

對於推銷人員還是店面銷售人員來講，成交後向客戶說聲「謝謝」還是非常有必要的。在市場競爭如此激烈的今天，你抓住了客戶的心，你就抓住了客戶的訂單。在這方面，推銷大師喬‧吉拉德同樣是我們的楷模。

當有人從喬‧吉拉德這兒買走一輛汽車時，他同時也買走了喬‧吉拉德。

喬‧吉拉德確實對顧客能到他這裏來購買汽車充滿感激。在喬‧吉拉德汽車推銷的生涯中，他從不忘記在成交後真誠地對顧客說：「謝謝您！我想讓您知道我是多麼感激您的合作與支援，我保證盡一切所能為您提供最好的服務，以此證明您從我這兒買車是一個正確的選擇。」

有時，喬‧吉拉德還會接著說：「我還想讓您知道一件事，我決不會讓您失望，我真心感謝您從我這兒買車，相信我。如果您需要我，我隨時可以為您提供最優質的服務，無論我當時在做什麼。另外，我還想再說一句，我打賭您決不會再到別人那兒去買車，是這樣嗎？」客戶聽到這些話，心中肯定會十分高興，吉拉德無意中又為自己贏得了一個長期客戶。

喬‧吉拉德的這一句「謝謝您」，不僅僅是向客戶表示感謝，而且還在向客戶證明他們的購買決定是正確的。喬‧吉拉德不願讓任何顧客感覺到，一旦生意談成，喬‧吉拉德就拋開他們不管，轉身向別的顧客兜售。如果你讓顧客發覺你只是為了「一錘子買賣」時，他們就不會再相信你，也可能他們根本就不會去購買你的產品。

一句禮貌的「謝謝您」應當在每一筆交易結束時自然而然地說出來。不要擔心這句話說得太多，實際上，無論你重覆了多少次，你每說一次都是在再次確認顧客做出了正確的購買決定，而顧客也會由衷

地感到高興。

　　美國一家大公司的總裁哈托在接受《財富》雜誌的記者提問時說：「我們的推銷員在成交後除了要給顧客寄一封感謝信之外還要在第二天上午打電話給顧客再次表示謝意。我有時也會親自給顧客打電話，我說我是公司的總裁，我非常感謝他們的支持與合作，而且，我還會問他們對我們的服務有什麼意見，是否有一些問題需要和我討論，然後，我會告訴他們我的隨身電話號碼，希望他們隨時與我聯繫。你可能都不相信我的電話對他們產生了多大的影響，畢竟，你什麼時候接到過一位總裁親自打來的電話，而電話的內容又是詢問你是否對他們的銷售感到滿意呢？」

　　喬·吉拉德售後的「謝謝您」，我們在這裏不想再重覆它的作用和意義。可是，身為公司總裁的哈托親自向客戶表示感謝和問候，確實給他的公司帶來了不計其數的訂單。

　　成交之後，說聲謝謝，不僅可以用語言來表達，也可以向客戶寫上一封感謝函。同樣可以向客戶表達謝意，加深客戶關係。

　　每個人都一樣，在日常生活中需要很多東西。例如，食品、衣服、汽車、房子等等。可是，一般情況下，我們買完東西之後，很少接到過商家或推銷員打來的電話，更沒有收到他們的信函。一次買賣之後，顧客和推銷員立即解除合作關係，然後就視同陌路了。

　　這種情況在現實生活中，並不少見，這就是典型的「一錘子買賣」。

　　很多銷售人員，在賣出產品之後，很少願意再打一個回訪電話說聲謝謝，或者寫一封信函表示感謝。他們認為，他們的工作已經做完了，再打電話或者寫信就有些多餘。事實上，正是這些看似多餘的行為，恰恰又幫助自己留住了一個客戶。

世界銷售培訓大師湯姆‧霍普金斯常常隨身帶著一些小卡片，這是他多年的習慣，他平均每天要寄 5～10 封感謝函給他的顧客，同時也給他的那些潛在顧客。

一天寄 10 封感謝函等於一年要寄 3650 封。霍普金斯堅持不懈地這樣做，所以他成功了。他在向別人介紹他的成功秘訣時說：「我每寄出 100 封感謝函就能成交 10 筆生意。也就是說每 100 名潛在客戶中會有 10 位會成為忠誠客戶。可以想像一下這項技巧在未來的 12 個月裏至少可以為你帶來多少收入。而這件事做起來又很簡單，你只需花 3 分鐘的時間，然後在每封感謝函上貼一張郵票就可以了。」

是的，事情就這麼簡單，可是為什麼沒有多少人去做呢？這就是為什麼霍普金斯是世界一流的培訓大師，而我們僅僅是一個普通的銷售人員的原因。

成交之後，說聲「謝謝」，這雖然只是一個小細節，卻可以為我們帶來大財富。

二、交易完成，告別客戶

不管成交與否，告別是銷售活動中必不可少的一環。此時，銷售員的表現對於銷售業務的發展起到一定的推動作用。

與客戶告別，分為未成交時的告別和成交後的告別兩種情況。在這兩種情況下，銷售員的心情是不一樣的，所以對離開時的表現要求也不一樣。成功地將產品銷售出去固然是每個銷售員所希望的，但是，並不是每一次銷售都能成功。銷售員要學會應對沒有購買產品的客戶的方法，從而使其對銷售員及產品留下良好的印象，並增加其將

來購買的可能性。

成交了，雙方皆大歡喜，銷售員向客戶告別時也要講究禮貌，態度要誠懇，給客戶留下一個好的印象，這對於建立長期合作關係有著相當重要的影響。

手續辦完，銷售工作告一段落，銷售員要適時、主動提出告辭，不可閑坐與客戶聊天，否則不但會干擾客戶的工作，耽誤其正常的工作時間，還會給人不懂禮貌的感覺。即使有時候客戶盛情相邀，情面難卻，也不可久留。客戶的挽留可能有下面兩種意思。

· 客戶的挽留可能只是一句客氣話，而不是真正希望銷售員留下來，銷售員不可太實在。

· 客戶用這種方法示意銷售員離去，所以銷售員要根據實際情況，適時提出告辭。

三、真正的銷售在成交後

先做關係後做銷售，主要的就是在真正的銷售開始之前，要先建立好各種人際關係，然後透過這些人際關係來建立自己的銷售網路。這種銷售網路不僅可以讓銷售由主動變為自動，而且還可以無限地蔓延和發展。

如何從這三個方面做好關係呢？

要擴大個人的影響力，就要打造個人的口碑，擴大自己的知名度，讓更多的人瞭解自己。無論從形象、從言談舉止各方面都應當做到最好。不僅要加強自身修養，提高自身素質，而且還要學會利用各種技巧為自己宣傳造勢。不僅要充分利用自己的名片，而且還要多參加各種聚會和活動來擴大自己的影響力。

　　在做客戶關係這方面，首先要給客戶留下一個好的印象，要真誠地對待客戶，贏得客戶的信賴感。真誠地關心客戶不僅能獲得客戶的好感，贏得訂單，而且還能激勵客戶口碑相傳。當然客戶維護也十分重要，它是客戶關係的延伸和發展，也是銷售的繼續和發展。維護好客戶最簡單有效的方法就是：記住客戶的名字和生日，多給客戶打幾個問候電話，經常與他們保持聯繫。

　　據調查數據表明：口碑傳播是一個被消費者經常使用且深得消費者信任的信息管道。例如購買電腦，有 59% 的電腦用戶或打算購買電腦的消費者會從朋友、同學那裏獲得產品信息，而 40.4% 的人最相信朋友的介紹；在冷氣機、保健品、洗髮水、房屋等產品的購買過程中，分別有 53%、49%、35% 和 32% 的消費者會透過朋友介紹獲得相關產品信息；分別有 35%、28%、15% 和 18% 的消費者最相信朋友的介紹。

　　由此可見，口碑在銷售過程中的作用是十分巨大的。星巴克就是一個最成功的案例。他們是從來不做廣告的，但是透過眾口相傳，星巴克成為了高檔咖啡館的代名詞，於是它獲得了成功。

　　關係和口碑都在銷售過程中起著十分重要的作用，那麼二者之間又有什麼聯繫呢？仔細觀察我們會發現：做口碑就是做關係，做口碑是做關係的核心。

　　為什麼這樣說呢？很明顯，做好各方面的關係必須要擴大個人的影響，做好客戶關係，做好服務等等。擴大個人影響就是透過各種辦法和途徑來為自己宣傳造勢，讓更多的人認識自己或者為自己傳播名聲，說到底也就是為自己樹立口碑。而要做好客戶關係，也需要透過做口碑來達到目的。

　　如果做好了個人的口碑，消費者自然會購買你所提供的產品或服務，但是誰也無法保證已經購買產品或服務的消費者會成為你的永久

客戶，而且也無法保證其他的消費者也會到你這裏購買東西。那麼，如何解決這兩方面的問題呢？

與客戶搞好關係，讓客戶為你介紹。這就需要真誠地關心客戶，贏得客戶的信賴，這些實質上就是做客戶的口碑。做好了個人口碑和客戶口碑，還要做好服務。

做好服務，首先要樹立良好的服務心態，然後要為客戶提供個性化的、親情式的細節服務，並把客戶的問題視為最大的問題。做好了這些，不僅能贏得老客戶的口碑，而且還可以贏得他們的推薦，讓他們來幫助你開發更多的客戶。

從以上幾個方面可以看出，做關係實際上就是透過做口碑的方式來完成的。由此可以得出結論：做口碑就是做關係，做口碑就是做關係的核心。讓客戶自動為你做宣傳。口碑的傳播是基於人類一種分享的天性，以一種無私、無利潤的形式存在，所以口碑的傳播不僅公平，而且速度極快，容易獲得消費者的信任。

你一定也有過這樣的體驗：告訴朋友那一家餐廳很有特色；那一家小吃店口味很好又經濟實惠；那一家服裝店正在大打折扣做促銷活動；那一家咖啡廳的氣氛很好，服務態度又令人滿意。你會主動告訴別人或是在他人有需要的時候提出建議來，並不是因為你可以從中獲取到什麼利益，而是發自內心、不由自主地提供建議，單純地想要幫忙，單純地想把自己的感受說出來，由此產生了分享的願望和口碑傳播的力量。

對於銷售人員來講，如果能夠贏得客戶的口碑，那麼無疑也就擁有了讓客戶自動為你做宣傳的動力。

四、與顧客保持良好的關係

推銷人員將商品推銷出去後，還要繼續保持與顧客的聯繫，以利於做好成交善後工作，提高企業的信譽，結識更多的新顧客。推銷成交後，能否保持與顧客的聯繫，是關係推銷活動能否持續發展的關鍵。

推銷人員是企業與顧客之間聯繫的紐帶。達成交易後，經常保持與顧客的聯繫，主要有下列幾方面的作用：

①便於獲取顧客對產品的評價信息。一方面，通過與顧客保持聯繫，可以獲取顧客各方面的回饋信息，作為企業正確決策的依據；另一方面，通過做好成交的善後處理工作，能使顧客感覺到推銷人員及其所代表的企業為他們提供服務的誠意，便於提高推銷人員及其企業的信譽。

②有利於發展和壯大自己的顧客隊伍。成交之後，經常訪問顧客，瞭解產品的使用情況，提供售後服務，與之建立並保持良好的關係，可以使顧客連續地、更多地購買推銷品，並且可以防止競爭者介入，搶走顧客。同時，老顧客還會把他的朋友介紹給推銷人員，使其成為推銷人員的新客戶，使顧客隊伍不斷發展和壯大。

小秦是一位推銷辦公用品的推銷員，剛開始推銷時，非常吃力地達成了一筆交易。但在後來的日子裏，小秦總是在工作之餘去回訪這家公司。該公司辦公室的人員都和小秦非常熟悉，認為她為人熱情，辦事可靠，和她成了很好的朋友，對她公司的產品也很滿意，於是就把和自己有業務關係的其他企業介紹給小秦。很快，那些公司也購買小秦的產品，小秦通過和這些新的客戶真誠地交往，又有了更多的朋友。不久，小秦在這個城市就有了一

大批客戶,小秦的推銷業績也節節上升。

推銷人員應積極主動地、經常地深入顧客之中,加強彼此之間的聯繫。聯繫的方法多種多樣,主要有以下幾種。

通過信函、電話、走訪、面談、電子郵件等形式。通過這些方式既可以加深感情,又可以詢問顧客對企業產品的使用情況,用後的感受,是否滿意,是否符合自己預期的要求,有什麼意見和建議,並及時將收集到的信息回饋給企業的設計和生產部門,以便改進產品和服務。

書信聯繫的五大時機

· 在節日前向顧客寄一張賀片,寫上祝福辭;
· 在顧客生日或結婚等紀念日時寄上賀片,表達你誠摯的祝福;
· 在與顧客的合作週年紀念日時寄上賀片,表達你的謝意和進一步加強合作的願望;
· 在顧客收到貨物之時,寫一封感謝信,感謝客戶的良好合作;
· 在估計顧客已經充分體會到本產品的利益時,寫信徵求顧客的意見。

在本企業的一些重大喜慶日子或企業舉行各種優惠活動時,邀請顧客參加、寄送資料或優惠券等。如新產品開發成功,新廠房落成典禮,新的生產流水線投產,產品獲獎,企業成立週年慶典,舉辦價格優惠或贈送紀念品活動等,都是很好的機會。

也許你遠在數百千米以外,但當你想起某件事或看到某件東西對幫助顧客解決某一問題可能有用時,應該立即打電話告訴他們。向顧客郵寄可能感興趣的剪報,即使這些資料與正在推銷的商品沒有任何關係。剪報內容可來自於有關商業的月報、雜誌、報紙或業務通信等。

　　當顧客被吸納為正式職員或晉升、獲獎時，推銷員應該親手寫一封信或發一份 E-mail，向他們表示祝賀。當客戶家庭有結婚、生子等喜事時，表示祝賀。郵寄節日卡，如新年卡、春節卡、中秋節卡或感恩節卡等，這必將給顧客留下深刻印象。發送生日卡，為此你必須敏捷地捕捉準顧客的出生日。準備和郵寄銷售情況通信給顧客，讓他們瞭解有關信息。

　　上述這些實用的方法有利於推銷員與顧客相互記住對方，更重要的一點是無論做什麼事都要富有人情味。發送一張賀卡、一份剪報或一篇文章的影本並不需要週密思考，也不需要花很多的時間和精力，關鍵是給顧客留下深刻印象，其秘密就是親自動筆寫的幾句話。

五、追蹤客戶日後的需求

　　瞭解客戶需求，不僅是對客戶負責的表現，而且也是企業經營發展的信息來源。推銷人員正確對待這一工作，並將其作為推銷工作的一部分認真對待。

　　追蹤客戶需求主要著眼於以下幾方面：
· 瞭解客戶對產品的滿意程度。
· 分析產品給客戶需求帶來的滿足程度。
· 徵詢客戶對產品的改進意見和要求。

　　對追蹤調查的結果，推銷人員應進行認真細緻地分析，發現問題，尋求新的解決辦法，並向有關部門提出書面材料。

第二節　成交後要持續跟進

　　成交並非是銷售工作的結束，推銷是個連續過程，交易達成並不等於是推銷工作的結束，還需要做好一系列的售後服務工作，使之成為下次銷售活動的開始。推銷的業績做得越成功，推銷員就越要關心售後服務。在品嘗了成功的甜蜜後，最快陷入困境的方法就是忽視售後服務。阿克蘇諾貝爾中國區總裁博亨舉說：「客戶服務是企業最有價值的技巧，企業價值中一個核心的觀點，就是要聚焦於客戶，滿足他們的需求。」

　　售後服務工作主要內容有：無論推銷成交與否，推銷員都應該跟進客戶，做好售後跟進的各項相關工作；應掌握客戶關係管理的相關知識，做好客戶關係管理，保持與客戶的聯繫，關懷客戶，才能得到更多的客戶；還應及時催收貨款，只有收到貨款，交換才算真正完成。

　　售後跟進，是指推銷員在經過成交階段後（無論成交與否），繼續保持對顧客的工作狀態和進一步提供的服務。

　　在成交階段，推銷員必然面臨兩種結果：與顧客達成交易，或是成交失敗。對推銷員而言，成交固然可喜，但還有許多後續工作需要去做；成交失利，也並不表明從此永無成交希望，只要處理得當，仍能創造出成交機會。所以，推銷員無論是否與顧客達成交易，都要及時進行「跟進」。

　　根據是否成交，售後跟進可以分為成交後跟進與未成交跟進；根據客戶的情況，可以分為服務性跟進、轉變性跟進與長遠性跟進。其中，服務性跟進屬於成交後跟進，轉變性跟進和長遠性跟進屬於未成

交的跟進。

(1)確保顧客的需要(或問題)獲得真正的滿足(或解決)

　　成交後為顧客提供安裝培訓、維修保養等各種良好的服務，是幫助顧客正常使用產品的必備條件，可以確保顧客需要獲得真正的滿足，使顧客獲得真實的交易利益。

(2)為建立穩固的關係和日後重覆購買奠定基礎

　　成交後，顧客只是剛剛拿到商品，但還沒有實際使用和體驗，並沒有完全肯定推銷人員所推銷的商品，還需要在實際使用過程中繼續去感受。為顧客提供各種良好的跟進服務，才能真正贏得顧客，與顧客建立穩固的關係，獲得顧客日後重購的機會。

(3)使企業目標和推銷員利益得以最終實現

　　企業目標和推銷員利益只有在貨款回收後才能實現，而在現代推銷活動中，貨款回收都是在售後跟進階段完成。

(4)是獲得市場信息的重要途徑

　　成交後跟進過程實際上是獲取顧客信息回饋的過程。通過成交後跟進，推銷員可以獲得顧客對推銷品質量、價格、花色品種和服務等方面的意見，便於企業改進和提高產品品質、更新產品。

　　著名的海爾公司之所以能進入世界 500 強，就是因為其五星級的售後服務。海爾通過持續性推出親情化的、能夠滿足用戶潛在需求的服務新舉措，形成差異化的服務，創造用戶感動，實現與用戶的零距離。在「真誠到永遠」理念的指導下，海爾星級服務的每次升級和創新都走在了同行業的前列，其最終實現的就是讓消費者對品牌的忠誠度轉化，使海爾冰箱每 3 秒鐘在全球的某一個地方就會誕生一名新的用戶，至 2007 年，已經連續 18 年名列中國冰箱銷量第一。

第三節　成交後的跟進工作內容

　　成交後跟進，就是服務性跟進。成交僅是顧客和推銷員對推銷建議所暫時達成的一致，推銷員拿到成交訂單後，必須及時進行服務跟進，以鞏固訂單及客戶關係，防止「煮熟的鴨子飛了」。服務跟進是成交後不可或缺的連續行為，兩者必須配合適當才能使推銷達到滿足顧客需求的目標。顧客購買決策的過程中，最後的環節是購後評價，這是決定顧客是否滿意進而重覆購買的重要環節。

　　有些推銷員錯誤地認為，現實客戶已經和自己在做生意了，並不需要再進行跟進，就是要跟進也是售後部門的事情，和自己的關係不大，或者認為客戶再訂貨時再跟進也不遲。事實上經常出現由於推銷員對已開發的現實客戶跟進不及時，影響了客戶的忠誠度，從而出現不斷地開發客戶也不斷地失去客戶的尷尬情況。

　　要真正使顧客在成交後獲得滿足，推銷員必須提供多方面的跟進服務。

1. 核查訂貨

　　推銷員必須向對待自己的問題那樣對待顧客的問題。因為從長遠看，只有顧客獲得成功，你才能再次與顧客進行交易，來擴大自己的成交額。同時，推銷員處理顧客所遇到的問題的速度，也體現了你對顧客的重視程度。

　　有效的七個跟蹤服務。

　　①核查訂貨：在發貨之前對組織貨源、該在何時發貨等事項對客戶予以核查；

②主動詢問：銷售員要如同共振波一樣，在顧客出現問題時及時發揮作用；

③提供必要的輔助：如安裝、指導使用等；

④反覆保證：使顧客深信自己的決定是正確的；

⑤允許顧客提出反對意見：有利於挑明分歧，及時解決；

⑥更新記錄：及時更新顧客的檔案內容；

⑦製造依賴感：體現你的可依賴性，這是贏得回頭生意的必備素質。

2. 商品包裝

商品包裝工作是指在流通過程中為保護和美化商品、方便儲運、促進銷售，按一定技術方法而採用的容器、材料、輔助物等包裝物以及進行包裝活動的總稱。這一階段的商品包裝工作不僅便於顧客攜帶、保護商品，而且還可以起到美化商品和擴大宣傳的促銷效果。雖然如今的絕大多數商品包裝已經用不著推銷員承擔了，但推銷員依然需要關注商品的包裝情況。

3. 檢驗交貨

檢驗交貨時，如果是推銷員親自去交貨，在交貨之前應先自行查驗，遇有瑕疵，立即更換，若有缺少，理應補足，以免送至顧客處，造成不良印象；如果由其他人送貨，推銷員應與負責交貨人員密切聯繫，在貨未出門之前先做好檢查和(訂單)核對，避免發生問題。對體積大、笨重、不易隨身攜帶的商品應送貨上門，方便顧客，對促進銷售有很大的幫助。

對購買大件商品，或一次性購買數量較多，自行攜帶不便以及有特殊困難的顧客，企業均有必要提供送貨上門服務。原來這種服務主要是提供給生產者用戶和中間商的，如今已被廣泛地應用在對零售客

戶的服務中。例如,在激烈的市場競爭中,一些傢俱經銷商,十分重視及時送貨上門。這種服務大大地方便了顧客,刺激了顧客的購買。

交貨完畢後,另用電話或書信向顧客詢問是否滿意,若有問題發生,應及早解決。這種檢驗交貨的跟進行動有三個好處:一是保證滿意交貨,二是維持企業信譽,三是避免因交貨失誤而引發顧客不滿。

4. 安裝測試

安裝測試的過程極為重要。由於我國的推銷員大多不具備技術背景,所以推銷員也較少介入安裝測試的工作,僅由技術人員負責進行安裝測試,以致經常在安裝測試過程中出現問題,嚴重影響顧客的滿意度。因此,推銷員要重視安裝測試環節的工作:對於需要技術性專人負責安裝的家用商品、企業用機械或工程等,推銷員必須關注其安裝過程,如有可能,最好能在進程的全程或關鍵環節進行陪護,如果做不到,也應經常詢問安裝進度、安裝品質情況,還應在安裝完畢後,親自或另請專人複驗。若有疑難問題被顧客發現和提出,安裝人員應負責解決,如果安裝人員做不到,推銷員應代為設法解決,務必使其產品運轉正常,讓客戶感到購買自己的產品可以放心使用。

5. 產品使用維護

顧客對於新上市或結構複雜的商品,多半所知有限,在成交後,需要推銷員給予使用操作指導和說明,否則小則導致故障,使商品應有的功能無法全面發揮,大則造成傷害或危害生命等不幸事件。另外,商品日常的維護、保養和修理的簡單知識,亦需推銷員傳授。如果推銷員不具備這方面的知識,則必須請相關的專業人士配合,共同做好客戶的產品使用培訓工作。避免出現使用問題,影響顧客對產品的購後感覺。這種售後教育顧客的服務,是推銷員應負的責任,在某些特殊商品推銷方面,常被視為商品實體的延伸部份,不能有絲毫馬

虎和忽視。

對商品實行必要的維修與養護，是大多數產品的基本售後要求。目前，大多數企業都推出了「三包」服務，即包修、包換、包退的服務，包修就是在保修期內免費修理，包退就是不滿意就退貨，包換就是對顧客認為不合適的商品負責調換，這樣可消除顧客的後顧之憂，降低購買風險，對促進銷售有很大作用。當然，「三包」服務一般不由推銷員負責，但推銷員一定要熟悉企業提供的「三包」服務的具體內容，以供客戶諮詢之用。

6. 貨款結算

售出貨物與結算貨款，是商品交易的兩個方面，缺一不可。實際上，銷售的本質就是將商品轉化為貨幣，在這種轉化中補償生產銷售成本，實現經營利潤。所以，在售出貨物後及時結算與回收貨款，是推銷人員的一項重要工作任務。

銷售貨款的結算方式有：現金、銀行匯票、商業匯票、銀行本票、支票、匯兌結算、委託收款、托收承付和信用證等。推銷員應根據合約規定，儘量採用等於或高於合約規定的方式進行貨款回收，儘量避免出現低於合約條件的收款方式，以免造成貨款回收損失。推銷員應積極充當財務部門與顧客之間的橋樑，儘快收回貨款。推銷員在貨款結算時，要為顧客開具銷貨票據。

7. 知識及技術諮詢服務

隨著科學技術的進步及生產的發展，產品壽命週期縮短，新產品層出不窮。無論是生產資料還是消費品，技術含量不斷提高，在使用、消費、保管、維修中的技術難點，知識難點增多。因此，推銷後要向客戶、用戶提供必要的知識、技術諮詢服務。

8.巡迴檢修與配件供應服務

對一些產品結構複雜、零件較多的商品,在推銷成交後,推銷方應定期派出有關技術人員上門檢修,並搞好零配件供應。

9.品質保險服務

推銷品不同,售後服務的具體內容也有不同。客戶、用戶的情況不同,對售後服務的要求也不同。因此,不同產品的推銷企業及推銷員都應從實際出發,努力提高售後服務水準,以促進推銷工作的順利進行。

實質上,包換也好,包退也好,目的只有一個,那就是降低消費者的購物風險,使其順利做出購買決策,實現真正意義上的互惠互利交易。當顧客認識到企業為顧客服務的誠意時,包退、包換反過來會大大刺激銷售。不僅提高了企業信譽,還贏得了更多的顧客。

10.其他客戶服務

除了以上方面的服務外,還有許多密切客戶關係的跟進方法,具體如下。

(1)表示感謝

成交後,推銷員要利用適當的時機和方法,向顧客表示感謝。致謝的時間最好在交貨後 2～3 天內;致謝的方法可用書信、電話或親自登門向顧客表示謝意。

(2)誘導重購

所有的服務,都應該目標明確,就是最終指向顧客的重覆購買或向其他客戶推薦。服務跟進必須讓其發揮出應有的價值,推銷員在提供給顧客有價值的服務後,應該學會從中獲得回報。推銷員應學會積極而又婉轉地向顧客提出定時重購的要求。如果顧客不願意重覆購買,就說明顧客對服務跟進不夠滿意,推銷員應該繼續進行服務,直

至獲得重購的承諾為止。

(3) 建立聯繫

推銷員與顧客建立長期的業務關係，需要通過售後跟進來建立。服務跟進不僅是既有推銷業績的保證，而且為日後擴大銷售奠定了基礎。

(4) 處理投訴

對顧客投訴進行妥善處理，提出解決方法。先弄清為什麼，再提出合理解決方案，並對方案進行跟蹤，以達到顧客滿意的效果。

第四節　售後回訪工作

一、用心回訪，讓買家成為你的忠實客戶

客戶回訪是一個週而復始且不斷完善的過程。從事銷售的人都知道，開發一個新客戶所花的時間要比維護一個老客戶的時間多 3 倍。據權威調查機構的調查結果顯示：在正常情況下，客戶的流失率在30%左右。為了減少客戶的流失率，你要時常回訪客戶與客戶建立聯繫，從而激發客戶重覆購買的慾望。

10 年前，當 IBM(國際商業機器公司)的年銷售額由 100 億美元迅速增長到 500 億美元時，IBM 行銷副總裁羅傑斯在談到自己的成功之處時說：「大多數公司行銷經理想的是爭取新客戶，但我們的成功之處在於留住老客戶，我們 IBM 為滿足回頭客，赴湯蹈火在所不辭。」

又如，有「世界上最偉大的電話銷售人員」美譽的喬‧吉拉

德，總是相信賣給客戶的第一輛汽車只是長期合作關係的開端，如果單輛汽車的交易不能帶來以後的多次生意，他就不認為這次銷售是成功的。他 65% 的交易來自於老客戶的再度購買。他成功的關鍵是為已有客戶提供足夠的高品質服務，使他們一次次地回來向他購買汽車。

當然，現實中總會有許多不可預測的錯誤讓客戶流失，而你的做法就是用心留人，注重與客戶交往的每個細節。

1. 抓住客戶回訪的機會

在客戶回訪的過程中，你要瞭解客戶在使用本產品時的不滿，找出問題所在；瞭解客戶對本公司的系列建議；有效處理回訪資料，從中改進工作、改進產品、改進服務；準備好對已回訪客戶的二次回訪。通過客戶回訪，不僅可以解決問題，而且可以改進公司形象，加強與客戶聯繫。

在產品同質化程度很高的情況下，客戶購買產品後，從當初購買前擔心品質、價位，轉向對產品使用中服務的擔心，所以在產品銷售出去後，定期回訪十分重要。

2. 利用客戶回訪促進重覆銷售或交叉銷售

客戶回訪是一個週而復始且不斷完善的過程，你需要忍耐重覆和單調。

從事銷售的人都知道，開發一個新客戶所花的時間要比維護一個老客戶的時間多 3 倍。據權威調查機構的調查結果顯示：在正常情況下，客戶的流失率在 30%左右。為了減少客戶的流失率，你要時常回訪客戶與客戶建立聯繫，從而激發客戶重覆購買的慾望。

最好的客戶回訪是通過提供超出客戶期望的服務，來提高客戶對企業或產品的美譽度和忠誠度，從而創造新的銷售可能。客戶關懷是

持之以恆的，銷售也是持之以恆的，通過客戶回訪等售後關懷來增值產品和提高企業影響力，借助老客戶的口碑來獲取新的銷售增長，這是客戶開發中成本最低也最有效的方式之一。開發一個新客戶的成本大約是維護一個老客戶成本的 6 倍，由此可見，維護老客戶的重要性。

　　你若僅是由於成交而感謝客戶，會讓他感到你對他的銷售成功了，而不是自己做出了正確的購買決定，此時他心裏也會「嘀咕」自己的交易是不是划算……你談些對他實用的價值，他少了這些「嘀咕」，也就降低了取消訂單的風險。畢竟，他打電話取消訂單相對於讓他取消自己做的決定要簡單得多。

3. 成交之後的 3 個電話

　　在信息高速發展的時代，不要以為你感覺很簡單的事情別人也同樣可以辦好，你的客戶也不例外。所以，當產品銷售出去後，你需要對客戶進行電話跟進。

　　當客戶購進產品 10 天左右時，你要進行第一次電話回訪，這次回訪主要是詢問客戶是否使用了產品，是否需要一些指導。因為在此期間可能會出現問題，需要你去解決，否則當他打電話向你抱怨產品有問題時就有些晚了。這些問題可能是極小的問題，或是因為他沒有按操作程序進行而產生的簡單錯誤，當這些問題都一股腦兒放在你的面前，你一定會為自己鳴不平。

　　有時產品是沒有問題的，但是客戶的內心需要得到「安撫」。因為完成一筆交易後，客戶心裏總是有不踏實的地方，消極地認為自己的購買有多麼不划算；並且，當客戶買了某件產品後，會讓週圍的人來評價，當中肯定會有些「消極」的語言讓客戶感到不爽。這時的安撫就十分有必要了。而且，在客戶對自己的產品進行「展示」的時候，他的親朋好友很可能有心動的，於是，你的回訪就會成為獲得後續訂

單的基礎。

第二次進行電話回訪可以在成交後 20 天左右，你可以詢問客戶是否有突發問題出現，這樣的訪問能提高客戶對你的信任度。

第三次電話可以安排在成交後 30 天左右，此時你可以詢問客戶是否有其他要求，適當地與客戶增進感情。

記住：擁有一個忠實的老客戶比開發兩個新客戶要好得多，並且一個不滿意的客戶會影響 25 個人的購買意向。

回訪是與客戶保持良好合作關係的途徑之一，一個有遠見的電話銷售人員總會根據自己銷售的產品或服務的具體情況，選擇適當的時間和方式對客戶進行回訪。

電話銷售人員對曾經光顧過的客戶進行電話回訪，詢問客戶對服務的評價，使客戶感受到了他們完善的售後服務。毫無疑問，這個客戶會成為他們店的忠實客戶。由此，我們不難看出，週到的售後服務往往是決定你的銷售鏈條是否牢固或者能否繼續延伸的重要因素。

二、回訪不忘向客戶推介本公司新產品

開發新客戶的目的是為了業務的延續，而新業務不一定要由新客戶來完成，老客戶一樣可以開發出新業務。

有的電話銷售人員每做完一單生意就像逃難似的跑掉了，頭也不回，然後再去尋覓下一個客戶，如此這般週而復始，工作幹得很辛苦，收穫還不大，最重要的是內心還承受著巨大的壓力。那麼，如何才能更好地利用老客戶呢？

1. 儘量保持良好的關係，經常與客戶聊聊天。實際上，客戶是希望你經常過去的，除非你隱瞞了某些事實。

2. 經常向老客戶介紹最新的產品信息，幫助他掌握最新動態。不要總是談生意，免得對方有壓力。要談笑風生，猶如在和老朋友交談一般。如果你有足夠的耐心，幸運會降臨到你身上。

3. 隨時觀察老客戶的經營狀況，在適當的時機推出新的產品、新的服務。

例如，當印表機出現故障後，你若有很好的售後維修服務，對客戶的資料掌握得比較多，在感覺客戶需要更新產品時便及時回訪，從而得到了客戶的訂單。這就是長期跟進的成果。

第五節　處理客戶投訴

處理客戶投訴是客戶管理的重要內容。出現客戶投訴並不可怕，關鍵是如何正確看待和處理客戶的投訴。一個企業面對各式各樣的客戶和龐大而複雜的銷售業務，要做到每一項業務都使客戶滿意是非常困難的。只有加強與客戶的聯繫，傾聽他們的不滿，不斷糾正工作中出現的失誤，補救和挽回給客戶帶來的不便和損失，才能維護企業聲譽，鞏固老客戶，吸引新客戶。

一、客戶抱怨的分類

客戶產生的抱怨通常有以下幾種。

1. 因服務或產品所致的抱怨

企業的服務不能滿足客戶的需求，送貨不及時、貨物短缺或產品品質問題等引起客戶不滿。對於此類抱怨，銷售員應虛心接受，並將

信息回饋給企業，通過改進產品或服務制度等提高服務品質，給客戶一個滿意的交代。

2.習慣性抱怨

有的客戶因生活或工作上遇到困難或碰到不順心的事便對企業或銷售員抱怨一番，這種沒有明確動機的抱怨只是一種發洩。對於此類抱怨，銷售員不需做過多的解釋，只需做一個傾聽者。因為客戶的目的就是發洩情緒，發洩完就什麼問題都沒有了。

3.為獲取更多優惠政策

有的客戶喜歡總結各個廠家產品的優劣勢，根據其他廠家的優勢，結合企業的劣勢把每個廠家都說得一無是處。這種客戶抱怨的目的就是給廠家的銷售人員造成心理壓力，增加談判籌碼，以便從廠家獲取更多的優惠政策。對於此類抱怨，銷售員應該對客戶說不。部份銷售員對客戶，尤其是大客戶的無理要求或指責只會點頭稱是，從不提出反駁意見，其結果便是在談判中節節退讓，損害了公司的形象和利益。

二、客戶投訴的內容

由於銷售的各個環節都有可能出問題，因此，客戶投訴也就包括了產品及服務的各個方面。

品質投訴主要是由於產品品質不能滿足客戶要求而引起的。它一般有兩種情況：一種是產品在品質上存在缺陷，另一種是產品不符合客戶的特殊需要，即品質沒問題而實用性有問題。

購銷合約投訴主要是由於產品在品質、規格、交貨時間、交貨地點、結算方式等方面與合約規定有所不符或合約規定不明確而引起的

客戶投訴。

　　主要是由於貨物在運輸途中發生損壞、丟失和變質，或因包裝或裝卸不當造成損失而引起的投訴。

　　主要包括對賣方企業各類人員的服務品質、服務態度、服務技巧等提出的批評和抱怨。

三、處理客戶投訴應注意的關鍵問題

(1)建立健全各種規章制度

　　要有專門的制度和人來管理客戶投訴問題。另外要做好各種預防工作，防患於未然。同時要不斷地提高全體員工的素質和業務能力，樹立全心全意為客戶服務的思想，加強企業內外部信息的交流。

(2)及時處理

　　一旦出現客戶投訴，各部門應通力合作，迅速反應，力爭在最短的時間內全面解決問題，給客戶一個滿意的結果。

(3)分清責任

　　不僅要分清造成客戶投訴的責任部門和責任人，而且要明確處理投訴的各部門、各類人員的具體責任與權限以及客戶投訴得不到及時圓滿解決的責任。

(4)完善記錄

　　對每一起客戶投訴及其處理都要作出詳細的記錄，包括投訴的內容、處理過程、處理結果、客戶滿意程度等。通過記錄總結經驗，吸取教訓，便於進一步提高客戶的滿意度。

四、處理客戶投訴的流程處理

客戶投訴的流程如圖 9-5-1 所示。

圖 9-5-1　客戶投訴處理流程圖

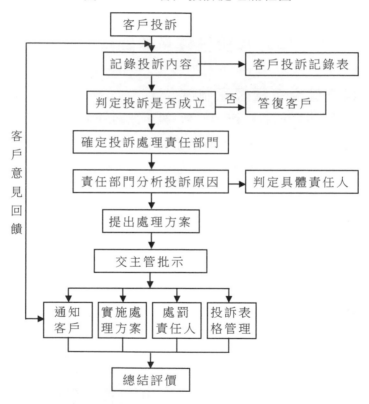

(1)記錄投訴內容

利用客戶投訴記錄表詳細地記錄客戶投訴的全部內容，如投訴人、投訴時間、投訴對象、投訴要求等。

(2)判定投訴是否成立

瞭解客戶投訴的內容後，要確定客戶投訴的理由是否充分，投訴要求是否合理。如果投訴不能成立，必須以委婉的方式立即告訴客戶，取得客戶的理解，消除誤會。

(3)確定投訴處理責任部門

根據客戶投訴的內容，確定相關的具體受理單位和受理負責人。

(4)責任部門分析投訴原因

有關部門必須儘快查明客戶投訴的原因及具體造成客戶投訴的責任人。

(5)提出處理方案

根據實際情況，參照客戶的投訴要求，提出處理投訴的具體方案，如退、換、修、折價、賠償等。

(6)交主管批示

對於客戶投訴的問題，主管應予高度重視，主管應對投訴的處理方案一一過目，及時作出批示，根據實際情況，採取一切可能的措施，挽回損失。

(7)實施處理方案並通知客戶

應儘快收集客戶的回饋意見，對直接責任者和部門主管要按照有關規定進行處罰，依照投訴所造成的損失大小，扣罰責任人一定比例的績效工資或獎金，同時對不及時處理問題造成延誤的責任人也要追究責任。

(8)總結評價

對投訴處理過程進行總結與綜合評價，吸取經驗教訓，提出改善措施，不斷完善企業的經營管理和業務運作，以提高客戶服務品質和服務水準，降低投訴率。

五、處理客戶抱怨的過程步驟

1. 仔細聆聽抱怨內容

面對客戶抱怨時，銷售員應用關心的眼神看著客戶，專心聆聽，並認真把對方的談話做整理，確認客戶抱怨的真正原因。

銷售員可以這樣說：「您的意思是因為⋯⋯而覺得很不滿意是嗎？」

2. 表示感謝，並解釋原因

有時候銷售員可以從客戶的抱怨中瞭解客戶的真實想法或意圖，還可能使自己獲得進步，那麼客戶願意花時間、精力來抱怨，銷售員應對其表示感謝。更重要的是，先說聲謝謝會讓對峙的敵意驟降。

銷售員可以這樣說：「謝謝您花費寶貴的時間來告訴我們這個問題，給我們提供一個改進（補救）的機會。」

3. 誠心誠意解釋或道歉

如果客戶抱怨的事情中，錯確實在己方，銷售員應趕快向其致歉，可以這樣說：「很抱歉我（們）做錯了⋯⋯」要是錯不在己，銷售員仍應為客戶的心情低落致歉，可以這樣說：「很抱歉讓您這麼不高興，真是對不起⋯⋯」

4. 承諾將立即處理，積極彌補

處理問題時，銷售員應先表明積極處理的誠意：「我很樂意儘快幫您處理這個問題⋯⋯」如需要詢問細節及其他相關信息，銷售員別忘了先說：「為了能儘快為您服務，要跟您請教一些數據⋯⋯」切不可咄咄逼人、直接就問：「你是跟誰說的？那一天說的？你確定他是這麼回答的」等等，這種問法會讓客戶誤認為你在推卸責任，會產生

更大的怨氣。

5. 提出解決方法及時間表

　　穩定了客戶的情緒後，銷售員要根據公司的規定迅速提出解決方案。但此時銷售員別自作主張，而是要將決定權交給客戶，讓客戶去選擇自己滿意的方案。銷售員可以這樣說：「您是否同意我們這樣處理……」

　　這麼一來，決定權在客戶那裏，他會感覺受到尊重而怒氣漸消，接下來銷售人員就要快速處理錯誤，同時別忘了盡可能彌補客戶的損失。

6. 處理後確認滿意度

　　客戶的抱怨處理完後，銷售員應再次與客戶聯繫，確認對方是否滿意此次服務。這樣做，一方面可以瞭解自己的補救措施是否有效；另一方面也可以加深客戶受尊重的感覺。

7. 總結檢討

　　每一次客戶抱怨的發生都會有其原因，但是不論錯誤在誰，銷售員都應該自我檢討，尋找自己和企業制度的不當之處，然後進行改進以防患於未然。

第六節　若成交失敗

銷售人員在經過種種銷售努力後，並不是每次都會成功，事實恰恰相反，大多數銷售努力都是以失敗告終的。因此，銷售人員不但要學會在成交成功情況下的後續做法，而且要清楚成交失敗後需要注意的一些事項。

1. 避免失態

交易成功了，銷售人員容易做到與顧客再溝通、再交流。而一旦交易不成，許多銷售人員容易草草收場。成功的銷售人員一定要做到「買賣不成人情在」，對拒絕自己的顧客依然彬彬有禮，感謝他們給自己的機會，並向他們致歉，耽擱了他們的寶貴的時間。一般來說，銷售人員在成交失敗的情況，難免會有失望沮喪的情緒，但注意不要讓這種消極情緒流露出來，更不要對顧客表現出「都是你的錯」的怨恨情緒，而要注意保持良好的風度，可適當表示出一點兒遺憾，使對方產生一些悔意，為再次銷售成功鋪路。

2. 請求指點

在銷售人員費盡九牛二虎之力但最後仍未得以成交的情況下，銷售人員應主動向顧客請教，瞭解顧客認為在自己的銷售工作方面或產品等方面需要作出那些改進。對產品，顧客一般會直言不諱地指出他不滿意並希望得到改進的方面，但對銷售人員的工作，顧客則未必想要指手畫腳。在這種情況下，銷售人員應態度誠懇，表明只是想請顧客以客觀的態度來看待銷售人員的工作，從而使自己的工作得到不斷的改進，以示希望得到顧客幫助的強烈願望。

3. 分析原因

　　銷售人員經歷銷售失敗，尤其在經過一番努力後仍以失敗告終，確實是一件令人沮喪的事情。但事後，銷售人員應仔細回想銷售工作的每一個環節以及顧客當時的反應，如表情、語言、行動等，認真分析未能成交的原因。這樣做，一方面可以積累經驗，改進自己以後的工作；另一方面，可以在再次拜訪該顧客時，有針對性地解決上次銷售中遺留的或潛在的問題，爭取達成交易。

4. 吸取教訓

　　「失敗乃成功之母」。在分析原因、總結經驗後，最終是要從失敗的經歷中吸取教訓，並在以後的工作中避免重蹈覆轍，犯類似的錯誤。

　　推銷員在完成了自己的推銷工作之後，應及時對自己在推銷活動中的一言一行作一個深刻的分析，總結在這次推銷活動中的經驗和教訓。謹慎且客觀地檢討你的推銷會談工作，瞭解自己在溝通與顧客的聯繫、處理顧客的反對意見方面，在推銷說明、演示技巧方面可有什麼值得改進的地方？透過這次的推銷活動，你又學會了那些新的推銷技巧？你又和那些顧客建立了業務上的聯繫？顧客對你所推銷的產品那一方面反對意見最大，怎樣對產品進行改進？等等。

　　先向自己提出這一系列的問題，就可以幫助你在下次的推銷活動中改進推銷技巧，增進同顧客之間的友好合作與聯繫。

　　下表就是推銷員在進行自我檢討時應該考慮的幾個問題。透過這些問題的回答，推銷員可以增長不少推銷經驗，學會更多處理問題的方法。

推銷訪問事後檢討事項：

1.預先訪問的目標是什麼？

2.在推銷會談中是否達到這些目標？

3.如果沒有達到，下次訪問時如何改進？

4.在進行推銷說明與處理反對意見時有何缺點？

5.那一個反對意見處理得最不理想？

6.如何改進對這些反對意見的處理？

7.何時進行追蹤訪問？

8.有關顧客需求或競爭者的情報中，那些需要向上司報告？

5. 保留後路

　　我們強調即使在成交失敗後，仍要彬彬有禮、保持風度，這實際上是保留了與顧客再次打交道的可能性，從而保留了以後交易成功的可能性。為了提高下次成交的成功率，銷售人員一方面要有禮貌地向顧客道歉，並感謝顧客在百忙之中抽出時間聽取自己的銷售，引起顧客的內疚感；另一方面，應留下產品說明請顧客再考慮考慮，或留下樣品請顧客試用。

第七節　高效口碑贏得客戶長期支持

1. 好口碑讓客戶主動上門

大多數客戶都有自己的工作，不管是職業經理還是家庭保姆，甚至是退休老人或者家庭主婦。

每個人也都喜歡談論自己的工作，希望別人關心自己的工作。他們希望與別人分享工作所帶來的喜悅，也希望在別人的幫助下共同解決工作中的難題。

在與客戶溝透過程中，或許最能讓他們打開話題的就是他們的工作。關心客戶的工作，不僅可以讓他們打開話題，而且也會贏得他們的好感，擴大個人的影響力。

很多銷售人員害怕遭受客戶的拒絕，不知道銷售從何開始。事實上，讓客戶打開話題，贏得他們的訂單並不難，只要我們從關心他們的工作開始，事情就有了轉機。原一平正是採取了這種方法，才為自己贏得了源源不斷的保險單。

2. 口碑贏得客戶的追隨

天底下銷售同類產品的人比比皆是，憑什麼讓客戶認定購買你的產品，甚至終生不改呢？是產品的品質？還是售後服務？當然這兩者都非常重要，但把所有的因素總結為一點就是口碑，只有良好的口碑才能讓客戶追隨你一生。

在銷售過程中推薦是十分重要的，它可以讓我們在不費口舌的情況下，贏得更多的客戶，獲得更多的訂單。一般情況下，客戶使用過產品後，對產品的體會比較直接，而他們的推薦也比較容易贏得客戶

的信任。

　　作為一名銷售人員，我們每天在尋找客戶，可我們永遠也不知道下一個客戶在那裏。我們每天在尋找推薦人，同樣也不知道下一個推薦人在那裏。那麼，怎麼辦呢？難道我們會因為不知道就不去尋找客戶和推薦人了嗎？當然不能。無論下一個推薦人在那裏，我們都應該堅持找下去，在客戶中尋找，在所有人中尋找。

　　在要求客戶推薦的過程中，一定要做好個人口碑，只有做好了個人的口碑才能贏得客戶的推薦。你的個人口碑做得越好，你獲得人們推薦的機會就會越多。

　　讓我們來看一下台塑企業創始人王永慶當年賣米的故事，看看他的米店是怎樣贏得客戶的追隨的。

　　王永慶 15 歲小學畢業後，到一家小米店當學徒工。第二年，他用父親借來的 200 元錢做本金開了一家小米店。當時在他的米店隔壁有一家日本米店，為了和那家日本米店競爭，王永慶頗費了一番心思。當時大米加工技術比較落後，出售的大米裏混雜著米糠、沙粒、小石頭等，買賣雙方都習以為常了，總是見怪不怪。王永慶則多了一個心眼，他每次賣米前都把米中的雜物揀乾淨，這一額外的服務深受顧客歡迎，從他的米店買米的人越來越多。

　　王永慶賣米多是送米上門，他在本子上詳細地記錄著每一位顧客家有多少人、一個月吃多少米、什麼時候發薪水等等。算算顧客家的米該吃完了，他就送米上門，而等到顧客發薪水的日子，他再上門收取米款。就這樣，他的米店贏得了眾多顧客的好口碑。

　　他給顧客送米時，並非送到就算完事了。他先幫人家將米倒進米缸裏，如果米缸裏還有米，他就將舊米倒出來，將米缸刷乾淨，然後將新米倒進去，將舊米放在上層。這樣，米就不會因為

陳放過久而變質。他的這個小小舉動令不少顧客深受感動，鐵了心專買他的米。

隨著顧客口碑相傳，越來越多的人知道了他的米店，並且成為他米店的新主顧。

正是這種無限傳播的好口碑使王永慶最終成為今日台灣工業界的「龍頭老大」。

同樣是賣米，為什麼王永慶能將生意做到這種境界呢？關鍵在於他用心了！他用心去研究顧客，研究顧客的心理，研究顧客的需要，研究如何去滿足顧客的需要。而且將顧客的這種需要轉化為自己的服務內容之一，並且不收任何額外的費用。他的看似不可理解的行為，卻為自己的米店贏得了大口碑。而由這些口碑所帶來的價值，遠遠超出了他的增值服務所付出的一切。

企業的核心競爭力，就在這里！

圖書出版目錄

憲業企管顧問（集團）公司為企業界提供診斷、輔導、培訓等專項工作。下列圖書是由臺灣的憲業企管顧問（集團）公司所出版，自 1993 年秉持專業立場，特別注重實務應用，50 餘位顧問師為企業界提供最專業的經營管理類圖書。

選購企管書，敬請認明品牌：憲業企管公司。

1.傳播書香社會，直接向本出版社購買，一律 9 折優惠，郵遞費用由本公司負擔。服務電話(02)27622241 (03)9310960　傳真(03)9310961
2.付款方式：請將書款轉帳到我公司下列的銀行帳戶。
　‧銀行名稱:合作金庫銀行（敦南分行）　帳號:5034-717-347447
　公司名稱：憲業企管顧問有限公司
　‧郵局劃撥號碼：18410591　郵局劃撥戶名：憲業企管顧問公司
3.圖書出版資料每週隨時更新，請見網站 www.bookstore99.com

經營顧問叢書

編號	書名	價格
25	王永慶的經營管理	360 元
52	堅持一定成功	360 元
56	對準目標	360 元
60	寶潔品牌操作手冊	360 元
78	財務經理手冊	360 元
79	財務診斷技巧	360 元
91	汽車販賣技巧大公開	360 元
97	企業收款管理	360 元
100	幹部決定執行力	360 元
122	熱愛工作	360 元
129	邁克爾‧波特的戰略智慧	360 元
130	如何制定企業經營戰略	360 元
135	成敗關鍵的談判技巧	360 元
137	生產部門、行銷部門績效考核手冊	360 元
139	行銷機能診斷	360 元
140	企業如何節流	360 元
141	責任	360 元
142	企業接棒人	360 元
144	企業的外包操作管理	360 元
146	主管階層績效考核手冊	360 元
147	六步打造績效考核體系	360 元
148	六步打造培訓體系	360 元
149	展覽會行銷技巧	360 元
150	企業流程管理技巧	360 元

152	向西點軍校學管理	360 元		235	求職面試一定成功	360 元
154	領導你的成功團隊	360 元		236	客戶管理操作實務〈增訂二版〉	360 元
163	只為成功找方法，不為失敗找藉口	360 元		237	總經理如何領導成功團隊	360 元
				238	總經理如何熟悉財務控制	360 元
167	網路商店管理手冊	360 元		239	總經理如何靈活調動資金	360 元
168	生氣不如爭氣	360 元		240	有趣的生活經濟學	360 元
170	模仿就能成功	350 元		241	業務員經營轄區市場（增訂二版）	360 元
176	每天進步一點點	350 元				
181	速度是贏利關鍵	360 元		242	搜索引擎行銷	360 元
183	如何識別人才	360 元		243	如何推動利潤中心制度（增訂二版）	360 元
184	找方法解決問題	360 元				
185	不景氣時期，如何降低成本	360 元		244	經營智慧	360 元
186	營業管理疑難雜症與對策	360 元		245	企業危機應對實戰技巧	360 元
187	廠商掌握零售賣場的竅門	360 元		246	行銷總監工作指引	360 元
188	推銷之神傳世技巧	360 元		247	行銷總監實戰案例	360 元
189	企業經營案例解析	360 元		248	企業戰略執行手冊	360 元
191	豐田汽車管理模式	360 元		249	大客戶搖錢樹	360 元
192	企業執行力（技巧篇）	360 元		252	營業管理實務（增訂二版）	360 元
193	領導魅力	360 元		253	銷售部門績效考核量化指標	360 元
198	銷售說服技巧	360 元		254	員工招聘操作手冊	360 元
199	促銷工具疑難雜症與對策	360 元		256	有效溝通技巧	360 元
200	如何推動目標管理（第三版）	390 元		258	如何處理員工離職問題	360 元
201	網路行銷技巧	360 元		259	提高工作效率	360 元
204	客戶服務部工作流程	360 元		261	員工招聘性向測試方法	360 元
206	如何鞏固客戶（增訂二版）	360 元		262	解決問題	360 元
208	經濟大崩潰	360 元		263	微利時代制勝法寶	360 元
215	行銷計劃書的撰寫與執行	360 元		264	如何拿到 VC（風險投資）的錢	360 元
216	內部控制實務與案例	360 元				
217	透視財務分析內幕	360 元		267	促銷管理實務〈增訂五版〉	360 元
219	總經理如何管理公司	360 元		268	顧客情報管理技巧	360 元
222	確保新產品銷售成功	360 元		269	如何改善企業組織績效〈增訂二版〉	360 元
223	品牌成功關鍵步驟	360 元				
224	客戶服務部門績效量化指標	360 元		270	低調才是大智慧	360 元
226	商業網站成功密碼	360 元		272	主管必備的授權技巧	360 元
228	經營分析	360 元		275	主管如何激勵部屬	360 元
229	產品經理手冊	360 元		276	輕鬆擁有幽默口才	360 元
230	診斷改善你的企業	360 元		278	面試主考官工作實務	360 元
232	電子郵件成功技巧	360 元		279	總經理重點工作（增訂二版）	360 元
234	銷售通路管理實務〈增訂二版〉	360 元		282	如何提高市場佔有率（增訂二版）	360 元

284	時間管理手冊	360 元
285	人事經理操作手冊（增訂二版）	360 元
286	贏得競爭優勢的模仿戰略	360 元
287	電話推銷培訓教材（增訂三版）	360 元
288	贏在細節管理（增訂二版）	360 元
289	企業識別系統 CIS（增訂二版）	360 元
290	部門主管手冊（增訂五版）	360 元
291	財務查帳技巧（增訂二版）	360 元
293	業務員疑難雜症與對策（增訂二版）	360 元
295	哈佛領導力課程	360 元
296	如何診斷企業財務狀況	360 元
297	營業部轄區管理規範工具書	360 元
298	售後服務手冊	360 元
299	業績倍增的銷售技巧	400 元
300	行政部流程規範化管理（增訂二版）	400 元
302	行銷部流程規範化管理（增訂二版）	400 元
304	生產部流程規範化管理（增訂二版）	400 元
305	績效考核手冊(增訂二版)	400 元
307	招聘作業規範手冊	420 元
308	喬·吉拉德銷售智慧	400 元
309	商品鋪貨規範工具書	400 元
310	企業併購案例精華（增訂二版)	420 元
311	客戶抱怨手冊	400 元
314	客戶拒絕就是銷售成功的開始	400 元
315	如何選人、育人、用人、留人、辭人	400 元
316	危機管理案例精華	400 元
317	節約的都是利潤	400 元
318	企業盈利模式	400 元
319	應收帳款的管理與催收	420 元
320	總經理手冊	420 元
321	新產品銷售一定成功	420 元

322	銷售獎勵辦法	420 元
323	財務主管工作手冊	420 元
324	降低人力成本	420 元
325	企業如何制度化	420 元
326	終端零售店管理手冊	420 元
327	客戶管理應用技巧	420 元
328	如何撰寫商業計畫書（增訂二版）	420 元
329	利潤中心制度運作技巧	420 元
330	企業要注重現金流	420 元
331	經銷商管理實務	450 元
332	內部控制規範手冊（增訂二版）	420 元
333	人力資源部流程規範化管理（增訂五版）	420 元
334	各部門年度計劃工作（增訂三版）	420 元
335	人力資源部官司案件大公開	420 元
336	高效率的會議技巧	420 元
337	企業經營計劃〈增訂三版〉	420 元
338	商業簡報技巧（增訂二版）	420 元
339	企業診斷實務	450 元
340	總務部門重點工作（增訂四版）	450 元
341	從招聘到離職	450 元
342	職位說明書撰寫實務	450 元
343	財務部流程規範化管理（增訂三版）	450 元
344	營業管理手冊	450 元
345	推銷技巧實務	450 元

《商店叢書》

18	店員推銷技巧	360 元
30	特許連鎖業經營技巧	360 元
35	商店標準操作流程	360 元
36	商店導購口才專業培訓	360 元
37	速食店操作手冊〈增訂二版〉	360 元
38	網路商店創業手冊〈增訂二版〉	360 元
40	商店診斷實務	360 元
41	店鋪商品管理手冊	360 元
42	店員操作手冊（增訂三版）	360 元

44	店長如何提升業績〈增訂二版〉	360 元
45	向肯德基學習連鎖經營〈增訂二版〉	360 元
47	賣場如何經營會員制俱樂部	360 元
48	賣場銷量神奇交叉分析	360 元
49	商場促銷法寶	360 元
53	餐飲業工作規範	360 元
54	有效的店員銷售技巧	360 元
56	開一家穩賺不賠的網路商店	360 元
58	商鋪業績提升技巧	360 元
59	店員工作規範（增訂二版）	400 元
61	架設強大的連鎖總部	400 元
62	餐飲業經營技巧	400 元
64	賣場管理督導手冊	420 元
65	連鎖店督導師手冊（增訂二版）	420 元
67	店長數據化管理技巧	420 元
69	連鎖業商品開發與物流配送	420 元
70	連鎖業加盟招商與培訓作法	420 元
71	金牌店員內部培訓手冊	420 元
72	如何撰寫連鎖業營運手冊〈增訂三版〉	420 元
73	店長操作手冊（增訂七版）	420 元
74	連鎖企業如何取得投資公司注入資金	420 元
75	特許連鎖業加盟合約（增訂二版）	420 元
76	實體商店如何提昇業績	420 元
77	連鎖店操作手冊（增訂六版）	420 元
78	快速架設連鎖加盟帝國	450 元
79	連鎖業開店複製流程（增訂二版）	450 元
80	開店創業手冊〈增訂五版〉	450 元
81	餐飲業如何提昇業績	450 元

《工廠叢書》

15	工廠設備維護手冊	380 元
16	品管圈活動指南	380 元
17	品管圈推動實務	380 元
20	如何推動提案制度	380 元
24	六西格瑪管理手冊	380 元

30	生產績效診斷與評估	380 元
32	如何藉助 IE 提升績效	380 元
46	降低生產成本	380 元
47	物流配送績效管理	380 元
51	透視流程改善技巧	380 元
55	企業標準化的創建與推動	380 元
56	精細化生產管理	380 元
57	品質管制手法〈增訂二版〉	380 元
58	如何改善生產績效〈增訂二版〉	380 元
68	打造一流的生產作業廠區	380 元
70	如何控制不良品〈增訂二版〉	380 元
71	全面消除生產浪費	380 元
72	現場工程改善應用手冊	380 元
77	確保新產品開發成功（增訂四版）	380 元
79	6S 管理運作技巧	380 元
84	供應商管理手冊	380 元
85	採購管理工作細則〈增訂二版〉	380 元
88	豐田現場管理技巧	380 元
89	生產現場管理實戰案例〈增訂三版〉	380 元
92	生產主管操作手冊（增訂五版）	420 元
93	機器設備維護管理工具書	420 元
94	如何解決工廠問題	420 元
96	生產訂單運作方式與變更管理	420 元
97	商品管理流程控制(增訂四版)	420 元
102	生產主管工作技巧	420 元
103	工廠管理標準作業流程〈增訂三版〉	420 元
105	生產計劃的規劃與執行（增訂二版）	420 元
107	如何推動 5S 管理（增訂六版）	420 元
108	物料管理控制實務〈增訂三版〉	420 元
111	品管部操作規範	420 元
113	企業如何實施目視管理	420 元
114	如何診斷企業生產狀況	420 元

在海外出差的………
台灣上班族

　　愈來愈多的台灣上班族，到大陸工作(或出差)，對工作的努力與敬業，是台灣上班族的核心競爭力；一個明顯的例子，返台休假期間，台灣上班族都會抽空再買書，設法充實自身專業能力。

　　[憲業企管顧問公司]以專業立場，為企業界提供最專業的各種經營管理類圖書。

　　85%的台灣上班族都曾經有過購買(或閱讀)[憲業企管顧問公司]所出版的各種企管圖書。

　　尤其是在競爭激烈或經濟不景氣時，更要加強投資在自己的專業能力，建議你：

　　工作之餘要多看書，加強競爭力。

台灣最大的企管圖書網站
www.bookstore99.com

建立企業圖書館

當市場競爭激烈時：

培訓員工，強化員工競爭力
是企業最佳對策

「人才」是企業最大的財富。如何提升人才，是企業永續經營、戰勝對手的核心競爭力。積極培訓公司內部員工，是經濟不景氣時期的最佳戰略，而最快速的具體作法，就是「建立企業內部圖書館，鼓勵員工多閱讀、多進修專業書籍」

建議您：請一次購足本公司所出版各種經營管理類圖書，作為貴公司內部員工培訓圖書。使用率高的（例如「贏在細節管理」），準備 3 本；使用率低的（例如「工廠設備維護手冊」），只買 1 本。

給總經理的話

　　總經理公事繁忙，還要設法擠出時間，赴外上課進修學習，努力不懈，力爭上游。

　　總經理拚命充電，但是員工呢？

　　公司的執行仍然要靠員工，為什麼不要讓員工一起進修學習呢？

　　買幾本好書，交待員工一起讀書，或是買好書送給員工當禮品。簡單、立刻可行，多好的事！

經營顧問叢書 ㉟   售價：450 元

推 銷 技 巧 實 務

西元二〇二二年八月   初版一刷

編著：吳明宏　　任賢旺

策劃：麥可國際出版有限公司（新加坡）

編輯：蕭玲

封面設計：宇軒設計工作室

校對：劉飛娟

發行人：黃憲仁

發行所：憲業企管顧問有限公司

電話：（02）2762-2241　　（03）9310960　　0930872873

電子郵件聯絡信箱：huang2838@yahoo.com.tw

銀行 ATM 轉帳：合作金庫銀行　　帳號：5034-717-347447

郵政劃撥：18410591　　憲業企管顧問有限公司

江祖平律師顧問：紙品書、數位書著作權與版權均歸本公司所有

登記證：行政業新聞局版台業字第 6380 號

本公司徵求海外版權出版代理商（0930872873）